PROJETO MECÂNICO

Julio Cezar de Almeida

PROJETO MECÂNICO

Enfoque baseado na fadiga e na mecânica da fratura

2ª edição revista e ampliada

Projeto Mecânico: enfoque baseado na fadiga e na mecânica da fratura - 2ª edição revista e ampliada

1ª edição - GEN LTC, 2018

Editora Edgard Blücher Ltda.

Publisher Edgard Blücher

Editores Eduardo Blücher e Jonatas Eliakim

Coordenadora de produção Andressa Lira

Produção editorial Lidiane Pedroso Gonçalves

Diagramação Villa d'Artes

Preparação Ana Lúcia dos Santos

Revisão Bianca Guedes

Capa Leandro Cunha

Imagem da capa iStockphoto

Blucher

Rua Pedroso Alvarenga, 1245, 4º andar
04531-934 - São Paulo - SP - Brasil
Tel.: 55 11 3078-5366
contato@blucher.com.br
www.blucher.com.br

Segundo o Novo Acordo Ortográfico, conforme 6. ed. do *Vocabulário Ortográfico da Língua Portuguesa*, Academia Brasileira de Letras, julho de 2021.

Dados Internacionais de Catalogação na Publicação (CIP) Angélica Ilacqua CRB-8/7057

Almeida, Julio Cezar de
Projeto mecânico : baseado na fadiga e na mecânica da fratura/ Julio Cezar de Almeida. – 2. ed. revista e ampliada - São Paulo : Blucher, 2024.
298 p.

Bibliografia
ISBN 978-85-212-2082-4

1. Engenharia mecânica 2. Resistência de materiais I. Título

22-6035 CDD 620.11

Índice para catálogo sistemático:
1. Engenharia mecânica

Conteúdo

CAPÍTULO 1
Introdução

1.1. A FALHA DE UM COMPONENTE ESTRUTURAL

A falha (ou o colapso) de determinado componente ou sistema, seja ele mecânico ou estrutural, pode ser considerada como consequência do não atendimento a uma condição original de projeto, a qual pode estar relacionada, normalmente, com as propriedades do material ou com os carregamentos envolvidos. Essa condição de falha pode ser caracterizada a partir de condições específicas bem definidas, dentre as quais se podem destacar: a) a ruptura total ou parcial do componente; b) a partir da condição de deformações exageradas ocorridas; c) a plastificação generalizada do componente; d) a eventual perda de instabilidade do componente; e) a partir de condições de desgaste do componente; f) a eventual perda de funcionalidade do sistema ou componente; ou g) o não atendimento a determinado coeficiente de segurança previamente definido em projeto. Segundo Collins (2006), qualquer modificação no tamanho, forma ou propriedade do material de determinado componente que o torne incapaz de realizar a função inicialmente pretendida deve ser considerada como uma condição de falha.

Visando a eliminar ou minimizar essas possíveis situações de falha, procura-se, entre outros aspectos, selecionar ou considerar materiais que apresentem uma elevada resistência com baixa densidade, além de garantirem-se boas propriedades térmicas, magnéticas e de corrosão, entre outras.

Ocorre, porém, que os materiais de engenharia apresentam, num contexto geral, características diferenciadas quando solicitados na condição de cargas estáticas ou cargas dinâmicas. Além disso, os materiais dúcteis apresentam falhas associadas às tensões de cisalhamento, mostrando uma boa quantidade de deformação antes da sua ruptura. Contrariamente, os materiais frágeis apresentam falhas associadas às tensões de tração ou compressão, com um nível de deformação muito pequeno ou até mesmo imperceptível no momento da ruptura.

Pode-se concluir, para o componente avaliado, que a seleção do material, associada à sua forma e dimensões, será fundamental para um projeto adequado à prevenção de falhas. Essas premissas fazem com que o processo de projeto apresente um nível de importância cada vez mais significativo, dado que as considerações realizadas nessa etapa serão fundamentais para a funcionalidade e expectativa de vida do sistema a ser dimensionado.

1.2. OS CARREGAMENTOS ESTÁTICOS

O reconhecimento e a adequada aplicação das equações tradicionais da mecânica dos sólidos correspondem a uma condição de vital importância para as mais variadas situações de projeto, englobando, inclusive, os fatores de concentração de tensões que se façam necessários e aplicáveis.

Ao aplicar-se tal equacionamento a uma determinada condição de projeto, considera-se, entretanto, que os carregamentos atuem de forma estática ou, mais precisamente, não apresentem variação significativa na sua intensidade com o passar do tempo.

Carregamentos de tração, compressão e flexão geram tensões normais, enquanto carregamentos de cisalhamento e torção geram tensões tangenciais ou cisalhantes, caracterizando ainda a possibilidade de haver uma combinação de esforços que venham a contemplar a presença de tensões normais com tensões tangenciais, como é o caso de um eixo submetido a um carregamento de flexo-torção, por exemplo. Nessas circunstâncias, faz-se necessária a utilização de um determinado critério de projeto que possibilite a adequada combinação dessas tensões sem a perda de generalidade da questão conceitual envolvida.

Para o caso dos materiais dúcteis, a presente obra considera os seguintes critérios de projeto: a teoria da máxima tensão normal (critério de Rankine), a teoria da máxima tensão de cisalhamento (critério de Tresca) e ainda a teoria da máxima energia da distorção (critério de Von Mises). Para os materiais frágeis, repete-se a proposta da teoria de Rankine, além da teoria de Coulomb-Mohr. A discussão e a formulação matemática dessas teorias encontram-se detalhadas nos Capítulos 3 e 4, respectivamente.

1.3. A PREMISSA DA PLASTIFICAÇÃO GENERALIZADA

Os critérios de projeto convencionalmente utilizados, quando se contemplam materiais dúcteis, normalmente tomam por referência o limite de escoamento do material, favorecendo as condições de segurança e, com isso, deixando-se de utilizar um bom percentual da resistência ainda disponível no elemento solicitado.

Entretanto, determinadas condições de projeto permitem que o projetista trabalhe com um melhor aproveitamento da resistência real ou verdadeira do elemento solicitado, em detrimento das condições de segurança envolvidas. Com isso, o carregamento máximo a ser considerado para um determinado ponto crítico da estrutura em análise acaba sendo avaliado a partir da condição da plastificação generalizada nesse ponto, em substituição ao limite de escoamento do material.

É evidente que tal condição não pode ser generalizada para qualquer situação de projeto, dado que a mesma depende de cada caso em particular e necessita, ainda, ser avaliada sob o ponto de vista do risco e das efetivas condições de segurança envolvidas.

Toda essa análise, contemplando alguns casos específicos da plastificação generalizada, são detalhadas no Capítulo 2 do presente livro.

1.4. OS CARREGAMENTOS DINÂMICOS

A utilização de materiais de elevada resistência, associados a um adequado critério de projeto, dentre os critérios enumerados para os materiais dúcteis ou frágeis, não garante, necessariamente, um comportamento satisfatório do componente em análise, visto que, sob condições de cargas dinâmicas, podem vir a ocorrer rupturas sob tensões até mesmo inferiores ao próprio limite de escoamento do material.

Cargas dinâmicas estão associadas à condição de cargas que variam com o passar do tempo, possibilitando identificar a presença de tensões máximas e mínimas, as quais, quando combinadas, possibilitam a caracterização das tensões designadas como tensão média e tensão alternada. A tensão alternada, conforme será discutido oportunamente, corresponde à principal responsável pelas falhas associadas aos carregamentos dinâmicos ou à condição de fadiga.

Nos Capítulos 6 e 7, métodos tradicionais para o projeto da vida em fadiga, como o método tensão x número de ciclos (S-N) e deformação x número de ciclos (ε-N), são discutidos, particularizando-se, ainda, as premissas das vidas em fadiga de alto e baixo ciclo, respectivamente.

Novos fatores de concentração de tensões também são discutidos, uma vez que, sob condição de fadiga, os fatores de concentração de tensões teóricos ou estáticos não são suficientemente adequados para quantificar pontos notáveis de concentração de tensão submetidos a cargas cíclicas.

1.5. O PROJETO TOLERANTE AO DANO

Objetivando melhorar as condições de projeto para os carregamentos dinâmicos, faz-se necessária a utilização de equações semiempíricas obtidas a partir de dados experimentais, as quais possibilitam o uso da ferramenta da mecânica da fratura na solução de problemas que contemplem a presença de trincas ou fissuras previamente identificadas e reconhecidas quando da solução do problema.

A mecânica da fratura elástica linear (MFEL) envolve conceitos aplicáveis e válidos para materiais relativamente frágeis que contemplam trincas agudas, podendo vir a apresentar, ainda, a condição de escoamento em pequena escala na extremidade dessas trincas (Capítulo 8), enquanto que a Mecânica da Fratura Elasto-Plástica (MFEP) contempla conceitos, agora válidos quando da existência de uma plasticidade significativa na ponta da trinca, vindo o material, ainda, a apresentar um comportamento não linear na região em análise (Capítulo 9).

Ainda nesse contexto, a previsão da vida de componentes e sistemas mecânicos pode ser relacionada, principalmente, a partir da equação de Paris, a qual relaciona parâmetros característicos do material com o número de ciclos de carga considerados, possibilitando com isso uma estimativa da vida remanescente de determinado componente previamente identificado como fissurado, assunto apresentado e discutido no Capítulo 10.

1.6. CONCLUSÕES

As práticas e ferramentas apresentadas ao longo dos diversos capítulos da presente obra têm por objetivo principal fornecer subsídios mínimos e adequados para que o engenheiro de projetos possa vir a avaliar de forma consciente as premissas de projeto a serem consideradas para as mais diversas situações.

Parte-se do pressuposto, evidentemente, de que os conceitos tradicionais de mecânica dos sólidos sejam efetivamente dominados pelo leitor, de tal forma que o entendimento das demais etapas de projeto possa ser avaliado e entendido com a maior naturalidade e tranquilidade possível e desejada.

A proposta de inserir problemas exemplos devidamente resolvidos ao final de cada capítulo tem por objetivo complementar auxiliar na familiarização das equações, unidades e conceituações envolvidas, de modo que o leitor se sinta à vontade na resolução de demais problemas sobre o assunto. Problemas propostos com suas respectivas respostas também fazem parte de cada Capítulo, sendo ainda possível identificar suas resoluções no site da Editora Blucher.

REFERÊNCIAS

ALMEIDA, Julio Cézar de.; LIMA, Key. Fonseca de.; BARBIERI, Renato. **Elementos de Máquinas** – Projeto de Sistemas Mecânicos. 2ª ed. São Paulo: Editora Edgard Blucher, 2022.

COLLINS, Jack. **Projeto Mecânico de Elementos de Máquinas** – Uma perspectiva de prevenção da falha. Rio de Janeiro: LTC, 2006.

FAIRES, Virgil. 1979. **Elementos Orgânicos de Máquinas**. Rio de Janeiro: LTC, 1979.

PASTOUKOV, Viktor.; VOORWALD, Herman. **Introdução à Mecânica da Integridade Estrutural**. São Paulo: Editora UNESP, 1995.

ROSA, Edson da. **Análise de Resistência Mecânica** – Mecânica da Fratura e Fadiga. Florianópolis: Universidade de Santa Catarina, Florianópolis, 2002.

CAPÍTULO 2

Modos de falha e comportamento mecânico dos materiais

2.1. INTRODUÇÃO

O comportamento mecânico dos materiais é uma área de estudo crucial para a compreensão da segurança e da integridade estrutural de uma ampla gama de aplicações, desde edifícios até equipamentos industriais. A avaliação do comportamento mecânico de um material é influenciada por uma série de fatores, incluindo a sua microestrutura, as condições de carregamento e suas propriedades físicas e mecânicas.

Um aspecto fundamental na avaliação do comportamento mecânico de um material é o entendimento dos seus modos de falha. Cada tipo de material tem suas próprias características e limitações quando se trata de suportar cargas e tensões, e conhecer os modos de falha ajuda a prever e evitar possíveis problemas.

Os materiais sólidos, quando submetidos a determinados carregamentos, podem ser classificados, quanto ao seu comportamento mecânico, em dúcteis ou frágeis, dependendo de sua habilidade em deformarem-se plasticamente. Considerando-se essa premissa, determinado componente pode deixar de cumprir as funções para as quais foi originalmente projetado, a partir, fundamentalmente, de três modos distintos de falha, a saber:

- deformação elástica excessiva;
- deformação plástica e plastificação generalizada; e
- fratura.

Outros modos de falhas mais específicos, como o *creep*, a corrosão, o impacto, o desgaste, a vibração, o choque térmico, a radiação, a falha por lubrificação, entre outros, podem também vir a ocasionar a falha (ou o colapso) do componente em análise, não sendo, porém, escopo e objetivo do presente texto.

2.2. DEFORMAÇÃO ELÁSTICA EXCESSIVA

No grupo das deformações elásticas excessivas, podem ser considerados, por exemplo, a deflexão elástica sob equilíbrio estável (deslocamentos exagerados) e o fenômeno da instabilidade elástica repentina (flambagem). A Figura 2.1 ilustra, de forma esquemática, essas duas condições. Observe que as falhas decorrentes dessa natureza estão associadas à rigidez do elemento considerado, e não necessariamente à sua resistência mecânica. Uma coluna com maior rigidez e de mesmo material, por exemplo, apresentará um maior índice de esbeltez e, provavelmente, não virá a flambar.

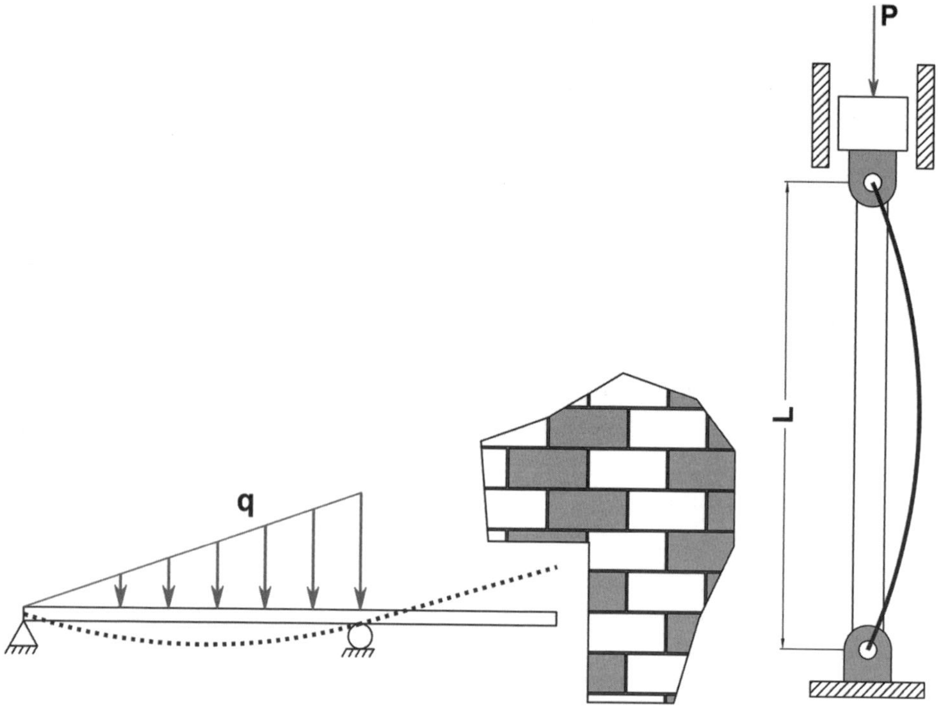

Figura 2.1 – Exemplos de deformação elástica excessiva, sendo: (a) deflexão exagerada; e (b) instabilidade elástica de uma coluna esbelta.

2.3. DEFORMAÇÃO PLÁSTICA E PLASTIFICAÇÃO GENERALIZADA

A deformação plástica pode ser caracterizada pelo escoamento do material à temperatura ambiente. Nessas circunstâncias, as tensões resultantes nos pontos críticos da estrutura estariam se igualando ou ultrapassando o limite de escoamento do material. Na prática, porém, torna-se pouco provável que um material dúctil venha a romper-se diretamente por escoamento, dado que, à medida que ele escoe, ocorrerá o seu encruamento correspondente, ou seja, uma movimentação de discordâncias que exigem níveis de tensão ainda maiores para a continuidade da deformação imposta. Já a plastificação generalizada é decorrente do aumento gradativo das solicitações externas, ocasionando uma passagem, também gradativa, do regime elástico para o regime plástico, na secção de maior solicitação da estrutura. O carregamento da Figura 2.2 apresenta, de forma esquemática, as etapas até a plastificação generalizada da viga ou, mais especificamente, no ponto correspondente ao seu engastamento.

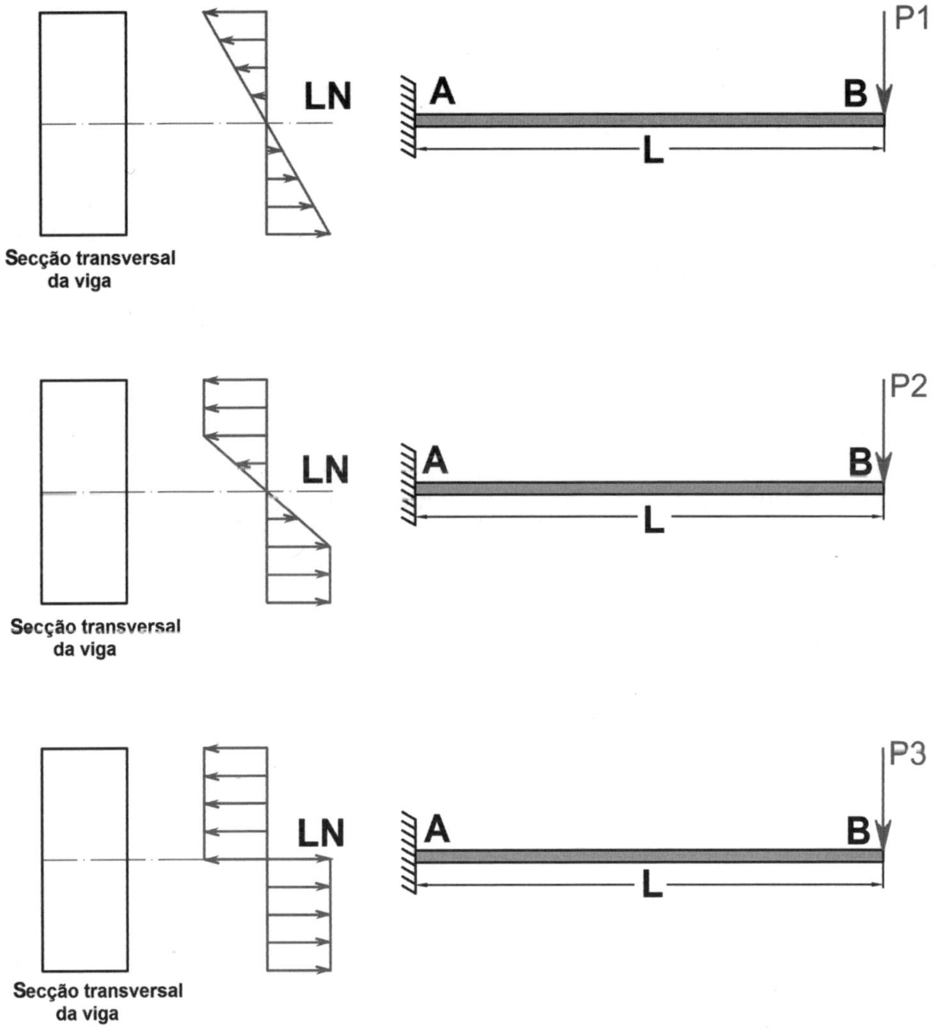

Figura 2.2 – Solicitações gradativas até a plastificação generalizada no ponto de apoio de uma viga carregada e simplesmente engastada ($P_1 < P_2 < P_3$).

2.4. FRATURA

No contexto da falha por fratura, considerando-se materiais metálicos, o fenômeno poderá ocorrer de três maneiras distintas: (a) fratura frágil, (b) fratura progressiva (fadiga) e (c) fratura retardada.

A fratura frágil não é necessariamente uma característica exclusiva de um material classificado como frágil, dado que, em geral, os aços-carbono, por exemplo, apesar de serem materiais reconhecidamente dúcteis, podem vir a apresentar fraturas frágeis decorrentes de solicitações ocorridas em situações de baixas temperaturas. Diz-se, assim, que os aços-carbono estruturais apresentam uma transição dúctil-frágil, não apenas pela condição das baixas temperaturas, mas também em decorrência da taxa de carregamento e de um complexo nível de tensões, aos quais eles possam vir a ser submetidos.

A fratura progressiva ou por fadiga é, com certeza, o tipo de falha predominante nos materiais metálicos em geral. A falha por fadiga é preocupante porque ocorre sem apresentar sinais aparentes de deformação e mediante níveis de tensões normalmente inferiores ao próprio limite de escoamento do material. A falha é dita progressiva porque tem início numa mínima fissura ou trinca, localizada, normalmente, na superfície externa do componente, que aumentará gradativamente na presença de tensões alternadas (tensões que variam no transcorrer do tempo).

Por fim, tem-se a fratura retardada, em que a condição de falha não ocorre imediatamente após a aplicação de uma tensão excessiva, mas, sim, após um período. Um aço carregado estaticamente à temperatura ambiente, mas na presença de hidrogênio é um bom exemplo da condição de uma falha por fratura retardada. Quando o hidrogênio é absorvido pela superfície de um aço-carbono, por exemplo, ele pode se difundir para o interior da peça e formar bolhas de hidrogênio na microestrutura do material. Essas bolhas podem se tornar pontos fracos na estrutura, vindo a romper-se quando a peça é submetida a tensões.

2.5. PROPRIEDADES DOS MATERIAIS

Determinadas propriedades dos materiais permitem definir e classificar características fundamentais para fins de seleção e projeto. Nessas circunstâncias, o ensaio ou teste de tração uniaxial corresponde a uma das principais aplicações experimentais para a definição dessas propriedades. Não se trata, evidentemente, do único tipo de ensaio disponível, em termos práticos, mas com certeza é o mais utilizado por sua simplicidade, seus custos envolvidos, seus resultados disponibilizados e sua razoável rapidez quanto à realização. Ele utiliza corpos de prova padronizados, conforme exemplos ilustrativos da Figura 2.3, os quais são submetidos a cargas uniaxiais em tração crescentes, objetivando medir as correspondentes elongações ocorridas. Na mesma Figura, é ilustrado, adicionalmente e de forma esquemática, o equipamento normalmente adotado para a realização desse tipo de ensaio.

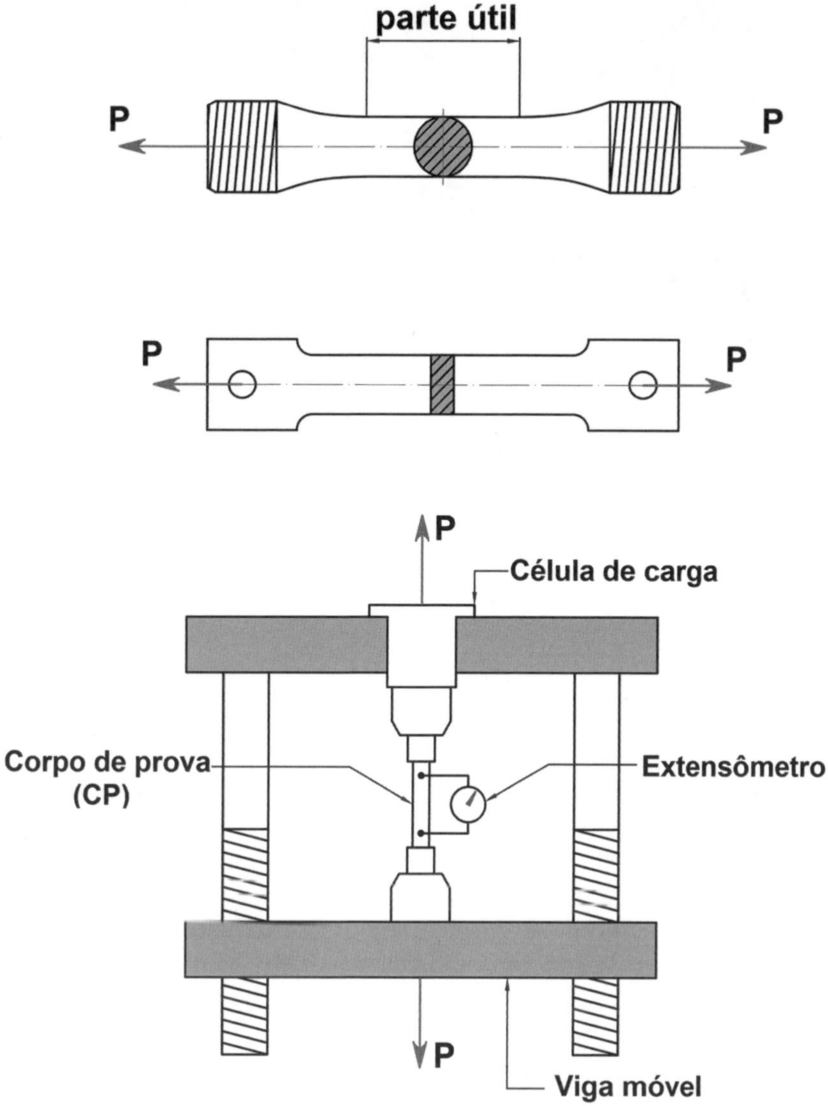

Figura 2.3 – Exemplos de corpos de prova padronizados e o esquemático de uma máquina de ensaio de tração.

A partir dos dados de carga e deformação, uma curva de engenharia é construída (Figura 2.4), e a partir dela se torna possível obter uma série de informações acerca de algumas importantes propriedades dos materiais avaliados.

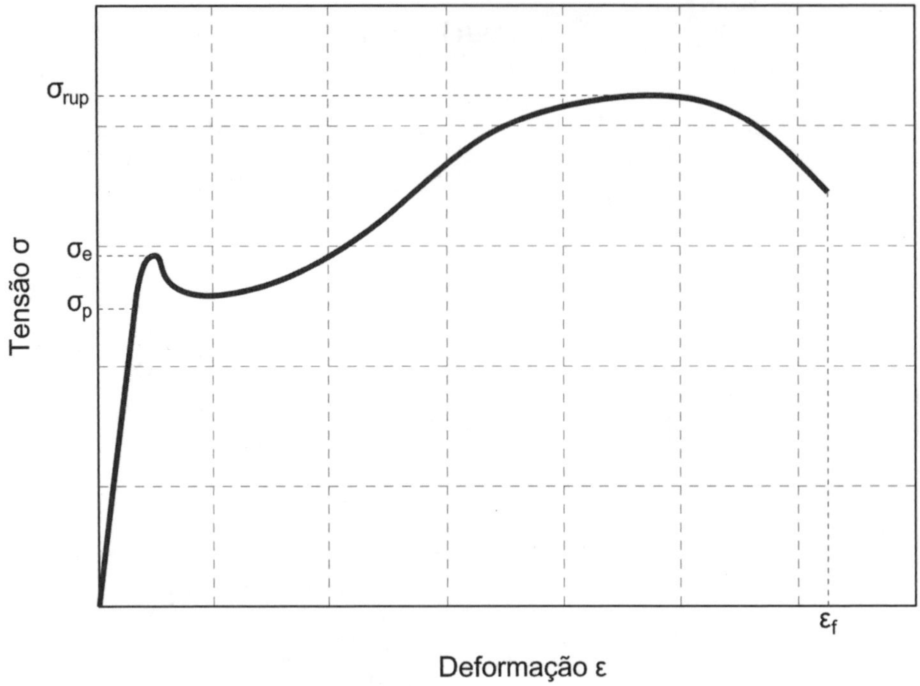

Figura 2.4 – Diagrama tensão x deformação de engenharia (típico) de um material dúctil.

Primeiramente, em termos das tensões obtidas, é possível destacar: a) a tensão ou o limite de proporcionalidade (σ_p), acima do qual a linearidade entre a tensão, e a deformação (lei de Hooke) deixa de existir; b) a tensão, ou limite de escoamento (σ_e), a partir da qual se produzem deformações permanentes (irreversíveis) no material; e c) a tensão máxima, ou limite de resistência à tração do material (σ_{rup}), considerada como a relação entre a carga máxima atingida no ensaio e a área da secção transversal original do corpo de prova. Note pela referida Figura que existe um valor de tensão (ponto da extremidade direita) associado à fratura do corpo de prova, cujo valor nominal é, evidentemente, um pouco inferior à tensão máxima obtida no transcorrer do ensaio. Essa condição se deve à redução proporcional da secção transversal do corpo de prova, associada ao seu correspondente alongamento (o volume do corpo de prova não se altera com o ensaio), caracterizando o fenômeno designado como *estricção.*

As Equações a seguir permitem definir a tensão máxima ou o limite de resistência do material, o valor do alongamento e a sua correspondente redução de secção transversal.

$$\sigma_{max} = \sigma_{rup} = \frac{P}{A_o} \tag{2.1}$$

$$\varepsilon = \frac{\Delta L}{L_o} \tag{2.2}$$

$$\psi = \frac{\Delta A}{A_o} \tag{2.3}$$

A Figura 2.4 corresponde ao ensaio de um material dúctil, ou, mais especificamente, um material que apresenta "razoável" deformação até o ponto da sua ruptura. A partir dessa mesma Figura, torna-se possível discutir a definição dos conceitos de tenacidade e resiliência do material. A área total compreendida entre a curva gerada e o eixo horizontal do gráfico é equivalente à sua tenacidade, caracterizando a condição de que, quanto mais tenaz for determinado material, maior será a sua capacidade de absorver energia antes da ruptura. Esse conceito torna-se importante quando se deseja projetar componentes que devam sofrer tensões estáticas ou dinâmicas acima do seu limite de escoamento, mas sem o risco de fraturar.

Dentro dessa mesma conceituação, caso a área considerada seja restrita ao trecho linear do gráfico (região da validade da lei de Hooke), obter-se-ia a propriedade designada como resiliência, a qual corresponde à capacidade do material absorver energia na sua região elástica e liberá-la integralmente caso viesse a ser descarregado.

A Figura 2.5 tem por objetivo apresentar, de forma esquemática, a tenacidade e a resiliência de determinado material. Observe, ainda, que o parâmetro tenacidade será mais bem determinado a partir do diagrama tensão x deformação real ou verdadeiro (conforme discutido na seção 2.6 do presente Capítulo).

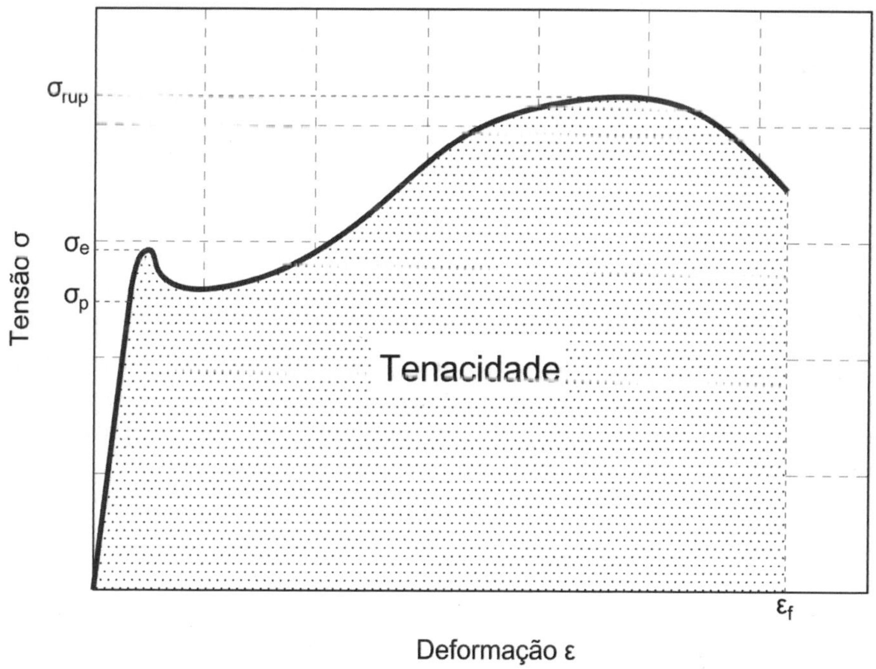

Figura 2.5 – Tenacidade e resiliência a partir do diagrama tensão x deformação do material.

Matematicamente, o módulo de resiliência dos materiais é dado pela relação:

$$u_R = \frac{1}{2}\frac{\sigma_e^{\ 2}}{E} \tag{2.4}$$

Enquanto a tenacidade pode ser definida por uma expressão aproximada, proposta por Seely & Newton (1947), na forma:

$$u_T = \left(\frac{\sigma_e + \sigma_{rup}}{2}\right)\varepsilon_f \tag{2.5}$$

Outra propriedade característica do material corresponde ao seu módulo de elasticidade longitudinal "E", o qual é obtido a partir da inclinação da curva ensaiada, no trecho linear entre tensão e deformação. Matematicamente:

$$tg\alpha = \frac{\sigma}{\varepsilon} = E \tag{2.6}$$

O módulo de elasticidade corresponde, desse modo, a uma constante de proporcionalidade entre a tensão e a deformação do material, validando, assim, a conhecida e tradicional lei de Hooke.

Considerando-se, ainda, o fenômeno da estricção, pode-se demonstrar uma relação proporcional e constante entre as deformações longitudinal (ε) e transversal (ε_t) do corpo de prova, o qual é conhecido como coeficiente ou módulo de Poisson. Matematicamente (note que o sinal negativo da Equação é consequência da redução da secção transversal com o correspondente aumento de comprimento do corpo de prova), pode-se considerar:

$$\varepsilon_t = -\upsilon\varepsilon \tag{2.7}$$

Por fim, observe que o ensaio uniaxial de tração é realizado a partir da relação entre a força aplicada no corpo de prova e a sua correspondente variação de comprimento (F x ΔL), enquanto, nos gráficos (ou diagramas) finais considerados, faz-se referência a uma relação entre tensão e deformação específica (σ x ε). Essa mudança de variáveis é realizada objetivando-se a simplificação dos resultados finais apresentados, dado que, nessas circunstâncias, eles se tornam independentes das dimensões geométricas do corpo de prova avaliado.

Tabela 2.1 – Propriedades de algumas ligas metálicas na condição de temperatura ambiente

Liga	E (GPa)	G (GPa)	υ
Alumínio	71,7	26,9	0,33
Bronze	106	40,1	0,32
Cobre	119	44,7	0,33
Aço-carbono	207	79,3	0,29
Ferro fundido cinzento	100	41,4	0,21
Inconel (ligas de níquel-cromo)	214	75,8	0,29
Magnésio	44,8	16,5	0,35
Molibdênio	331	117	0,31
Aço-níquel	207	79,3	0,29
Aço inoxidável	190	73,1	0,31

2.5.1. DIAGRAMA TENSÃO X DEFORMAÇÃO PARA MATERIAIS FRÁGEIS

Contrariamente ao que foi descrito para um material dúctil, pode-se afirmar que um material frágil é aquele que apresenta pouca (ou quase nenhuma) deformação antes da sua ruptura. A Figura 2.6 ilustra um exemplo típico dessa situação. Note que nem todas as propriedades anteriormente descritas a partir do ensaio realizado num material dúctil poderão ser obtidas, considerando-se o ensaio uniaxial de um material frágil, como o ferro fundido cinzento.

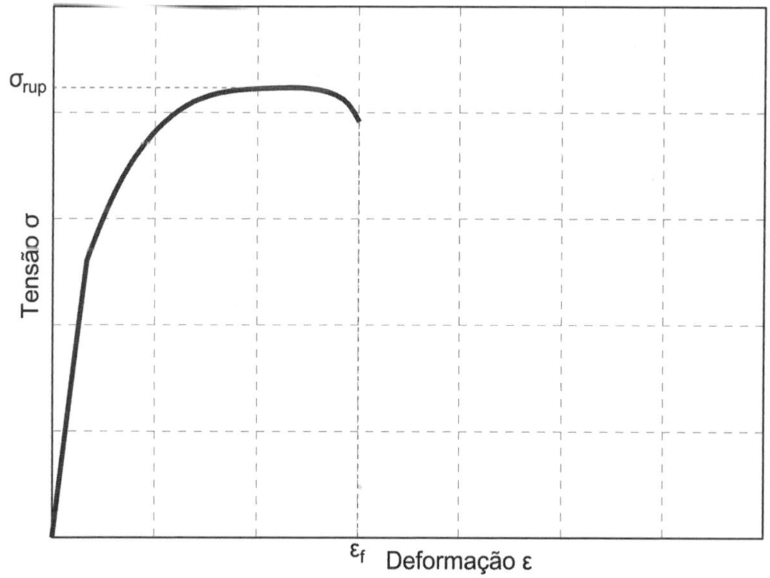

Figura 2.6 – Diagrama tensão x deformação típico de um material frágil.

2.5.2. DIAGRAMA TENSÃO X DEFORMAÇÃO ORIUNDO DE TENSÕES CISALHANTES

Conforme descrito inicialmente, outros tipos de ensaios mecânicos podem ser realizados, visando-se a obter resultados complementares ou distintos acerca dos materiais considerados. Um exemplo dessa situação corresponde ao ensaio de torção, o qual se refere à aplicação de um torque gradativo sobre uma secção circular maciça, efetivando-se medições angulares das deformações ocorridas ao longo da própria secção do corpo de prova. O resultado obtido, para materiais dúcteis, é similar ao apresentado pela Figura 2.4, substituindo-se, porém, os parâmetros de referência agora considerados. A Figura 2.7 ilustra essa proposição.

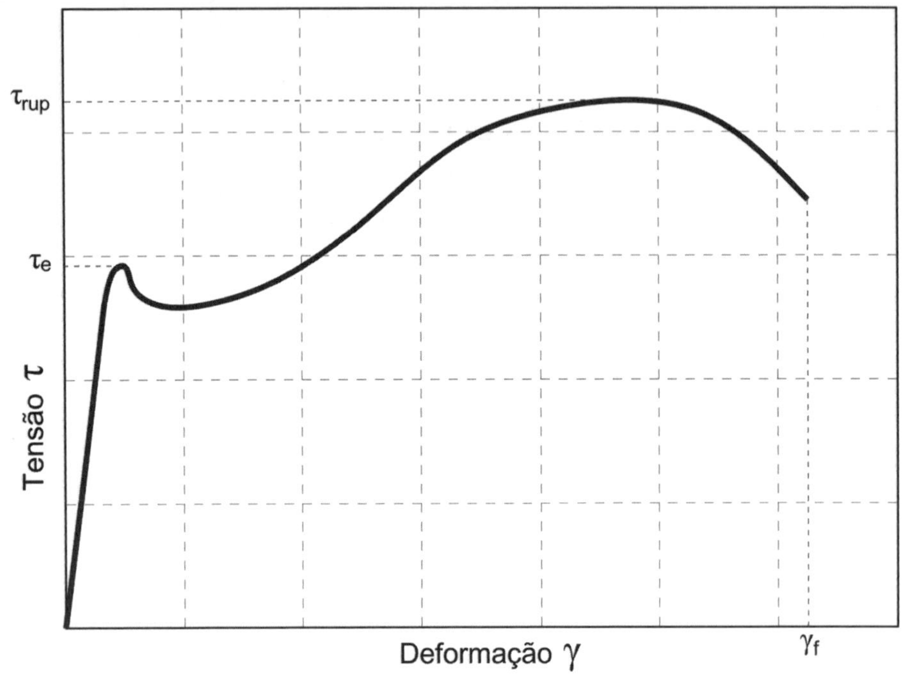

Figura 2.7 – Diagrama tensão x deformação de engenharia (típico) para um ensaio de torção.

Nessas circunstâncias, a lei de Hooke permanece válida, sendo, porém, escrita na forma:

$$\tau = G\gamma \tag{2.8}$$

Em que "G" (inclinação da curva tensão x deformação na região linearizada do gráfico) corresponde ao módulo de elasticidade transversal ou módulo de rigidez do material, "τ" é a tensão de cisalhamento e "γ" corresponde à distorção angular (nesse caso, medida em radianos).

Os módulos de elasticidade longitudinal e transversal, além do coeficiente de Poisson, de determinado material podem ainda ser agrupados numa única relação, ou mais especificamente na forma:

$$G = \frac{E}{2(1+\upsilon)} \tag{2.9}$$

2.6. DIAGRAMA TENSÃO X DEFORMAÇÃO REAL OU VERDADEIRA

Os diagramas tensão x deformação convencionais, também designados como diagramas tensão x deformação de engenharia, são obtidos a partir das dimensões originais do corpo de prova em análise, traduzindo com isso resultados finais não totalmente exatos, visto que as dimensões do corpo de prova variam de forma mais significativa após o ensaio ultrapassar o regime elástico do material. Para completar, nos materiais dúcteis, o fenômeno da estricção instabiliza completamente a distribuição das deformações localizadas em decorrência do estado triplo de tensões que se estabelece na região da falha, ocasionando, assim, divergências ainda maiores nos resultados finais obtidos.

Visando corrigir tais distorções, torna-se possível a realização dos ensaios uniaxiais de tração designados como reais ou verdadeiros, nos quais as propriedades do material se baseiam nos valores instantâneos da secção transversal do corpo de prova. O resultado, nessas circunstâncias, será traduzido por meio de diagramas tensão x deformação diferenciados, conforme pode ser observado na Figura 2.8.

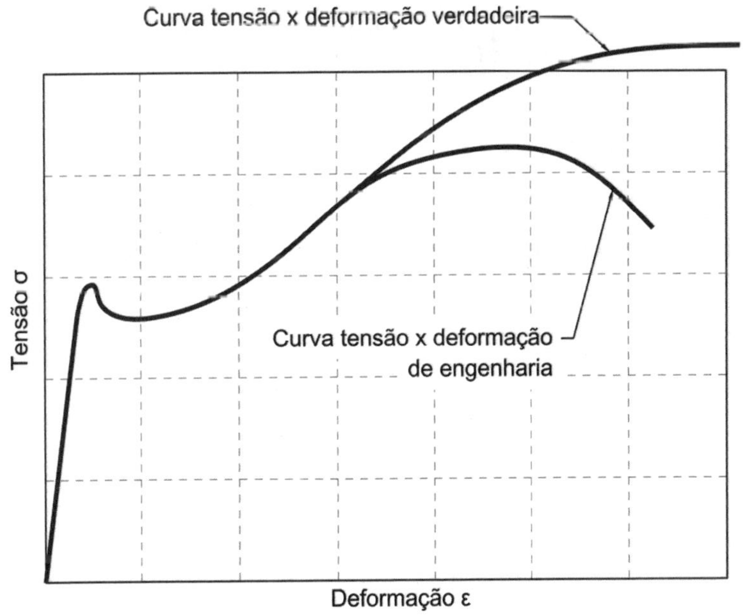

Figura 2.8 – Diagramas tensão x deformação – verdadeiro (real) e de engenharia.

Deve-se destacar, porém, que, na prática e nos ensaios industriais de rotina, os ensaios de tração convencionais ou de engenharia permanecem sendo corriqueiramente utilizados, tendo-se em vista a rapidez e a facilidade quanto à obtenção dos resultados esperados. Nessas circunstâncias, os ensaios reais ou verdadeiros acabam, normalmente, restringindo-se a trabalhos de pesquisa e/ou de desenvolvimento de novos materiais.

2.6.1. TENSÃO E DEFORMAÇÃO VERDADEIRAS

As expressões válidas para se definirem a deformação e a tensão verdadeiras são, evidentemente, diferenciadas das anteriormente apresentadas. A tensão de tração real é definida a partir do quociente entre a carga atuante em qualquer instante do ensaio e a área da secção transversal do corpo de prova nesse mesmo instante. Assim:

$$\sigma_i = \frac{P_i}{A_i} \tag{2.10}$$

Para o caso da deformação real, ela é baseada na variação do comprimento do corpo de prova em relação ao comprimento de medida instantânea (em vez do comprimento inicial do corpo de prova). Dessa forma, com a aplicação de uma carga "P_i", o comprimento inicial passa de "L_0" para "L_i". Assim, aumentando-se a carga em uma pequena quantidade "dP_i", será aumentado o comprimento "dL_i". Com isso, a deformação real pode ser descrita como:

$$\varepsilon_{real} = \int_{L_o}^{L} \frac{dL_i}{L_i} = \left[\ln L_i\right]_{L_o}^{L} = \ln\left(\frac{L}{L_o}\right) \tag{2.11}$$

2.6.2. CORRELAÇÃO ENTRE TENSÕES E DEFORMAÇÕES REAIS (VERDADEIRAS) E DE ENGENHARIA (CONVENCIONAIS)

Retomando-se as Equações (2.2) e (2.11), pode-se ainda considerar:

$$\varepsilon = \frac{\Delta L}{L_o} = \frac{L - L_o}{L_o} = \frac{L}{L_o} - 1 \Rightarrow \frac{L}{L_o} = 1 + \varepsilon$$

e: (2.12)

$$\varepsilon_{real} = \ln\left(\frac{L}{L_o}\right) = \ln(1+\varepsilon)$$

Para o caso das tensões, parte-se da premissa de que o volume do corpo de prova permanece constante no transcorrer do ensaio. Com isso, $A_0 L_0 = AL$, ou, ainda, $A_0/A = L/L_0$, sendo possível escrever:

$$\varepsilon_{real} = \ln(1+\varepsilon) = \ln\left(\frac{A_o}{A}\right) \Rightarrow \frac{A_o}{A_i} = 1+\varepsilon \Rightarrow A_i = \frac{A_o}{1+\varepsilon}$$

A substituição dessa relação da **área instantânea** do material na equação (2.10) resultará, enfim, em:

$$\sigma = \frac{P_i}{A_i} = P_i \frac{1+\varepsilon}{A_o} \Rightarrow \sigma_{real} = \frac{P}{A_o}(\varepsilon+1) \tag{2.13}$$

2.6.3. CURVAS DE ESCOAMENTO

As curvas tensão x deformação obtidas a partir de ensaios de tração reais ou verdadeiros podem ser designadas como curvas de escoamento (*flow curve*). Isso decorre de a condição dessas curvas representarem as características de plasticidade do material considerado. Assim, problemas de plasticidade são costumeiramente relacionados a partir de curvas tensão x deformação obtidas por carregamento uniaxial, desde que eles sejam avaliados em termos da tensão e deformação verdadeiras. Matematicamente, uma das expressões que representa esses resultados de forma satisfatória corresponde à equação de Hollomon, escrita na forma:

$$\sigma = K\varepsilon^n \tag{2.14}$$

Em que "n" representa o coeficiente de encruamento do material, e "K" é a constante plástica de resistência. O expoente de encruamento fornece a capacidade do material de distribuir a deformação uniformemente, ou, mais especificamente, mede a capacidade de encruamento do material, variando numericamente entre zero (material perfeitamente plástico) e a unidade (material elástico), assumindo, ainda, os valores de 0,10 a 0,60 para a maioria dos materiais metálicos.

A constante plástica de resistência (K) mede a tensão real quando "ε" = 1, tendo assim, unidade dimensional de tensão.

Observe, entretanto, que a Equação (2.14) somente tem validade a partir do trecho compreendido entre o escoamento plástico e a carga máxima ou de ruptura do material.

A determinação experimental dos valores de "K" e "n" é mais facilmente obtida a partir do ajuste da Equação (2.14) na forma:

$$\log\sigma = \log K + n\log\varepsilon \tag{2.15}$$

Escrevendo-se os resultados finais num papel log-log, conforme esquematizado pela Figura 2.9.

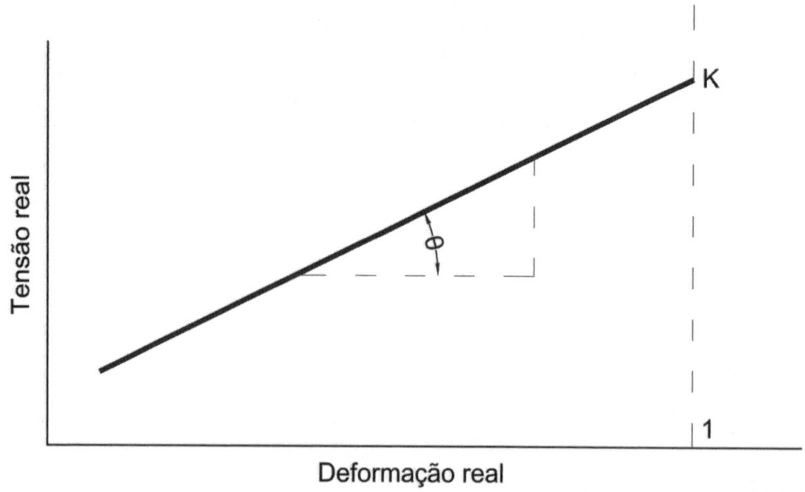

Figura 2.9 – Determinação experimental do coeficiente de encruamento (n = tg θ) e da constante plástica de resistência (K) do material.

2.6.4. CURVAS DE ESCOAMENTO IDEALIZADAS

Visando-se, ainda, a simplificar o equacionamento matemático, utiliza-se na prática o conceito das curvas de escoamento idealizadas, as quais, além de simplificarem o tratamento matemático do problema, apresentam resultados que costumeiramente não fogem muito da realidade física dele. São comuns as curvas de escoamento idealizadas do tipo: a) material plástico rígido ideal; b) material plástico ideal com regime elástico; e c) material com encruamento linear, conforme pode ser observado esquematicamente por meio das curvas da Figura 2.10.

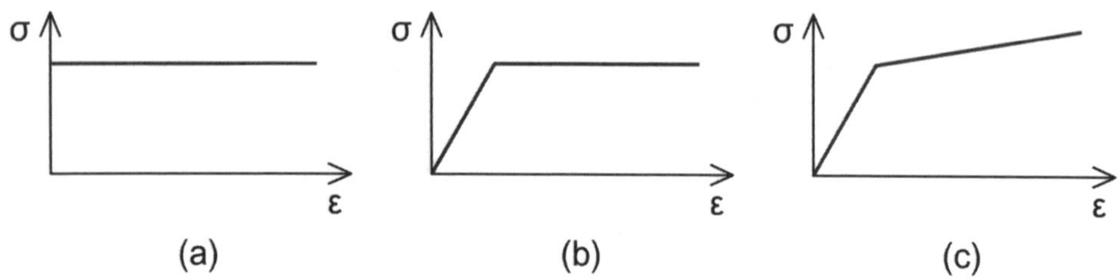

Figura 2.10 – Exemplos de curvas de escoamento idealizados, supondo materiais: (a) plástico rígido ideal; (b) plástico ideal com regime elástico; e (c) com encruamento linear.

2.7. O ENCRUAMENTO

A região plástica de um material é caracterizada pelo endurecimento obtido a partir da deformação a frio, ou, mais especificamente, pelo chamado *fenômeno de encruamento*.

O encruamento de um material corresponde ao seu endurecimento por deformação plástica. Considere, por exemplo, o diagrama representativo da Figura 2.11.

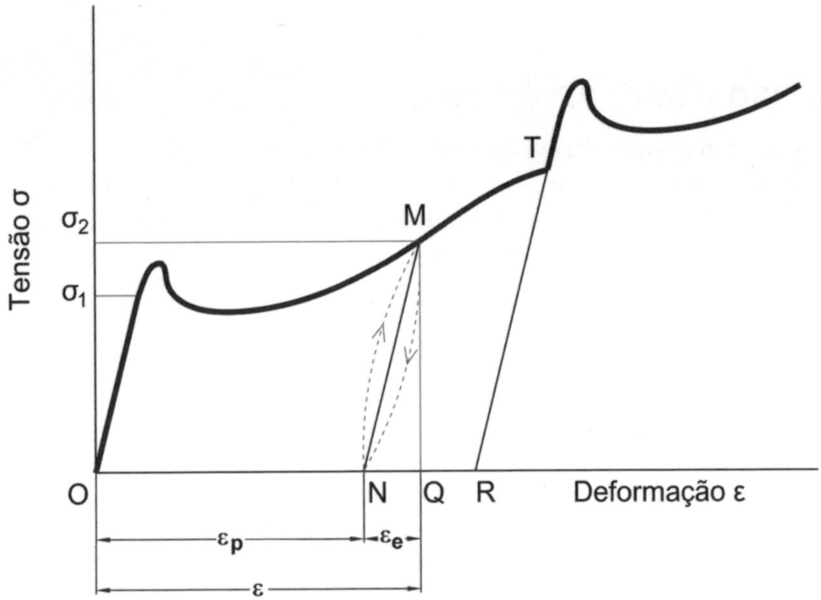

Figura 2.11 – Efeito do encruamento num material carregado e descarregado de forma sequencial.

Nesse diagrama, decorrente de um ensaio de tração realizado num aço de baixo carbono, o ponto "M" corresponde ao ponto até o qual o material é carregado dentro da zona plástica, sendo, na sequência, descarregado até o ponto "N". Esse procedimento faz com que o escoamento ocorrido deixe de existir, em virtude de as discordâncias terem se libertado da região congestionada de átomos no interior da estrutura do material, além de caracterizar a presença de uma deformação plástica permanente (ε_p).

Havendo, logo na sequência do processo, um novo carregamento, este terá início a partir do ponto "N", ocasionando, agora, uma deformação elástica (ε_e) equivalente ao segmento NQ. Esse procedimento ocorre como se o ensaio tivesse sido iniciado novamente, mas, agora, a partir do ponto "N". Tal condição permite verificar que o limite de resistência do material será bem pouco afetado por qualquer descarregamento ocorrido no transcorrer do ensaio.

O fenômeno do encruamento ocorre porque os metais se deformam plasticamente em decorrência do movimento de discordâncias, as quais interagem diretamente entre si, ou indiretamente com outros obstáculos e imperfeições. Tais interações levam a uma redução de mobilidade dessas discordâncias, acarretando um maior nível de tensão para provocar maiores deformações plásticas. Como exemplo, um metal deformado plasticamente contém cerca de 10^{12} discordâncias por metro quadrado, contra um patamar de 10^6 a 10^8 discordâncias pela mesma unidade de área, presente em materiais que não tenham sofrido qualquer tipo de deformação plástica.

Diversos estudos têm sido realizados para explicar, de forma mais detalhada, o fenômeno do encruamento, sendo que a maior dificuldade para tal reside no fato de se determinar como a densidade e a distribuição das discordâncias variam com a deformação plástica.

2.8. PROBLEMAS RESOLVIDOS

1 - O diagrama tensão-deformação de uma liga de alumínio (E = 75 GPa) é ilustrado em Figura. Caso um corpo de prova desse material seja submetido a uma tensão de tração de 600 MPa, determine a deformação permanente deste quando o carregamento é removido. Determine também o módulo de resiliência do material.

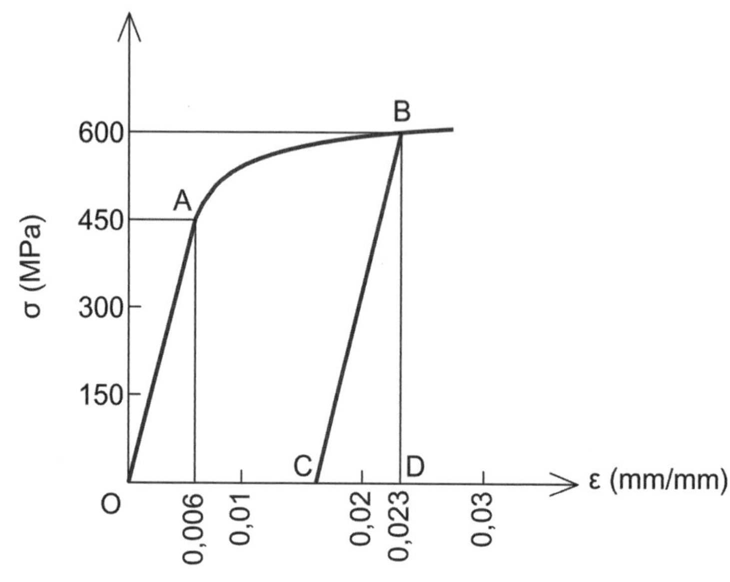

Figura 2.12 – Problema resolvido.

Solução:

A tangente do ângulo correspondente à inclinação do trecho reto do diagrama tensão x deformação equivale ao módulo de elasticidade longitudinal do material em análise. Utilizando-se esse conceito em relação ao triângulo CBD, obtém-se:

$$E = \frac{\overline{BD}}{\overline{CD}} \Rightarrow 75\left(10^9\right) = \frac{600\left(10^6\right)}{\overline{CD}} \Rightarrow \overline{CD} = 0{,}008 \ \frac{mm}{mm}$$

Como o segmento CD corresponde à parcela de deformação elástica recuperada, pode-se considerar que a deformação permanente será de:

$$\varepsilon_{OC} = 0{,}023 - 0{,}008 = 0{,}015 \frac{mm}{mm}$$

Para o módulo de resiliência, tem-se:

$$u_R = \frac{1}{2}\frac{\sigma_e^2}{E} \quad \rightarrow \quad u_R = \frac{1}{2}\frac{\left(450\left(10^6\right)\right)^2}{75\left(10^9\right)} = 1{,}35\,MJ/m^3$$

2 - Um fio de cobre, ao ser ensaiado, apresenta uma estricção de 77%. Para uma tensão de ruptura de 30 kgf/mm², determine: (a) a tensão verdadeira de ruptura, (b) a deformação verdadeira na ruptura.

Solução:

A tensão verdadeira de ruptura pode ser equacionada na forma:

$$\sigma_i = \frac{P_i}{A_i} = \frac{P}{A_f}$$

Enquanto a área final do fio em análise vale:

$$\psi = \frac{A_o - A_f}{A_o} \Rightarrow A_f = (1-\psi)A_o$$

A força atuante no fio de cobre pode, ainda, ser definida a partir da tensão de engenharia na forma:

$$\sigma = \frac{P}{A_o} \Rightarrow P = \sigma(A_o)$$

resultando, após as devidas substituições:

$$\sigma_i = \frac{P}{A_f} = \frac{\sigma(A_O)}{(1-\psi)A_o} = \frac{30}{(1-0{,}77)} = 130{,}43\,kgf/mm^2$$

Para se definir a deformação verdadeira, tem-se:

$$\varepsilon_{real} = \ln\left(\frac{A_o}{A_f}\right) = \ln\left(\frac{A_o}{(1-\psi)A_o}\right) = \ln\left(\frac{1}{(1-0{,}77)}\right) \cong 147\%$$

3 – Um ensaio de tração utiliza um corpo de prova de aço-carbono com secção circular e diâmetro inicial de 9,14 mm. Para as cargas de 2224 kgf e 2905 kgf, os diâmetros medidos foram de 8,69 mm e 8,33 mm, respectivamente. Determine a tensão e a deformação real para as duas cargas, assim como os coeficientes "K" e "n".

Solução:

As áreas de secção transversal do corpo de prova valem:

$$A_{8,33} = \frac{\pi(8,33)^2}{4} = 54,5\ mm^2 \qquad A_{8,69} = \frac{\pi(8,69)^2}{4} = 59,31\ mm^2$$

Logo, para o caso das tensões verdadeiras, tem-se:

$$\sigma_{8,33} = \frac{P_i}{A_i} = \frac{2905}{54,5} = 53,3\ kgf\ /\ mm^2$$

$$\sigma_{8,69} = \frac{P_i}{A_i} = \frac{2224}{59,31} = 37,5\ kgf\ /\ mm^2$$

Deformações:

$$\varepsilon_{real} = \ln\left(\frac{A_o}{A}\right)$$

$$\varepsilon_{8,33} = \ln\left(\frac{\pi(9,14)^2/4}{54,5}\right) = 0,185$$

$$\varepsilon_{8,69} = \ln\left(\frac{\pi(9,14)^2/4}{59,31}\right) = 0,101$$

Por fim, considerando-se o seguinte sistema de duas Equações com duas incógnitas:

$$37,5 = K(0,101)^n$$

$$53,3 = K(0,185)^n$$

torna-se possível obter os seguintes valores numéricos:

$$n = 0,581 \qquad K = 142,1\ kgf\ /\ mm^2$$

4 - Um tubo de comprimento 0,5 m, diâmetro externo de 130 mm e espessura de parede de 15 mm é submetido a uma carga compressiva de 200 kN. Determine: a) a variação (ΔL) ocorrida no seu comprimento; b) a variação (ΔD) ocorrida no seu diâmetro; c) a variação (Δt) ocorrida na sua espessura de parede. Dados: E = 70 GPa e υ = 0,3.

Solução:

A secção transversal do tubo vale:

$$D_i = 130 - 2(15) = 100\,mm$$

$$A = \frac{\pi}{4}\left(D_e^{\,2} - D_i^{\,2}\right) = \frac{\pi}{4}\left(0.13^2 - 0.10^2\right) = 0{,}0054\,mm^2$$

Manipulando-se a lei de Hooke em função da deformação específica, chega-se a:

$$\sigma = E\varepsilon \Rightarrow \frac{P}{A_o} = E\frac{\Delta L}{L_o} \Rightarrow \Delta L = \frac{PL_o}{A_o E}$$

$$\Delta L = \frac{-200\left(10^3\right)0{,}5}{0{,}0054\left(70\left(10^9\right)\right)} = -0{,}265\,mm$$

Em termos das deformações transversais, obtém-se:

$$\varepsilon_t = -\upsilon\varepsilon \Rightarrow \varepsilon_t = -\upsilon\frac{\Delta L}{L_o} = -0{,}3\frac{(-0{,}265)}{500} = 0{,}000159\,\frac{mm}{mm}$$

$$\varepsilon_t = \frac{\Delta D}{D_o} \Rightarrow \Delta D = 0{,}000159\,(130) = 0{,}021\,mm$$

$$\varepsilon_t = \frac{\Delta t}{t} \Rightarrow \Delta t = 0{,}000159\,(15) = 0{,}0024\,mm$$

5 - Certa liga de alumínio apresenta tensão de escoamento = 40 kpsi, deformação específica em escoamento = 0,004, tensão de ruptura = 45 kpsi e deformação específica em ruptura = 0,017. Determine as correspondentes relações tensão x deformação considerando o modelo de: a) um material plástico ideal com regime elástico; b) um material com encruamento linear.

Solução:

$$E = \frac{\sigma_e}{\varepsilon_e} = \frac{40}{0{,}004} = 10000\,kpsi$$

Logo:

$$\sigma = 10000(\varepsilon) \Rightarrow \varepsilon \leq 0,004$$

$$\sigma = 40\ kpsi \Rightarrow \varepsilon > 0,004$$

Considerando os pontos correspondentes ao escoamento e à ruptura do material, torna-se possível definir a inclinação do trecho linear após o escoamento do material na forma:

$$E = \frac{45-40}{0,017-0,004} = 384,62\ kpsi$$

Assim:

$$\sigma = 10000(\varepsilon) \Rightarrow \varepsilon \leq 0,004$$

$$\sigma = 40 + 384,62(\varepsilon - 0,004) \Rightarrow \varepsilon > 0,004$$

2.9 – PROBLEMAS PROPOSTOS

1 – Os dados de um teste de tensão-deformação de determinada liga são fornecidos em tabela. Sabendo-se que a curva é linear entre a origem e o primeiro ponto tabelado, esboce o diagrama correspondente e determine o módulo de elasticidade longitudinal e o módulo de resiliência do material.

σ (kpsi)	ε (in/in)
0	0
33,2	0,0006
45,5	0,0010
49,4	0,0014
51,5	0,0018
53,4	0,0022

Resposta:

E = 55333,3 kpsi; u_R = 9,96 psi

2 – Determine o alongamento de um tubo de comprimento 8,0 m quando ele é submetido a um carregamento axial em tração que gera uma tensão de 225 MPa. Considere que o material desse tubo siga o diagrama tensão x deformação em Figura e determine também os módulos de elasticidade, resiliência e tenacidade desse material.

Resposta:

Alongamento de 12 mm, E = 200 GPa, u_R = 100 kPa, u_T = 2,33 MPa.

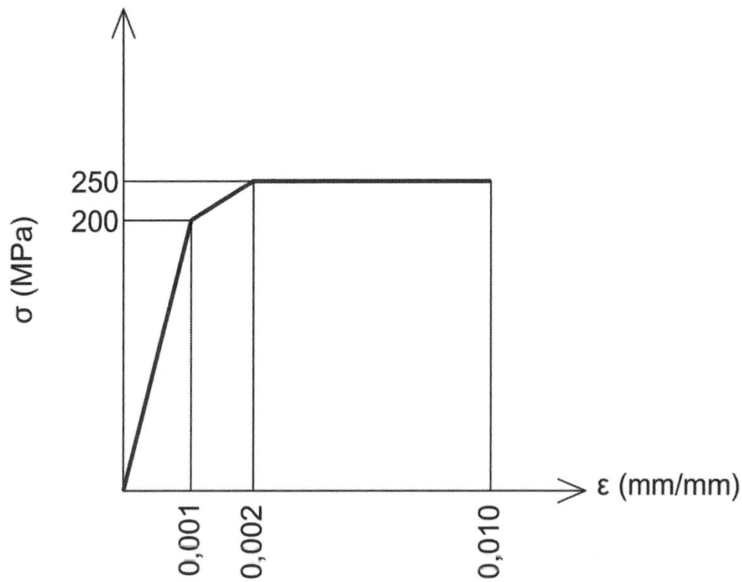

3 – O volume de uma barra cilíndrica submetida a um carregamento axial mantém-se constante, apesar da presença de deformações plásticas associadas ao referido carregamento. Se o diâmetro inicial da barra vale d_1, identifique uma expressão que permita determinar a deformação verdadeira da barra quando o seu diâmetro assumir um valor "d".

Resposta:

$\varepsilon_{real} = 2\ln(d_1/d)$

4 – Uma carga axial de 600 lbf é aplicada a um corpo de prova plano feito de aço-carbono (E = 29.10^6 psi e υ = 0,30) com espessura constante de 1/16 in. Determine a mudança resultante: a) ao longo do comprimento de 2 in; b) ao longo da largura (w) da porção central do corpo de prova; c) ao longo da espessura (t) da porção central do corpo de prova.

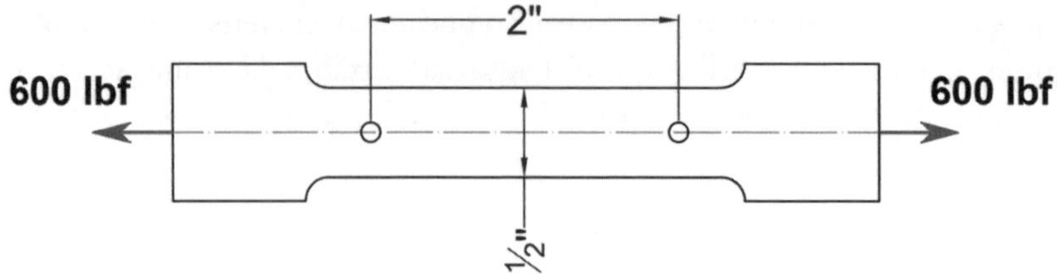

Resposta:

a) $d_l = 1{,}324.10^{-3}$ in

b) $d_w = -9{,}93.10^{-5}$ in

c) $d_t = -1{,}241.10^{-5}$ in

5 – Uma barra de comprimento inicial 12 in e diâmetro inicial de 0,5 in é submetida a uma carga axial de 500 lbf. Quando essa carga é aumentada para 1.800 lbf, a barra se alonga 0,9 in. Determine o módulo de elasticidade do material supondo que ele permanece dentro do regime elástico.

Resposta:

E = 88,27 kpsi

6 – O diagrama tensão-deformação de determinado material é dado por:

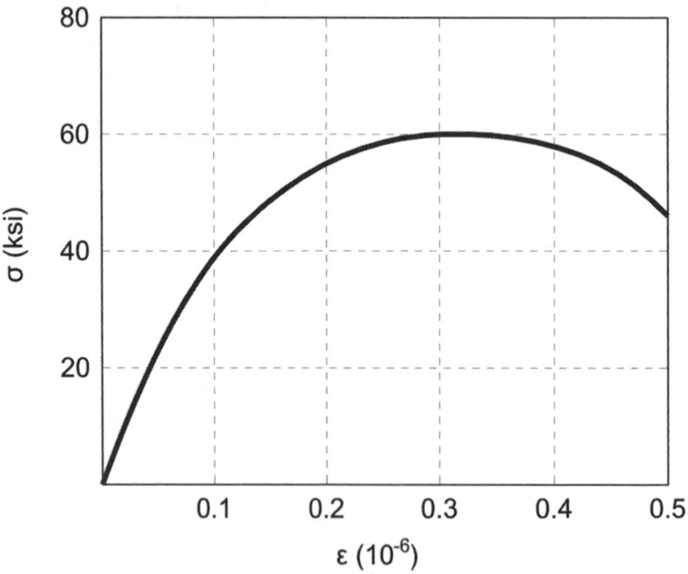

Supondo que a relação tensão-deformação seja dada por $\varepsilon = \sigma/E + k.\sigma^n$, (com a tensão dada em kpsi e as deformações na potência de 10^{-6}), determine os parâmetros k e n da referida curva. Suponha um módulo de elasticidade longitudinal de 30.10^3 kpsi para o material avaliado.

Resposta:

n = 2,73; k = 4,23(10^{-6})

7 - Um corpo de prova confeccionado em alumínio apresenta uma deformação específica de 0,00614 (in/in) quando submetido a uma tensão de 70 kpsi. O comprimento de teste e o diâmetro inicial do corpo de prova valem 2 in e 0,5 in, respectivamente. Quando a carga atingida é de 9 kip, o novo diâmetro do referido corpo de prova passa a valer 0,49935 in. Determine o módulo de elasticidade transversal (módulo de rigidez) desse alumínio.

Resposta:

G = 4,31(10^3) kpsi

8 - Uma haste de alumínio de secção transversal circular é submetida ao carregamento indicado na Figura a seguir. A partir dos dados do diagrama tensão-deformação do material, determine o alongamento da haste quando o carregamento for aplicado. Suponha que E = 70 GPa.

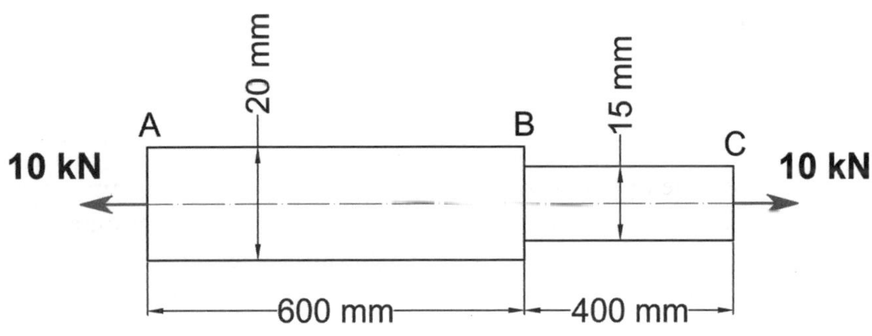

Resposta:

ε_{AB} = 0,0004547 mm/mm

ε_{BC} = 0,045 mm/mm

δ = 18,3 mm

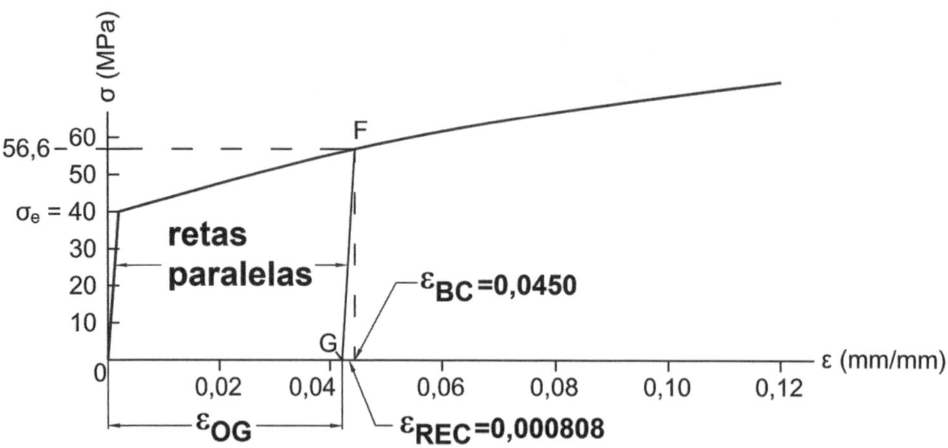

9 – Uma amostra de teste em tração tem diâmetro 13 mm e comprimento de 50 mm. A carga correspondente a um deslocamento de 0,2% é de 6.800 kgf, e a carga máxima atingida é de 8.400 kgf. A fratura ocorre em 7.300 kgf, e o diâmetro final da amostra apresenta 8 mm num comprimento de 65 mm. Determine: a) a tensão máxima obtida no ensaio; b) a tensão correspondente a 0,2%; c) a tensão correspondente à fratura da amostra; d) os percentuais de alongamento e de estricção da amostra. Suponha que: 1 kgf = 9,8 N e E = 207 GPa.

Resposta:

a) $\sigma_{max} = 620$ MPa

b) $\sigma_{0,2\%} = 502$ MPa

c) $\sigma_{fratura} = 539$ MPa

d) $\varepsilon = 30\%$ e $\psi = 62\%$

10 – Uma amostra de teste em tração tem diâmetro inicial de 12 mm e comprimento de 50 mm, suporta uma carga máxima de 90 kN e fratura com uma carga de 70 kN. Para um diâmetro de fratura de 10 mm, determine a tensão de engenharia e a tensão de fratura verdadeira, bem como a deformação de engenharia e a deformação de fratura verdadeira.

Resposta:

Tensões: 796 MPa e 891 MPa.

Deformações: 0,44 e 0,365.

11 – Para uma liga de bronze (E = 115 GPa), a tensão na qual a deformação plástica se inicia é de 275 MPa. Qual a máxima carga que poderá ser aplicada a uma amostra dessa liga com uma área de seção transversal de 325 mm^2 e na condição de não haver deformação plástica? Na sequência, caso o comprimento do espécime original seja de 115 mm, qual seria o comprimento máximo que pode ser obtido sem ocorrer deformação plástica?

Resposta:

89375 N e 115,28 mm.

12 – As seguintes tensões verdadeiras produzem as correspondentes deformações plásticas para uma liga de latão:

Tensão verdadeira (psi)	Deformação verdadeira
50000	0,10
60000	0,20

Que tensão verdadeira é necessária para produzir uma deformação plástica também verdadeira de 0,25?

Resposta:

n = 0,263; k = 91623 psi; σ_{real} = 63700 psi

13 – Os dados tabelados na sequência foram recolhidos a partir de um corpo de prova de magnésio de 12 mm de diâmetro (L_o = 30 mm).

Após a fratura, o comprimento do corpo de prova é de 32,61 mm, e o diâmetro é de 11,74 mm. Trace os dados e calcule:

a) o limite de resistência de 0,2%;

b) a resistência à tração;

c) o módulo de elasticidade;

d) o percentual de alongamento;

e) a redução da área;

f) a tensão de engenharia na fratura;

g) a tensão verdadeira na fratura;

h) o módulo de resiliência.

Carga (N)	Comprimento (mm)	Tensão (MPa)	Deformação (mm)
0	30	0	0,0
5000	30,0296	44,2	0,000987
10000	30,0592	88,4	0,001973
15000	30,0888	132,6	0,00296
20000	30,15	176,8	0,005
25000	30,51	221,0	0,017
26500	30,90	234,3	0,030
27000	31,50	238,7	0,050
26500	32,10	234,3	0,070
25000	32,79	221,0	0,093

Resposta:

a) 186 MPa;

b) 238,7 MPa;

c) 44,8 GPa;

d) 8,7%;

e) 4,3%;

f) 221 MPa;

g) 231 MPa;

h) $3{,}86(10^5)$ J/m^3.

NOMENCLATURA

ΔA	Variação de secção transversal
ΔL	Variação de comprimento
ε	Deformação específica longitudinal
ε_f	Deformação específica transversal em fratura
ε_{real}	Deformação específica longitudinal real
ε_t	Deformação específica transversal
γ	Distorção angular (rad)
σ	Tensão normal
σ_e	Limite de escoamento do material
σ_p	Limite de proporcionalidade do material
σ_{real}	Tensão normal real ou verdadeira

σ_{rup}	Limite de ruptura do material
τ	Tensão tangencial ou de cisalhamento
τ_{rup}	Limite de ruptura em cisalhamento do material
υ	Coeficiente de Poisson
ψ	Redução de secção transversal
A	Área da secção transversal
A_i	Área da secção transversal no instante "i"
A_o	Área da secção transversal inicial
E	Módulo de elasticidade longitudinal
G	Módulo de elasticidade transversal (rigidez)
K	Constante plástica de resistência
L	Comprimento
L_i	Comprimento no instante "i"
L_o	Comprimento inicial
n	Expoente de encruamento
P	Força ou carga axial
P_i	Carregamento atuante no instante "i"
u_R	Módulo de resiliência
u_T	Módulo de tenacidade

REFERÊNCIAS

BORESI, Arthur.; SCHMIDT, Richard. **Advanced Mechanics of Materials**. 6ª ed., USA: John Wiley & Sons, Inc, 2003.

BRAGA, Arthur. **Critérios de Escoamento**. Notas de aula da disciplina Mecânica dos Sólidos II, Departamento de Engenharia Mecânica, PUC-Rio, Rio de Janeiro,1998.

CALLISTER, William. **Ciência e Engenharia de Materiais** – uma introdução, 5ª ed., Rio de Janeiro: LTC, 1999.

SEELY, Fred.; NEWTON, Ensign. **Analytical Mechanics for Engineers**. USA: John Wiley & Sons, Inc., 1947.

SOUZA, Sergio. Augusto de. **Ensaios Mecânicos de Materiais Metálicos**. 5ª ed., São Paulo: Edgard Blucher, 1984.

UGURAL, Ansel. **Mecânica dos Materiais**. Rio de Janeiro: LTC, 2009.

CAPÍTULO 3

Critérios de projeto para materiais dúcteis

3.1. INTRODUÇÃO

Em geral, as fraturas dúcteis são caracterizadas pela presença de um fluxo plástico com uma correspondente redução de secção transversal, ambos na região da falha. Nessas circunstâncias, pode-se considerar que um componente de material dúctil começa a falhar quando ocorre o início da plastificação (deformação plástica) na região solicitada. Uma condição de fratura dúctil será quase sempre preferível à condição de uma fratura frágil, dado que a presença de deformações plásticas servirá como um alerta quanto à iminência de uma eventual condição de falha.

Em termos de projeto, entretanto, como prever a condição de falha de determinado componente? Para um material dúctil submetido a um ensaio de tração uniaxial, a condição de falha tem início a partir do instante em que se atinge a tensão de escoamento do material. Por outro lado, condições reais de carga caracterizam um estado de tensão multiaxial no componente em análise, tornando bem mais complexa a previsão do valor da tensão que causaria essa condição de falha correspondente.

Nesse contexto, torna-se evidente a necessidade quanto ao uso de critérios de falha objetivos e que determinem a segurança adequada do componente em análise, contemplando o estado de tensão multiaxial presente e garantindo, assim, a condição de um projeto seguro.

O projeto de componentes mecânicos confeccionados a partir de materiais dúcteis adota como parâmetro de referência, para o caso de carregamentos estáticos (tensões que se mantêm praticamente constantes com o passar do tempo), o limite de escoamento do material, o qual apresenta, quase na totalidade dos casos, valores numericamente equivalentes em carregamentos de tração e de compressão ($\sigma_t = \sigma_c$). Três são as teorias de projeto tradicionais que melhor se adaptam para o caso dos materiais dúcteis:

- teoria da máxima tensão normal: TMTN;
- teoria da máxima tensão cisalhante (ou cisalhante máxima): TMTC;
- teoria da máxima energia de distorção: TMED;

Essas teorias são apresentadas e discutidas na sequência do presente Capítulo.

3.2. ESFORÇOS COMBINADOS EM UM PONTO

A disciplina da mecânica dos sólidos estuda a condição dos esforços clássicos ou fundamentais, os quais incluem os carregamentos axiais (tração e compressão), os carregamentos de cisalhamento, os carregamentos de torção e as solicitações em flexão. Tais esforços são, ainda, tradicionalmente estudados e avaliados de forma isolada e independente.

Na prática geral e real, entretanto, os componentes mecânicos e de máquinas são submetidos a condições de carregamentos ou cargas combinadas, as quais ocorrem normalmente ao longo de três eixos coordenados, dado o fato de os componentes apresentarem, invariavelmente, condições tridimensionais. Um campo de esforços bidimensional pode, porém, ser considerado em situações simplificadas de carregamentos, conforme também discutido ao longo do presente Capítulo.

A Figura 3.1 ilustra a convenção adotada para a representação de esforços (tensões) sobre um elemento diferencial de determinado componente estrutural ou de máquina com faces perpendiculares aos eixos coordenados:

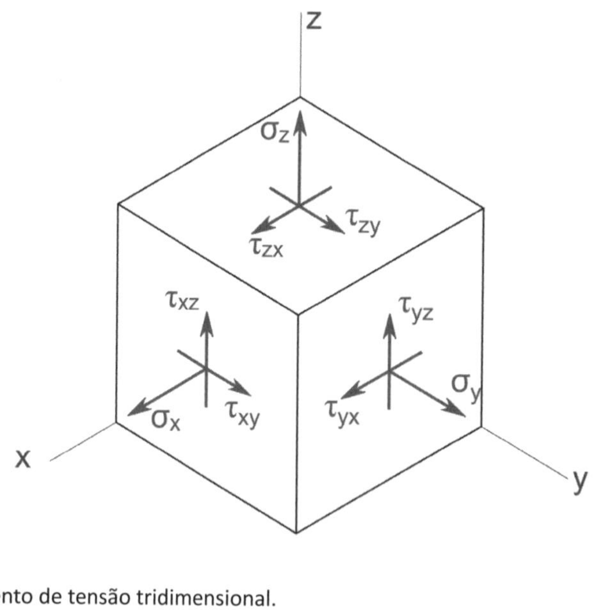

Figura 3.1 – Elemento de tensão tridimensional.

A partir da Figura 3.1, pode-se observar que as tensões que atuam de forma perpendicular a cada face do elemento diferencial são representadas por um único subíndice (x, y ou z), o qual identifica a direção em que essa tensão atua. São as tensões normais: σ_x, σ_y e σ_z. As demais componentes de tensão são representadas por dois subíndices distintos, sendo que o primeiro indica o plano no qual a tensão atua, e o segundo indica a direção de atuação correspondente. São as tensões tangenciais: τ_{xy}, τ_{yx}, τ_{xz}, τ_{zx}, τ_{yz} e τ_{zy}, as quais podem, ainda, ser simplificadas para apenas três componentes distintos, uma vez que, pelo chamado *teorema da reciprocidade das tensões tangenciais*, pode-se considerar que: $\tau_{xy} = \tau_{yx}$, $\tau_{xz} = \tau_{zx}$ e $\tau_{yz} = \tau_{zy}$. Tal condição é válida e necessária para que o elemento diferencial de tensão se mantenha em equilíbrio ($\sum M = 0$).

A partir do estado de tensões atuante num ponto torna-se possível, ainda, obter as chamadas tensões principais, ou seja, as tensões normais atuantes em planos nos quais as tensões tangenciais correspondentes são nulas. Para um estado de tensões tridimensional, similar ao da Figura 3.1, pode-se demonstrar que as raízes do determinante:

$$\det\begin{vmatrix} \sigma_x - \sigma & \tau_{xy} & \tau_{xz} \\ \tau_{yx} & \sigma_y - \sigma & \tau_{yz} \\ \tau_{zx} & \tau_{zy} & \sigma_z - \sigma \end{vmatrix} = 0 \qquad (3.1)$$

correspondem às tensões principais, as quais são normalmente descritas na ordem: $\sigma_1 > \sigma_2 > \sigma_3$. A Figura 3.2 mostra a representação do círculo de Mohr para um caso geral tridimensional de tensões.

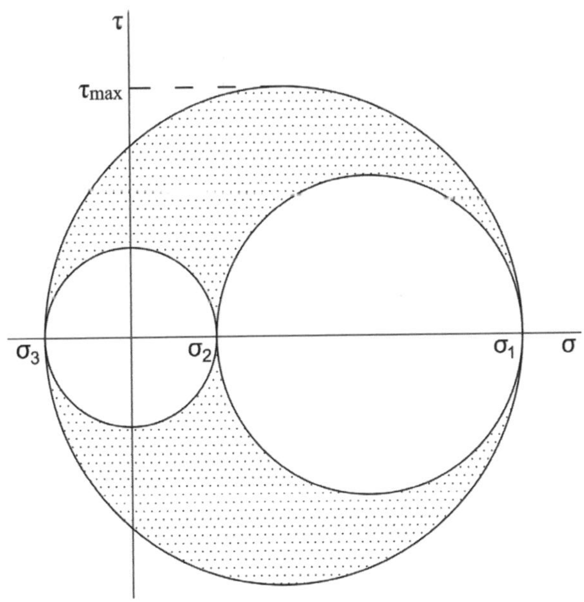

Figura 3.2 – Círculo de Mohr tridimensional – Caso geral.

Por meio da Figura 3.2, é também possível identificar a máxima tensão tangencial existente, cujo valor pode ser definido a partir do maior valor numérico entre as seguintes relações:

$$\tau_{max} \begin{cases} \dfrac{|\sigma_1 - \sigma_2|}{2} \\ \dfrac{|\sigma_1 - \sigma_3|}{2} \\ \dfrac{|\sigma_2 - \sigma_3|}{2} \end{cases} \quad (3.2)$$

3.2.1. ESFORÇOS COMBINADOS EM UM PONTO – CASO BIDIMENSIONAL

Determinadas situações práticas nas quais as tensões numericamente mais representativas se resumem a apenas dois planos podem, sem comprometimento dos resultados finais, ser aproximadas para um caso bidimensional de tensões, conforme esquematizado a partir da Figura 3.3.

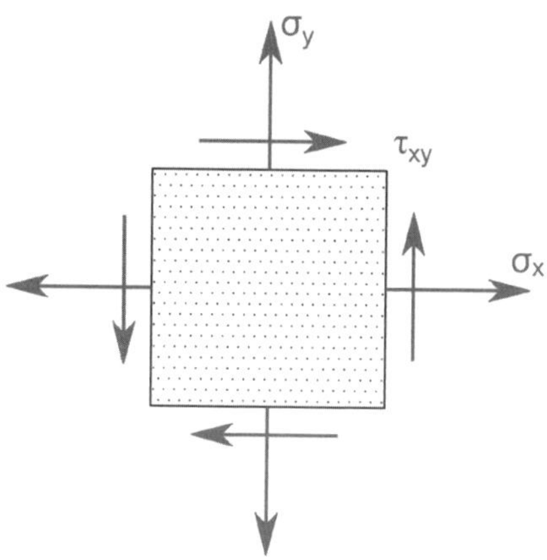

Figura 3.3 – Elemento de tensão bidimensional.

Nessas circunstâncias, uma das tensões principais será, evidentemente, nula, podendo as outras duas tensões principais ser determinadas a partir das raízes do determinante da Equação (3.1), desde que se considere, por exemplo, $\sigma_z = \tau_{xz} = \tau_{zx} = \tau_{yz} = \tau_{zy} = 0$, ou seja:

$$\det \begin{vmatrix} \sigma_x - \sigma & \tau_{xy} & 0 \\ \tau_{yx} & \sigma_y - \sigma & 0 \\ 0 & 0 & 0 \end{vmatrix} = 0 \quad (3.3)$$

Como solução alternativa, as tensões principais para um caso 2D podem ainda ser obtidas diretamente a partir da relação:

$$\sigma_A, \sigma_B = \frac{\sigma_x + \sigma_y}{2} \pm \sqrt{\left(\frac{\sigma_x - \sigma_y}{2}\right)^2 + \tau_{xy}^2}, \tag{3.4}$$

sendo que os índices "A" e "B" necessitam, para cada caso em específico, ser adaptados em decorrência da relação anteriormente proposta: $\sigma_1 > \sigma_2 > \sigma_3$, bem como, da condição de uma dessas três tensões principais ser, nessas circunstâncias, nula, conforme comentado anteriormente. O problema resolvido 1, na Seção 3.8, demonstra essa condição.

O círculo de Mohr correspondente a um caso bidimensional de tensões e a tensão de cisalhamento máxima valem, respectivamente:

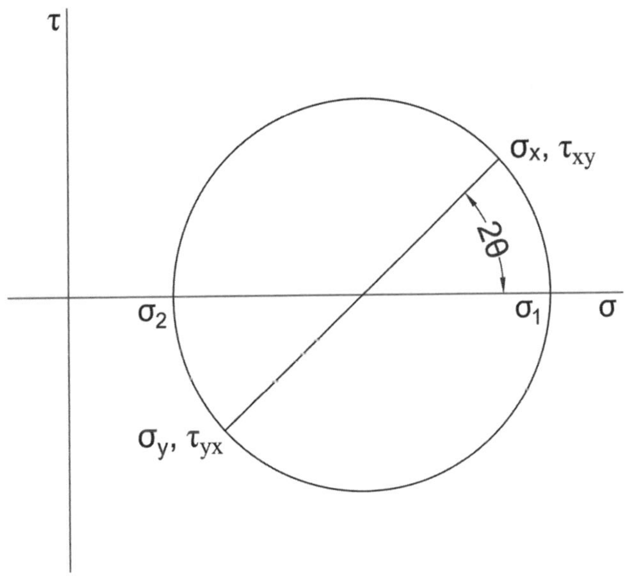

Figura 3.1 – Círculo de Mohr bidimensional – caso geral.

$$\tau_{max} = \sqrt{\left(\frac{\sigma_x - \sigma_y}{2}\right)^2 + \tau_{xy}^2} \tag{3.5}$$

Sugere-se ao leitor comprovar que o valor de τ_{max}, dado pela Equação (3.5), diz respeito ao raio do círculo de Mohr correspondente.

3.3. CRITÉRIOS DE FALHA POR INÍCIO DE ESCOAMENTO

Os critérios de falha por início de escoamento podem ser definidos geometricamente a partir de uma superfície no espaço denominada *superfície de escoamento*. Tal superfície é caracterizada a partir de uma função "f" descrita a partir das tensões principais e da tensão de escoamento do material. Matematicamente, essa função pode ser representada na forma:

$$f\left(\sigma_1,\sigma_2,\sigma_3,\sigma_{esc}\right)=0 \tag{3.6}$$

A Figura 3.5 ilustra essa superfície num plano tridimensional cujos eixos de referência contemplam as tensões principais correspondentes. O eixo "n", designado como eixo hidrostático, apresenta a mesma inclinação em relação aos três eixos do sistema e corresponde ao lugar do espaço onde atuam as chamadas tensões hidrostáticas, as quais são discutidas na sequência do presente Capítulo.

Conceitualmente, qualquer ponto de coordenadas (σ_1,σ_2,σ_3) que se localize no interior do referido espaço geométrico estará numa condição segura de projeto. Do contrário, pontos coordenados que se localizem externamente ao espaço geométrico estarão numa condição insegura de projeto. É evidente ainda que pontos localizados sobre a própria superfície indicam a condição limite de projeto e são, consequentemente, equivalentes à tensão de escoamento do material.

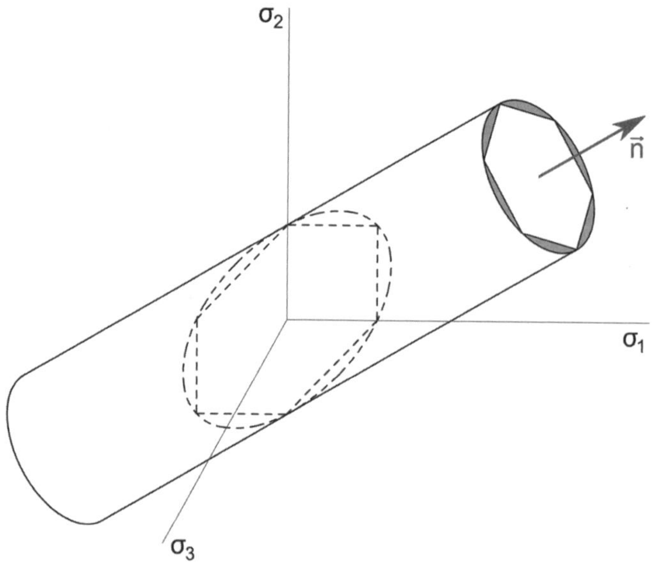

Figura 3.5 – Superfície de escoamento e seu correspondente eixo hidrostático (n).

3.3.1. TEORIA DA MÁXIMA TENSÃO NORMAL – TMTN

Também conhecida como *teoria do esforço normal máximo* ou *teoria de Rankine*. Considera que a falha do material ocorra quando o esforço normal máximo em um determinado ponto dele atinja um valor crítico não obstante as demais solicitações eventualmente existentes. Tal condição faz com que a referida teoria tenha por base uma falha caracterizada, exclusivamente, por esforços de tração ou de compressão.

Resultados experimentais demonstram, entretanto, que a fratura de um corpo de prova de material dúctil ocorre num ângulo aproximado de 45º com o eixo da amostra, caracterizando com isso a importância da tensão de cisalhamento na ruptura de materiais dúcteis (na prática, os materiais dúcteis são menos resistentes ao cisalhamento). Tal condição faz com que determinados autores sugiram que a teoria da máxima tensão normal seja a que melhor se adapta ao caso dos materiais frágeis. Em termos comparativos, porém, é possível utilizar a referida teoria para ambos os casos, ou seja, para o caso de materiais frágeis e materiais dúcteis.

Durante um ensaio uniaxial, no instante da falha, e para materiais que contemplem tensões de escoamento diferenciadas para os carregamentos de tração e compressão, pode-se considerar:

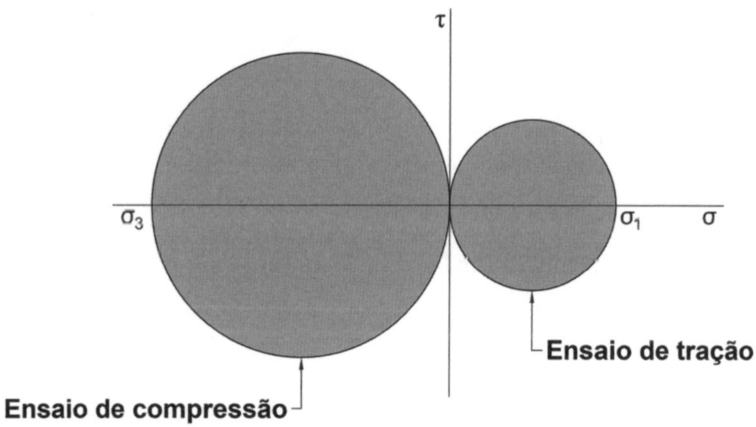

Figura 3.6 – Círculos de Mohr representativos de ensaios uniaxiais em tração e em compressão, realizados em corpos de prova com tensões de escoamento diferenciadas.

As expressões matemáticas que representam um projeto seguro de acordo com a teoria da máxima tensão normal são assim definidas por:

$$|\sigma_1| = \sigma^{+}_{esc} \qquad \text{ou} \qquad |\sigma_2| = \sigma^{-}_{esc} \tag{3.7}$$

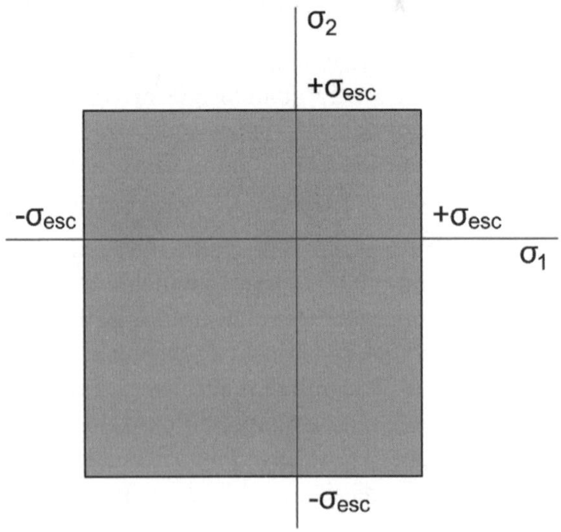

Figura 3.7 – Diagrama de falha (superfície de escoamento) para o critério da máxima tensão normal – caso 2D.

A Figura 3.7 ilustra a condição correspondente a uma superfície ou região de escoamento, nesse caso em 2D.

Evidentemente, se o material apresentar tensões de escoamento equivalentes em tração e compressão (aços-carbono em geral, por exemplo), a região de aceitação da Figura 3.7 tornar-se-á centralizada em relação aos eixos de referência.

Por fim, caso se deseje incluir um fator de segurança em relação ao critério TMTN, pode-se considerar:

$$|\sigma_1| \leq \frac{\sigma^+_{esc}}{CS} \quad \text{ou} \quad |\sigma_2| \leq \frac{\sigma^-_{esc}}{CS} \tag{3.8}$$

Observação - note que as Equações (3.7) e (3.8) devem, ainda, ser ajustadas em termos da relação: $\sigma_1 > \sigma_2 > \sigma_3$, anteriormente comentada.

3.3.2. TEORIA DA MÁXIMA TENSÃO CISALHANTE – TMTC

Também conhecida como *teoria da tensão cisalhante máxima* ou *teoria de Tresca*. Conforme citado anteriormente, a tensão de cisalhamento é a principal responsável pela condição de falha em corpos de prova de materiais dúcteis. Considerando-se que um material dúctil submetido a qualquer estado de tensão (uniaxial, biaxial ou triaxial) tenha sua falha caracterizada a partir da tensão de cisalhamento correspondente, pode-se supor que:

> *"quando a tensão de cisalhamento, no ponto crítico do componente, atingir o valor da tensão de cisalhamento correspondente a um corpo de prova, de mesmo material, submetido a um ensaio de tração no momento do seu escoamento, tem-se o limite de resistência do critério".*

O círculo de Mohr correspondente ao ensaio de tração simples realizado sobre o corpo de prova corresponde a:

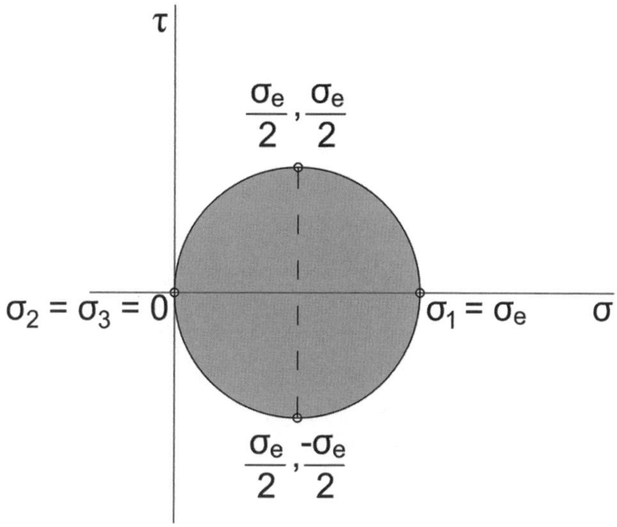

Figura 3.8 – Círculo de Mohr correspondente a um corpo de prova submetido a um ensaio de tração simples.

De onde se pode considerar que:

$$\tau_{max} = \frac{|\sigma_1 - \sigma_2|}{2} \qquad \text{e} \qquad |\sigma_1 - \sigma_2| = \sigma_{esc},$$

resultando em:

$$\tau_{max} = \frac{\sigma_{esc}}{2} \tag{3.9}$$

Generalizando o resultado da Equação (3.9) em decorrência dos valores das tensões principais (tração e/ou compressão) resultantes, deve-se ainda considerar:

a) tensões principais com sinais equivalentes

$$|\sigma_1| = \sigma_{esc} \Rightarrow \qquad \text{quando} \qquad |\sigma_1| \geq |\sigma_2| \tag{3.10a}$$

$$|\sigma_2| = \sigma_{esc} \Rightarrow \quad \text{quando} \quad |\sigma_2| \geq |\sigma_1| \tag{3.10b}$$

b) tensões principais com sinais opostos

$$|\sigma_1 - \sigma_2| = \sigma_{esc} \tag{3.11}$$

Tal condição caracteriza uma superfície ou região de escoamento (em 2D) correspondente a:

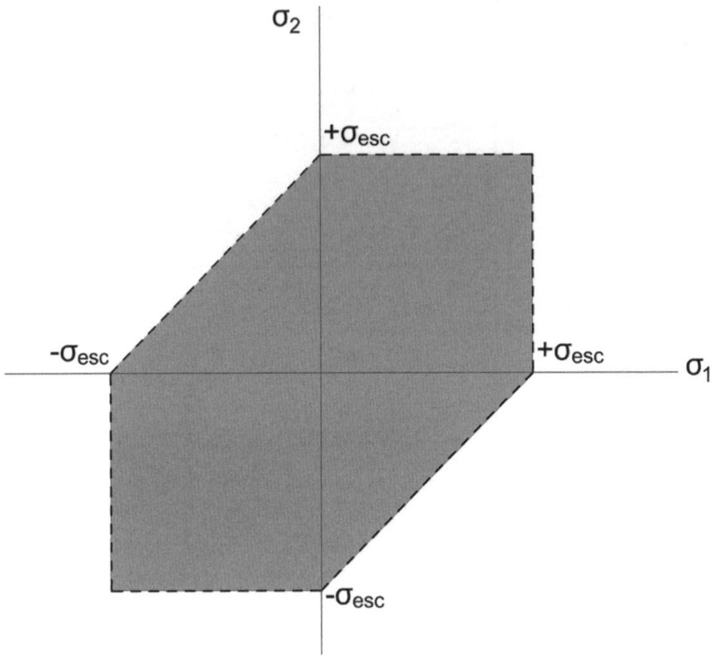

Figura 3.9 – Diagrama de falha (superfície de escoamento) para o critério da máxima tensão cisalhante – caso 2D.

Novamente e mediante a inclusão de um fator de segurança em relação à TMTC, tem-se:

a) sinais equivalentes

$$|\sigma_1| \leq \frac{\sigma_{esc}}{CS} \Rightarrow \quad \text{quando} \quad |\sigma_1| \geq |\sigma_2| \tag{3.12a}$$

$$|\sigma_2| \leq \frac{\sigma_{esc}}{CS} \Rightarrow \quad \text{quando} \quad |\sigma_2| \geq |\sigma_1| \tag{3.12b}$$

b) sinais contrários

$$\left|\sigma_1 - \sigma_2\right| \leq \frac{\sigma_{esc}}{CS} \tag{3.13}$$

Observação - note novamente que as Equações (3.12) e (3.13) devem ser ajustadas em termos da repetida relação: $\sigma_1 > \sigma_2 > \sigma_3$.

3.3.3. TEORIA DA MÁXIMA ENERGIA DE DISTORÇÃO – TMED

Também conhecida como *teoria de Von Mises*, corresponde a uma teoria menos conservadora do que a de Tresca, motivo pelo qual acaba sendo preferida em diversas situações ou aplicações práticas. Ela considera conceitos de energia em substituição aos conceitos de tensão, apesar de manter a tensão de cisalhamento no papel principal da análise. Conceitualmente, pode ser enunciada na forma:

> *"quando a energia de distorção, no ponto crítico do componente, atingir o valor da energia de distorção correspondente a um corpo de prova, de mesmo material, submetido a um ensaio de tração, haverá o início do escoamento do componente nesse ponto".*

Como o presente critério contempla conceitos energéticos, faz-se conveniente uma análise correspondente a respeito do assunto. Um sólido elástico submetido a um carregamento triaxial contemplará determinada quantidade de energia de deformação armazenada em seu interior. Uma parcela dessa energia estará associada à variação de volume do elemento, enquanto a diferença estará associada à variação de forma (distorção) correspondente. Esquematicamente e a partir das tensões principais, é possível considerar:

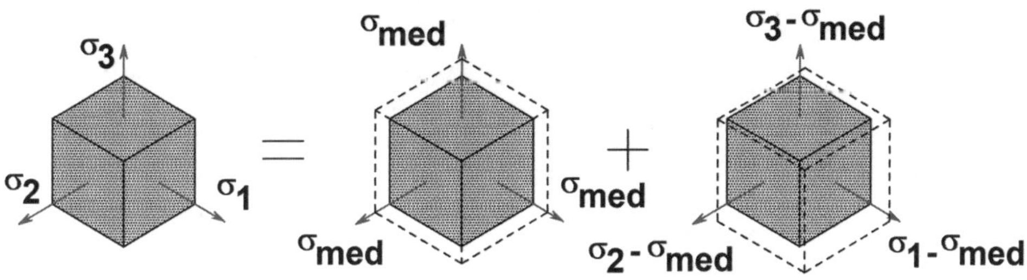

Figura 3.10 – Elemento de tensão representado em forma das tensões hidrostáticas.

O elemento de tensão original da Figura 3.10 é dividido em duas parcelas distintas: a) uma parcela representando a tensão média $\{\sigma_{med} = (\sigma_1 + \sigma_2 + \sigma_3)/3\}$ responsável pela variação de volume do elemento; e b) e a outra que tange à diferença entre as tensões principais e as tensões médias correspondentes, representando a variação de forma do elemento.

Experimentalmente, pode-se comprovar e demonstrar que materiais submetidos a pressões hidrostáticas (tensões equivalentes em todas as direções) não apresentam qualquer tipo de escoamento. Com isso, pode-se garantir que as tensões que realmente causam escoamento no material são as tensões responsáveis pela parcela de distorção, justificando, assim, a premissa conceitual do presente critério.

Matematicamente, o critério da energia de distorção máxima pode, a partir das tensões principais, ser representado na forma:

$$\frac{\left(\sigma_1-\sigma_2\right)^2+(\sigma_2-\sigma_3)^2+\left(\sigma_1-\sigma_3\right)^2}{2}=\sigma_{esc}{}^2 \tag{3.14}$$

Ou, ainda, a partir das tensões normais e cisalhantes correspondentes:

$$\frac{\left(\sigma_x-\sigma_y\right)^2+(\sigma_y-\sigma_z)^2+\left(\sigma_x-\sigma_z\right)^2+6\left(\tau_{xy}{}^2+\tau_{yz}{}^2+\tau_{xz}{}^2\right)}{2}=\sigma_{esc}{}^2 \tag{3.15}$$

A região ou superfície de escoamento, para o caso bidimensional, correspondente ao referido critério vale:

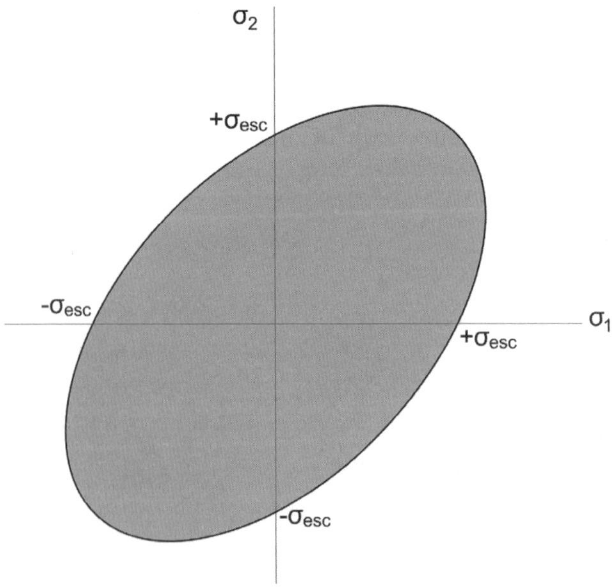

Figura 3.11 – Diagrama de falha (superfície de escoamento) para o critério da máxima energia de distorção – caso 2D.

3.4. ANÁLISE COMPARATIVA DOS CRITÉRIOS DE FALHA

A sobreposição das regiões de falha bidimensionais dos três critérios de falha propostos para o caso de materiais dúcteis permite avaliar, de forma comparativa, a abrangência e o domínio de cada critério. Conforme apresentado anteriormente, o critério de Tresca é, por exemplo, mais conservador do que o critério de Mises. Não existe, porém, um critério de falha que possa ser considerado como melhor (ou menos favorável) em termos de escolha para um determinado projeto, cabendo exclusivamente ao projetista definir o critério que melhor se adapte a uma determinada situação de carregamento e ao seu projeto.

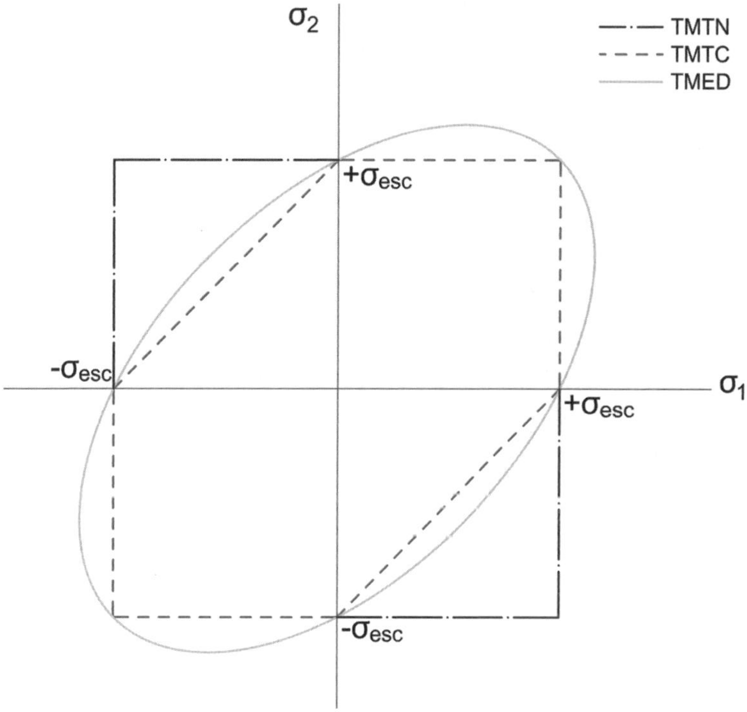

Figura 3.12 – Sobreposição das regiões de falha correspondentes aos critérios de falha (Rankine, Tresca e Mises) para materiais dúcteis – caso 2D.

3.5. TENSÃO TANGENCIAL CORRESPONDENTE À CONDIÇÃO DE ESCOAMENTO

Retomando as regiões de falha dos critérios de Mises e Tresca e lembrando que o escoamento é decorrente de planos orientados a 45°, pode-se deduzir, para ambos os critérios considerados, o ponto no qual ocorre o início de escoamento. Nessas circunstâncias, para cisalhamento puro, o círculo de Mohr resultante corresponde a:

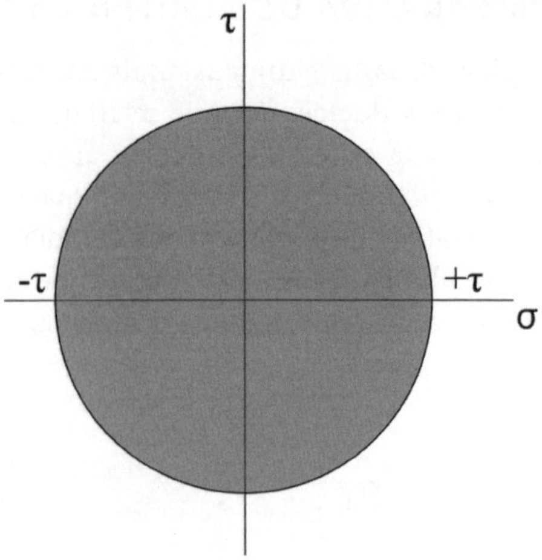

Figura 3.13 – Círculo de Mohr para condição de cisalhamento puro.

De onde se pode concluir que as tensões principais valem:

$$\sigma_1 = +\tau \, ; \quad \sigma_2 = 0 \, ; \quad \sigma_3 = -\tau$$

A Figura 3.14 ilustra, ainda, a sobreposição dos critérios de Tresca e Mises, dando destaque para a condição de cisalhamento puro mediante a representação da diagonal de cisalhamento (inclinada a 45º).

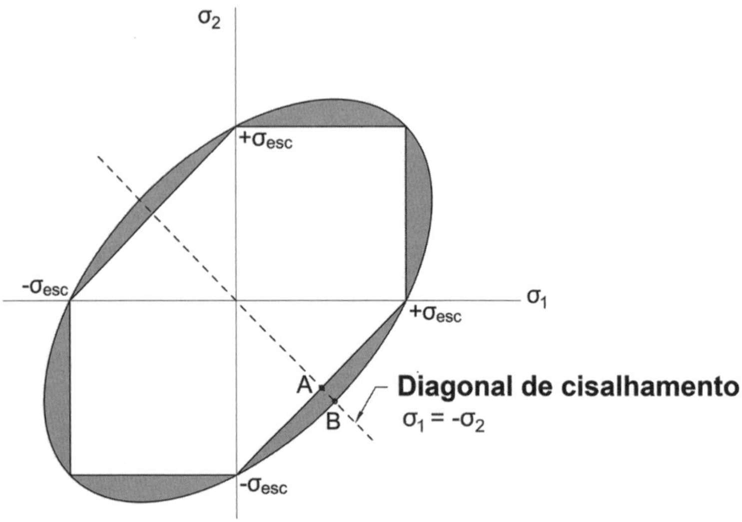

Figura 3.14 – Sobreposição das regiões de falha correspondentes aos critérios de falha de Tresca e Mises – caso 2D.

Para o critério de Tresca (ponto A), tem-se, a partir da Figura 3.13:

$$|\sigma_1 - \sigma_3| = \sigma_{esc}$$

$$|+\tau - (-\tau)| = \sigma_{esc} \Rightarrow \tau = \frac{\sigma_{esc}}{2}$$

Logo:
$$\sigma_1 = \frac{\sigma_{esc}}{2} \tag{3.16}$$

Para o critério de Mises (ponto B), tem-se:

$$\frac{(\sigma_1 - \sigma_2)^2 + (\sigma_2 - \sigma_3)^2 + (\sigma_1 - \sigma_3)^2}{2} = \sigma_{esc}{}^2$$

$$\frac{(\tau - 0)^2 + (0 - (-\tau))^2 + (\tau - (-\tau))^2}{2} = \sigma_{esc}{}^2$$

$$\frac{6\tau^2}{2} = \sigma_{esc}{}^2 \Rightarrow \tau = \frac{\sigma_{esc}}{\sqrt{3}}$$

Logo:
$$\sigma_1 = \frac{\sigma_{esc}}{\sqrt{3}} \tag{3.17}$$

A relação entre os dois referidos critérios permite, ainda, escrever:

$$\frac{\sigma_{1Mises}}{\sigma_{1Tresca}} = \frac{\sigma_{esc} / \sqrt{3}}{\sigma_{esc} / 2} \cong 1{,}15$$

Demonstrando, assim, que o critério de Mises é cerca de 15% mais preciso para a condição de cisalhamento puro.

3.6. CONCENTRAÇÃO DE TENSÕES

As equações fundamentais da mecânica dos sólidos, válidas para quantificar tensões normais decorrentes de esforços de tração, compressão ou flexão, ou, ainda, tensões tangenciais decorrentes de esforços de cisalhamento ou torção, consideram que a peça ou o componente em análise não apresente quaisquer irregularidades e/ou descontinuidades geométricas, sendo, assim, totalmente homogêneo. Na prática, porém, isso não ocorre na grande maioria dos casos, dado que os componentes, em geral, apresentam descontinuidades diversas, como variações de secção transversal, furos, reentrâncias, entalhes, entre outros. Tais descontinuidades aumentam, de forma considerável, as tensões teóricas em suas vizinhanças adjacentes.

Convencionalmente, as referidas equações da Mecânica dos Sólidos são majoradas a partir da utilização dos chamados fatores de concentração de tensão "K_t" ou "K_{ts}", objetivando contemplar a presença desses concentradores localizados de tensão. Dessa forma, torna-se possível calcular as tensões máximas atuantes por:

$$\sigma_{max} = K_t \sigma_o \tag{3.18}$$

$$\tau_{max} = K_{ts} \tau_o, \tag{3.19}$$

em que o subíndice "o" representa as tensões nominais correspondentes, enquanto "K_t" é o fator de concentração de tensão teórico para tensões normais, e "K_{ts}", o fator de concentração de tensão teórico para tensões tangenciais.

O fator de concentração de tensão é determinado em função da geometria da peça, do tipo de descontinuidade e do tipo de carregamento. A Figura 3.15 mostra um exemplo de gráfico para obtenção do referido fator. Demais curvas para determinação desse parâmetro podem ser encontradas nos livros clássicos de resistência dos materiais, de elementos de máquinas e afins.

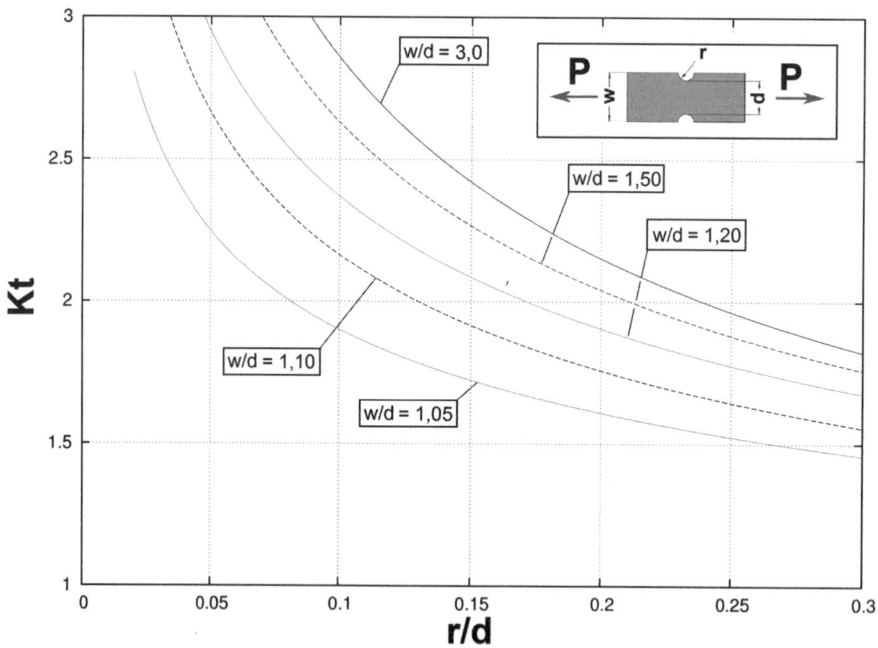

Figura 3.15 – Fator "K_t" para uma barra entalhada sob carregamento de tração simples.

3.7. PROBLEMAS RESOLVIDOS

1 – O estado de tensão num ponto genérico de uma peça carregada vale $\sigma_x = 77{,}4$ MPa e $\tau_{xy} = 95$ MPa. Para uma tensão de escoamento de 200 MPa, verifique o coeficiente de segurança em conformidade com os critérios de falha de Tresca e de Mises.

Solução:

As tensões principais correspondentes podem ser definidas por:

$$\sigma_A, \sigma_B = \frac{\sigma_x + \sigma_y}{2} \pm \sqrt{\left(\frac{\sigma_x - \sigma_y}{2}\right)^2 + \tau_{xy}^{\ 2}}$$

$$\sigma_A, \sigma_B = \frac{77{,}4 + 0}{2} \pm \sqrt{\left(\frac{77{,}4 - 0}{2}\right)^2 + 95^2}$$

$$\sigma_A = 141{,}28\,MPa; \quad \sigma_B = -63{,}88\,MPa$$

Logo:

$$\sigma_1 = 141{,}28\ MPa; \quad \sigma_2 = 0; \quad \sigma_3 = -63{,}88\ MPa$$

- Critério de Tresca – para o caso de tensões principais com sinais opostos:

$$|\sigma_1 - \sigma_3| = \frac{\sigma_{esc}}{CS}$$

$$141{,}28 - (-63{,}88) = \frac{200}{CS} \Rightarrow CS \cong 0{,}98$$

Conclusão: o critério de Tresca **não é atendido.**

- Critério de Mises – considerando-se a Equação (3.14), com a inclusão de um coeficiente de segurança, tem-se:

$$\left(\frac{(\sigma_1 - \sigma_2)^2 + (\sigma_2 - \sigma_3)^2 + (\sigma_1 - \sigma_3)^2}{2}\right)^{1/2} = \frac{\sigma_{esc}}{CS}$$

$$\left(\frac{(141{,}28-0)^2+(0-(-63{,}88))^2+(141{,}28-(-63{,}88))^2}{2}\right)^{1/2}=\frac{200}{CS}$$

$$\Rightarrow CS \cong 1{,}10$$

Conclusão: o critério de Mises é atendido.

2 – As Equações (3.14) e (3.15), demonstradas para o critério de falha de Mises, são válidas para um estado de tensão triaxial. Deduza as Equações para o caso de um estado de tensão biaxial correspondente.

Solução:

Para a Equação (3.14), considerando-se $\sigma_3 = 0$:

$$\frac{(\sigma_1-\sigma_2)^2+(\sigma_2-\sigma_3)^2+(\sigma_1-\sigma_3)^2}{2}=\sigma_{esc}^{\ 2}$$

$$\frac{(\sigma_1-\sigma_2)^2+(\sigma_2-0)^2+(\sigma_1-0)^2}{2}=\sigma_{esc}^{\ 2}$$

$$\sigma_1^{\ 2}-2\sigma_1\sigma_2+\sigma_2^{\ 2}+\sigma_2^{\ 2}+\sigma_1^{\ 2}=2\sigma_{esc}^{\ 2}$$

$$2\sigma_1^{\ 2}-2\sigma_1\sigma_2+2\sigma_2^{\ 2}=2\sigma_{esc}^{\ 2}$$

$$\sigma_1^{\ 2}-\sigma_1\sigma_2+\sigma_2^{\ 2}=\sigma_{esc}^{\ 2}$$

Para a Equação (3.15), considerando-se $\sigma_z = \tau_{yz} = \tau_{xz} = 0$:

$$\frac{(\sigma_x-\sigma_y)^2+(\sigma_y-\sigma_z)^2+(\sigma_x-\sigma_z)^2+6\left(\tau_{xy}^{\ 2}+\tau_{yz}^{\ 2}+\tau_{xz}^{\ 2}\right)}{2}=\sigma_{esc}^{\ 2}$$

$$\frac{(\sigma_x-\sigma_y)^2+(\sigma_y-0)^2+(\sigma_x-0)^2+6\left(\tau_{xy}^{\ 2}\right)}{2}=\sigma_{esc}^{\ 2}$$

$$\frac{\sigma_x{}^2 - 2\sigma_x\sigma_y + \sigma_y{}^2 + \sigma_y{}^2 + \sigma_x{}^2 + 6\left(\tau_{xy}{}^2\right)}{2} = \sigma_{esc}{}^2$$

$$\sigma_x{}^2 - \sigma_x\sigma_y + \sigma_y{}^2 + 3\left(\tau_{xy}{}^2\right) = \sigma_{esc}{}^2$$

3 - A barra engastada ilustrada em Figura tem comprimento de 2 m e secção transversal circular com diâmetro 50 mm. Ela encontra-se submetida a um carregamento combinado de força normal N = 20 kN, força transversal P = 0,5 kN e torque T = 1 kN.m. Determine, para o ponto "2" pertencente à secção do engastamento, os fatores de segurança, considerando os critérios de Tresca e Mises. A tensão de escoamento do material da barra é de 320 MPa.

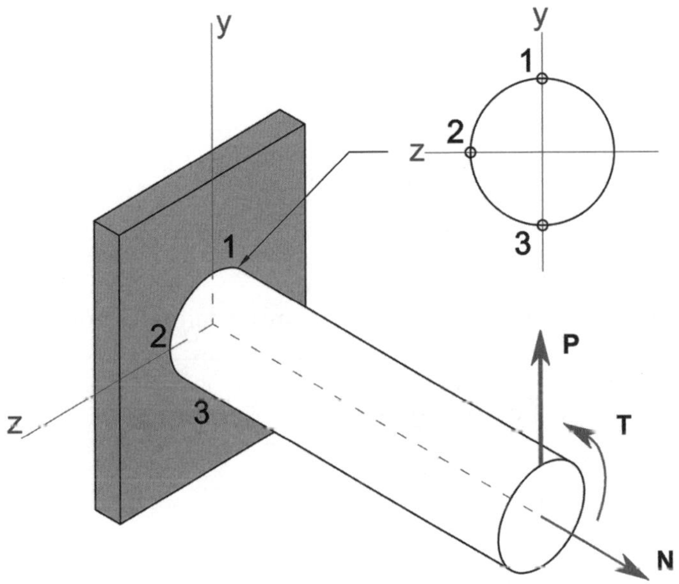

Figura 3.16 – Problema resolvido 3.

Solução:

- Tensão normal decorrente do esforço de tração:

$$\sigma_x = \frac{N}{A} = \frac{20\left(10^3\right)}{\left[\dfrac{\pi\left(0{,}05^2\right)}{4}\right]} = 10{,}2\,MPa$$

- Tensão normal decorrente do momento fletor: como o ponto "2" encontra-se na parte central da barra (sobre a linha neutra da secção), a tensão de flexão correspondente é nula.
- Tensão tangencial decorrente do esforço de torção:

$$\tau_{xy} = \frac{T.y}{J_p} = \frac{1(10^3)(0,025)}{\left[\frac{\pi(0,05^4)}{32}\right]} = 40,74\,MPa$$

- Tensão tangencial decorrente da força cortante:

$$\tau_{xy} = \frac{4V}{3A} = \frac{4.0,5(10^3)}{3\left[\frac{\pi(0,05^2)}{4}\right]} = 0,33\,MPa$$

- Tensão tangencial resultante no ponto "2":

$$\tau_{xy} = 40,74 - 0,33 = 40,41 MPa$$

As tensões principais correspondentes podem ser definidas por:

$$\sigma_A, \sigma_B = \frac{\sigma_x + \sigma_y}{2} \pm \sqrt{\left(\frac{\sigma_x - \sigma_y}{2}\right)^2 + \tau_{xy}^{\ 2}}$$

$$\sigma_A, \sigma_B = \frac{10,2 + 0}{2} \pm \sqrt{\left(\frac{10,2}{2}\right)^2 + 40,41^2}$$

$$\sigma_A = 45,83\,MPa; \quad \sigma_B = -35,63\,MPa$$

Logo:

$$\sigma_1 = 45,83\,MPa; \quad \sigma_2 = 0; \quad \sigma_3 = -35,63\,MPa$$

- Critério de Tresca – para o caso de tensões principais com sinais opostos:

$$|\sigma_1 - \sigma_3| = \frac{\sigma_{esc}}{CS}$$

$$45,83 - (-35,63) = \frac{320}{CS} \Rightarrow CS \cong 3,93$$

Conclusão: o critério de Tresca é atendido.

- Critério de Mises – considerando-se a Equação (3.14), com a inclusão de um coeficiente de segurança, tem-se:

$$\left(\frac{(\sigma_1 - \sigma_2)^2 + (\sigma_2 - \sigma_3)^2 + (\sigma_1 - \sigma_3)^2}{2}\right)^{1/2} = \frac{\sigma_{esc}}{CS}$$

$$\left(\frac{(45,83 - 0)^2 + (0 - (-35,63))^2 + (45,83 - (-35,63))^2}{2}\right)^{1/2} = \frac{320}{CS}$$

$$\Rightarrow CS \cong 4,52$$

Conclusão: o critério de Mises é atendido.

4 – Um tubo fechado em suas extremidades encontra-se submetido a uma pressão interna de 50 MPa enquanto sofre a ação de um torque de 100 N.m. Os diâmetros interno e externo do tubo são 10 mm e 20 mm, respectivamente. O limite de escoamento do material do tubo é de 247 MPa. Supondo a condição de um estado plano de tensões (EPT), determine o fator de segurança contra o escoamento, considerando o critério de Mises.

Solução:

Um cilindro de parede espessa pressurizado, em EPT, é submetido a uma parcela de tensão longitudinal (ao longo do eixo do tubo) e a outra parcela de tensão transversal (ao longo da circunferência do tubo). Nessas circunstâncias, a tensão radial normalmente **é desprezada por apresentar um valor pouco significativo em relação às outras duas componentes de tensão.** Assim:

- Tensão transversal

$$\sigma_{tmax} = \frac{r_i^2 p}{r_o^2 - r_i^2}\left(1 + \frac{r_o^2}{r_i^2}\right)$$

$$\sigma_{tmax} = \frac{5^2(50)}{10^2 - 5^2}\left(1 + \frac{10^2}{5^2}\right) = 83,3\,MPa$$

- Tensão longitudinal

$$\sigma_{lmax} = \frac{r_i^2 p}{r_o^2 - r_i^2}$$

$$\sigma_{lmax} = \frac{5^2(50)}{10^2 - 5^2} = 16,67\,MPa$$

Tensão tangencial decorrente do torque:

$$\tau_{xy} = \frac{T.y}{J_p} = \frac{T.R}{\frac{\pi}{32}\left(D^4 - d^4\right)}$$

$$\tau_{xy} = \frac{100.5\left(10^{-3}\right)}{\frac{\pi}{32}\left(\left[20\left(10^{-3}\right)\right]^4 - \left[10\left(10^{-3}\right)\right]^4\right)} = 33,95\,MPa$$

As tensões principais correspondentes podem ser definidas por:

$$\sigma_A, \sigma_B = \frac{\sigma_x + \sigma_y}{2} \pm \sqrt{\left(\frac{\sigma_x - \sigma_y}{2}\right)^2 + \tau_{xy}^2}$$

$$\sigma_A, \sigma_B = \frac{83,3 + 16,67}{2} \pm \sqrt{\left(\frac{83,3 - 16,67}{2}\right)^2 + 33,95^2}$$

$$\sigma_A = 97,45MPa; \quad \sigma_B = 2,42MPa$$

Logo:

$$\sigma_1 = 97,45\,MPa; \quad \sigma_2 = 2,42\,MPa; \quad \sigma_3 = 0$$

- Critério de Mises – considerando-se a Equação (3.14), com a inclusão de um coeficiente de segurança e $\sigma_3 = 0$:

$$\sqrt{\sigma_1^{\,2} - \sigma_1\sigma_2 + \sigma_2^{\,2}} = \frac{\sigma_{esc}}{CS}$$

$$\sqrt{97,45^2 - 97,45(2,42) + 2,42^2} = \frac{247}{CS}$$

$$\Rightarrow CS \cong 2,56$$

Conclusão: o critério de Mises é atendido.

5 – Uma barra de aço-carbono com tensão de escoamento de 390 MPa é submetida ao seguinte estado de tensão plana: σ_x = 180 MPa e σ_y = 100 MPa. Determine os fatores de segurança pelas teorias da energia de distorção e tensão de cisalhamento máxima.

Solução:

Como não existe a presença de tensão tangencial no estado de tensão dado no problema, as tensões principais coincidem com as tensões normais atuantes. Assim:

$$\sigma_1 = 180\,MPa; \quad \sigma_2 = 100\,MPa; \quad \sigma_3 = 0$$

- Critério de Tresca – para o caso de tensões principais com o mesmo sinal e mediante a inclusão de um fator de segurança:

$$|\sigma_1| = \sigma_{esc} \Rightarrow quando\ |\sigma_1| \geq |\sigma_2|$$

$$\sigma_1 = \frac{\sigma_{esc}}{CS} \Rightarrow 180 = \frac{390}{2} \Rightarrow CS = 2,17$$

Conclusão: o critério de Tresca é atendido.

- Critério de Mises – considerando-se a Equação (3.14), com a inclusão de um coeficiente de segurança e $\sigma_3 = 0$:

$$\sqrt{\sigma_1^{\,2} - \sigma_1\sigma_2 + \sigma_2^{\,2}} = \frac{\sigma_{esc}}{CS}$$

$$\sqrt{180^2 - 180\left(100\right) + 100^2} = \frac{390}{CS}$$

$$\Rightarrow CS \cong 2{,}50$$

Conclusão: o critério de Mises é atendido.

6 – Para o seguinte estado de tensão, determine as tensões principais correspondentes.

$$\sigma = \begin{vmatrix} 3 & 1 & 1 \\ 1 & 0 & 2 \\ 1 & 2 & 0 \end{vmatrix} \left(MPa\right)$$

Solução:

Mediante a Equação (3.1), tem-se:

$$\det \begin{vmatrix} 3-\sigma & 1 & 1 \\ 1 & 0-\sigma & 2 \\ 1 & 2 & 0-\sigma \end{vmatrix} = 0,$$

cujo desenvolvimento do determinante (equação característica) dá em:

$$-\sigma^3 + 3\sigma^2 + 6\sigma - 8 = 0,$$

resultando nas raízes (sugere-se ao leitor a correspondente verificação):

$$\sigma_1 = 4\ MPa; \quad \sigma_2 = 1\ MPa; \quad \sigma_3 = -2\ MPa$$

7 – Para o problema 6, determine a tensão equivalente de Mises, bem como o valor da máxima tensão de cisalhamento.

Solução:

A partir da adaptação da Equação (3.14), sendo σ' a tensão equivalente de Mises:

$$\sqrt{\frac{(\sigma_1-\sigma_2)^2+(\sigma_2-\sigma_3)^2+(\sigma_1-\sigma_3)^2}{2}}=\sigma'$$

$$\sqrt{\frac{(4-1)^2+(1-(-2))^2+(4-(-2))^2}{2}}=\sigma'$$

$$\sigma'=7{,}35MPa$$

Para tensão de cisalhamento máxima:

$$\tau_{max}\begin{cases}\dfrac{|\sigma_1-\sigma_2|}{2}\\[2mm]\dfrac{|\sigma_1-\sigma_3|}{2}\\[2mm]\dfrac{|\sigma_2-\sigma_3|}{2}\end{cases}\begin{cases}\dfrac{|4-1|}{2}=1{,}5\\[2mm]\dfrac{|4-(-2)|}{2}=3\\[2mm]\dfrac{|1-(-2)|}{2}=1{,}5\end{cases}$$

$$\tau_{max}=3\,MPa$$

3.8. PROBLEMAS PROPOSTOS

1 – Um cilindro maciço de diâmetro 50 mm é submetido a um carregamento combinado de tração e torção, conforme figurado. Considerando este deva ser dimensionado pelo critério de Mises, com um coeficiente de segurança de 5,2, determine a mínima tensão de escoamento necessária para a sua confecção.

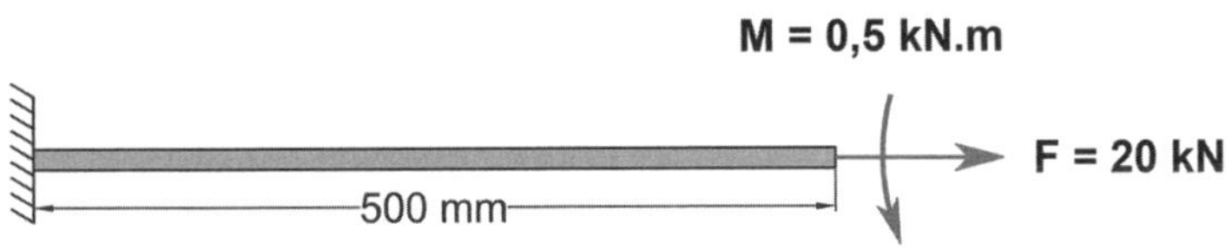

Figura 3.17 – Problema proposto 8.

Resposta:

$\sigma_{esc(min)} \cong 191$ MPa

2 – O estado de tensão bidimensional em torno do ponto de determinada estrutura é dado por: $\sigma_x = 77{,}4$ MPa, $\sigma_y = 0$ MPa e $\tau_{xy} = 95{,}0$ MPa. Para uma tensão de escoamento de 200 MPa, verificar as condições de segurança em conformidade com os critérios de Mises e Tresca.

Resposta:

$\sigma_1 = 141{,}28$ MPa; $\sigma_2 = 0$ MPa; $\sigma_3 = -63{,}88$ MPa

Mises – atende às condições de segurança.

Tresca – não atende às condições de segurança.

3 – Em um ponto de um corpo submetido a um estado de tensão, conhecem-se os valores das tensões atuantes, cujos valores em MPa valem: $\sigma_x = 3{,}9$; $\sigma_y = -3{,}9$; $\sigma_z = 0$; $\tau_{xy} = 5{,}2$; $\tau_{xz} = 39$ e $\tau_{yz} = 119$. Determine as tensões principais e a tensão equivalente de Mises.

Resposta:

$\sigma_1 = 125{,}3$ MPa; $\sigma_2 = 0$ MPa; $\sigma_3 = -125{,}3$ MPa;

$\sigma' = 217{,}19$ MPa

4 – Um parafuso é submetido a uma carga axial de tração de 10 kN e a um cisalhamento simples de 5 kN. Para uma tensão de escoamento do material de 300 MPa e um fator de segurança 2,0, determine o diâmetro do parafuso, considerando a teoria da máxima tensão de cisalhamento.

Resposta:

d = 10,95 mm

5 – Para uma determinada força P (em kN), as componentes de tensão em um ponto de uma estrutura valem: $\sigma_x = 10P$ (MPa); $\sigma_y = -20P$ (MPa); $\tau_{xy} = 5P$ (MPa). Para um material cuja tensão de escoamento vale 160 MPa, determine o máximo valor de "P", de modo que não haja falha segundo os critérios de Tresca e de Mises.

Resposta:

$P_{(Tresca)} = 5{,}06$ kN

$P_{(Mises)} = 5{,}75$ kN

6 – Um corpo de prova de certo material, com diâmetro de 1 cm, falha quando submetido a um ensaio de tração simples num carregamento axial de F = 7850 N. Caso o mesmo corpo de prova fosse submetido a um carregamento de torção simples, qual seria o máximo valor do torque a ser aplicado, segundo o critério de Mises, de tal forma que ele não falhe?

Resposta:

T = 11,33 Nm

7 – Um eixo circular uniforme é submetido a um momento fletor de 8.000 N.m associado a um torque combinado de 24.000 N.m. Assumindo que o eixo é confeccionado com um material que apresenta tensão de escoamento de 700 MPa e considerando um fator de segurança de 4,0, determine o diâmetro mínimo, supondo:

a) o critério de Tresca;

b) o critério de Mises.

Resposta:

$d_{(Tresca)} = 114$ mm

$d_{(Mises)} = 109$ mm

8 – A tensão de escoamento de uma determinada liga vale 160 MPa. Se um componente de máquina feito desse material é submetido a um estado plano de tensão, tal que as tensões principais sejam iguais a: σ_1 e $\sigma_2 = 0{,}25\sigma_1$, determine o módulo da tensão s_1 que causará escoamento do material, segundo a teoria da máxima energia de distorção.

Resposta:

$\sigma_1 = 177{,}5$ (MPa)

9 – Um tubo de aço-carbono tem diâmetro interno de 60 mm e diâmetro externo de 80 mm, além de apresentar uma tensão de escoamento de 250 MPa. Se o tubo é submetido a um momento torcedor de 8 kN.m e um momento fletor de 3,5 kN.m, determine se tal carregamento causaria a falha do material, segundo a teoria da máxima energia de distorção.

Resposta:

σ_1 = 178 (MPa); σ_3 = -76,2 (MPa)

Não ocorrerá a falha segundo o referido critério.

10 – Um eixo de transmissão contempla duas polias distintas, conforme Figura. Para uma tensão de escoamento de 20 kpsi, determine o diâmetro mínimo do eixo (circular maciço) segundo o critério da máxima energia da distorção.

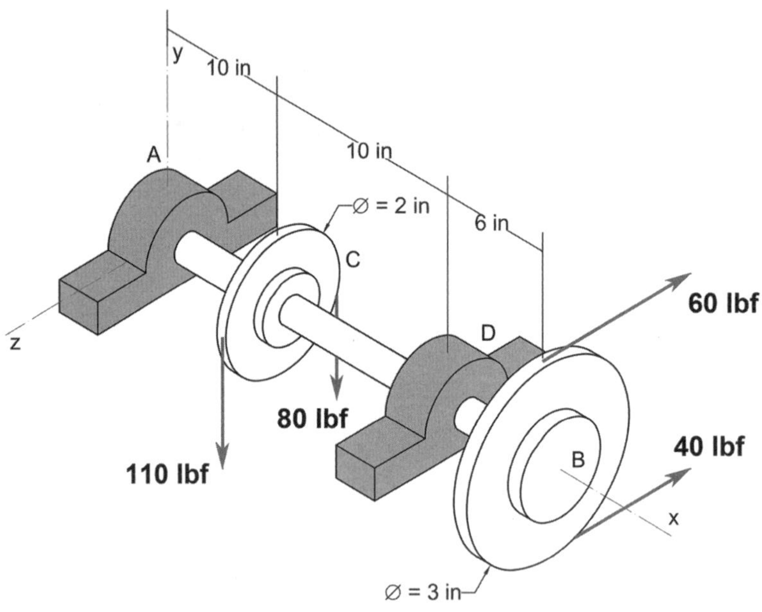

Figura 3.18 – Problema proposto 10.

Resposta:

d ≅ 0,80 in

11 – A figura mostra um eixo de aço-carbono com diâmetro 50 mm, confeccionado com uma tensão de escoamento de 260 MPa. Para um carregamento: R e P = 40(R), determine o máximo valor para a carga R, supondo: a) a teoria da máxima tensão cisalhante; e b) a teoria da máxima energia da distorção.

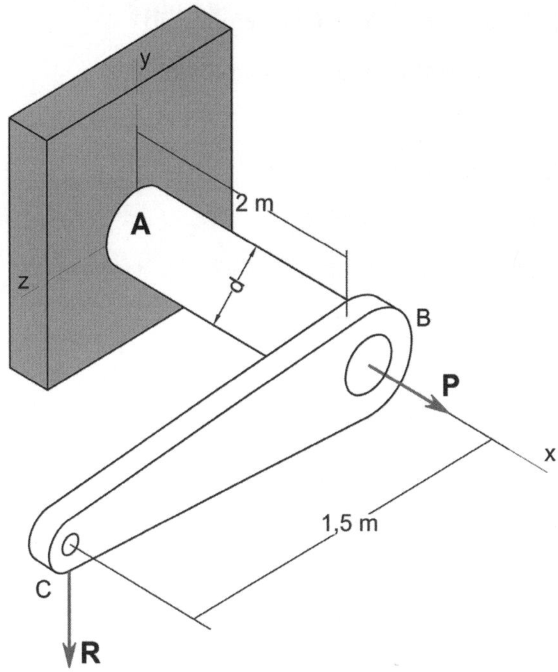

Figura 3.19 – Problema proposto 11.

Resposta:

a) 2098,20 N;

b) 2411,93 N.

12 – Um cilindro de paredes delgadas com extremidades fechadas tem diâmetro de 2 ft e espessura de parede de 0,6 in. Para um aço com uma tensão de escoamento de 36 kpsi, determine a pressão admissível que o cilindro poderá suportar segundo o critério da máxima tensão cisalhante. Suponha que $\sigma_3 = 0$ (psi) e 1 ft = 12 in.

Resposta:

p = 3.600 psi.

NOMENCLATURA

σ'	Tensão equivalente de Mises
σ_e	Limite de escoamento do material

σ^{+}_{esc}	Limite de escoamento do material em tração
σ^{-}_{esc}	Limite de escoamento do material em compressão
σ_{o}	Tensão normal nominal
σ_{rup}	Limite de ruptura do material
σ_{x}	Componente de tensão normal em "x"
σ_{y}	Componente de tensão normal em "y"
σ_{z}	Componente de tensão normal em "z"
σ_{1}	Tensão principal "1"
σ_{2}	Tensão principal "2"
σ_{3}	Tensão principal "3"
τ	Tensão tangencial ou de cisalhamento
$\tau_{\max}$	Tensão de cisalhamento máxima
τ_{o}	Tensão de cisalhamento nominal
τ_{xy}	Componente de tensão tangencial "xy"
τ_{xz}	Componente de tensão tangencial "xz"
τ_{yx}	Componente de tensão tangencial "yx"
τ_{yz}	Componente de tensão tangencial "yz"
τ_{zx}	Componente de tensão tangencial "zx"
τ_{zy}	Componente de tensão tangencial "zy"
CS	Coeficiente de segurança
f	Função de escoamento
K_{t}	Fator de concentração de tensão para tensões normais
K_{ts}	Fator de concentração de tensão para tensões de cisalhamento

REFERÊNCIAS

BORESI, Arthur.; SCHMIDT, Richard. **Advanced Mechanics of Materials**. 6ª ed., John Wiley & Sons, Inc., USA, 2003.

HIBBELER, Russell Charles. **Resistência dos Materiais**, 7ª ed., Prentice Hall, São Paulo, 2010.

MARCZAK, Rogério José. **Notas de aula da disciplina Resistência dos Materiais Avançada**. Curso de Engenharia Mecânica da UFRGS, Porto Alegre, 2004.

CAPÍTULO 4

Critérios de projeto para materiais frágeis

4.1. INTRODUÇÃO

Fraturas frágeis (ferro fundido, concreto, porcelana) são caracterizadas pela ausência de deformações plásticas ou permanentes associadas a baixos níveis de deformação. Um corpo de prova constituído de material frágil apresenta, assim, uma fratura associada aos planos de máxima tensão em tração, caracterizando-se a condição de que componentes frágeis são menos resistentes a solicitações de tração do que em cisalhamento, contrariando a propriedade dos materiais dúcteis (os quais normalmente falham a partir da condição de cisalhamento). A ruptura frágil ocorre, ainda e normalmente, de forma brusca, ou seja, após o componente avaliado atingir um determinado nível de solicitação.

A tensão normal desempenha, desse modo, o papel mais importante para que ocorra a ruptura do material (ou a propagação). Com isso, o projeto de componentes mecânicos confeccionados a partir de materiais frágeis adota como referência, em condições estáticas, o limite de ruptura do material, o qual pode apresentar valores numericamente equivalentes ou não, quando se comparam carregamentos de tração e de compressão.

Duas são as teorias de projeto para materiais frágeis, na condição estática, que são consideradas na presente obra:

- a teoria da máxima tensão normal – TMTN; e
- a teoria de Coulomb-Mohr.

4.2. TEORIA DE PROJETO DA MÁXIMA TENSÃO NORMAL (TMTN)

A teoria de projeto da máxima tensão normal (TMTN), também conhecida como teoria de Rankine, corresponde a uma teoria clássica da mecânica dos sólidos, sendo frequentemente utilizada para analisar a resistência à tração ou à compressão de materiais frágeis. A referida teoria é nomeada em homenagem ao engenheiro britânico William Rankine, que a desenvolveu no século XIX, sendo, assim, considerada como a teoria de falhas mais antiga.

Trata-se de uma teoria relativamente simplificada, dado que não considera diversos fatores que podem vir a afetar a resistência de um material frágil, como a presença de trincas ou o tamanho das amostras testadas. No entanto, é útil para fornecer uma estimativa inicial da resistência à tração (ou à compressão) de um material frágil, em condições de carregamentos estáticas.

Conforme apresentado no Capítulo correspondente às teorias de falha para materiais dúcteis, o critério da máxima tensão normal considera que a falha do material ocorra quando o esforço normal máximo, num determinado ponto do componente em análise, atinja um valor crítico independentemente dos demais esforços que possam existir. Trata-se de uma teoria que tem por base falhas caracterizadas, exclusivamente, por tração ou por compressão, além de ser mais viável no contexto dos resultados obtidos para materiais frágeis do que para materiais dúcteis.

Um material frágil, quando submetido a um teste uniaxial de tração, falha subitamente por fratura, sem apresentar qualquer escoamento prévio, sendo que a fratura frágil é consequência da componente de tensão normal atuante na secção. Dessa forma, como condição de falha para materiais frágeis com tensões de rupturas equivalentes em tração e em compressão, pode-se considerar:

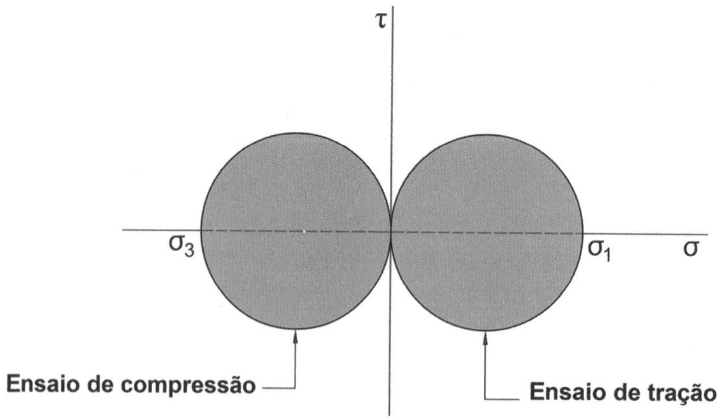

Figura 4.1 – Círculos de Mohr representativos de ensaios uniaxiais em tração e em compressão, realizados em corpos de prova com tensões de ruptura equivalentes.

As expressões matemáticas que representam a condição de projeto de acordo com a teoria da máxima tensão normal são, assim, dadas por:

$$|\sigma_1| = \sigma_{rupT} \qquad |\sigma_2| = \sigma_{rupC} \tag{4.1}$$

Tal condição caracteriza uma superfície ou região de ruptura, nesse caso em 2D, cuja representação corresponde a:

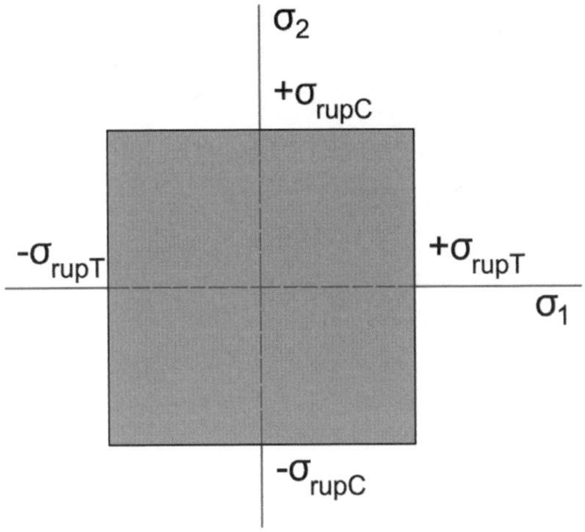

Figura 4.2 – Diagrama de falha (superfície de ruptura) para o critério da máxima tensão normal – caso 2D.

Com a inclusão de um fator de segurança, o critério da TMTN pode também ser escrito na forma:

$$|\sigma_1| = \frac{\sigma_{rupT}}{CS} \qquad |\sigma_2| = \frac{\sigma_{rupC}}{CS} \tag{4.2}$$

Observação: note que as Equações (4.1) e (4.2) devem ser ajustadas em termos da relação: $\sigma_1 > \sigma_2 > \sigma_3$, normalmente convencionada para o caso das tensões principais.

4.3. TEORIA DE COULOMB-MOHR

Experimentalmente, torna-se possível observar que os materiais frágeis suportam tensões de compressão bastantes superiores às suas tensões de tração, sendo o concreto um exemplo típico e clássico disso, o que faz com que a teoria da máxima tensão normal não seja recomendada para o caso de materiais frágeis que contemplem essa variação no valor das tensões de referência. Nessas circunstâncias, para o caso de materiais com tensões de ruptura diferenciadas em tração e em compressão, propõe-se a utilização da teoria de falha de Mohr, datada de 1900, a qual parte da condição de três ensaios simples – tração, compressão e cisalhamento – para definição da condição de ruptura do material.

A proposta de Mohr foi utilizar os resultados desses ensaios para definir uma envoltória (região) de falha, conforme esquematizado pela Figura 4.3. Nota-se que a reta tangente aos três círculos define, dessa forma, uma região interna designada como envelope de falhas.

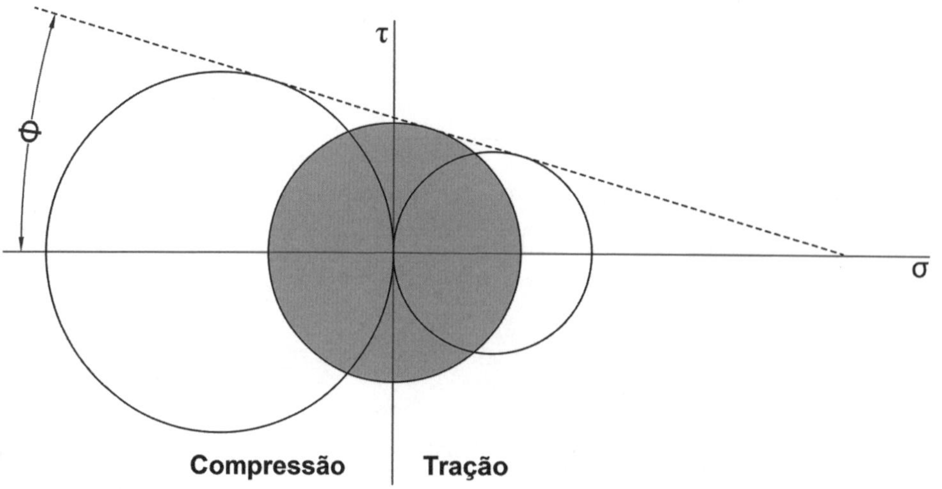

Figura 4.3 – Círculos de Mohr representativos dos ensaios de tração, compressão e cisalhamento, adotados para caracterizar o critério de falha de Coulomb-Mohr.

Matematicamente, para um estado plano de tensões (EPT), tem-se:

$$\frac{\sigma_1}{\sigma_{rupT}} - \frac{\sigma_2}{\sigma_{rupC}} = \frac{1}{CS} \tag{4.3}$$

Supondo, ainda, a condição de que as tensões principais sejam ambas positivas (e em tração) ou ambas negativas (e em compressão), simplifica-se a Equação (4.3) para:

$$|\sigma_1| = \frac{\sigma_{rupT}}{CS} \tag{4.4}$$

$$|\sigma_2| = \frac{\sigma_{rupC}}{CS} \tag{4.5}$$

Observação: novamente, as Equações descritas por (4.3) a (4.5) devem ainda ser ajustadas, em termos da relação $\sigma_1 > \sigma_2 > \sigma_3$, conforme comentado anteriormente.

Destaca-se, ainda, que a teoria de falhas de Coulomb-Mohr, também denominada como *teoria do atrito interno*, é bastante utilizada no campo da mecânica dos solos e rochas, utilizando, nesse caso, parâmetros específicos para determinar a condição de ruptura dos materiais envolvidos, como o ângulo de atrito e a chamada coesão, parâmetros esses que acabam sendo ajustados nas equações de referência desse critério.

Alternativamente, alguns autores fazem uso da teoria de falhas de Coulomb-Mohr modificada em substituição à teoria de falhas original desses mesmos autores, como consequência de essa última apresentar pequenas distorções quando comparada com dados experimentais. Nessas circunstâncias, a região de aceitação correspondente a esse critério é um pouco mais abrangente do que a região de aceitação original, podendo essa diferença ser avaliada e observada a partir do diagrama de falhas da Figura 4.4.

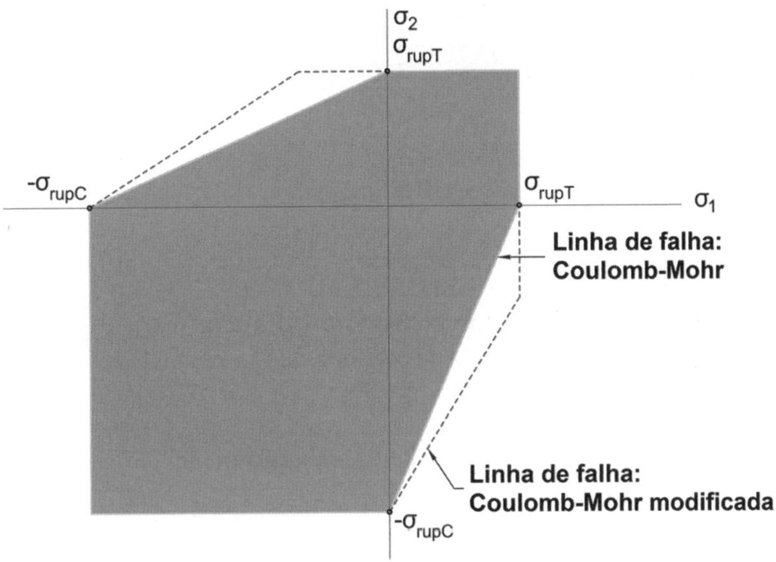

Figura 4.4 – Diagrama de falha (superfície de ruptura) contemplando os critérios de Coulomb-Mohr e Coulomb-Mohr modificado – caso 2D.

4.4. PROBLEMAS RESOLVIDOS

1 – O estado de tensão num ponto genérico de uma peça carregada vale $\sigma_x = 87{,}4$ MPa e $\tau_{xy} = 105$ MPa. Para uma tensão de ruptura em compressão de 320 MPa e uma tensão de ruptura em tração de 220 MPa, verificar o coeficiente de segurança em conformidade com o critério de falha de Coulomb-Mohr.

Solução:

As tensões principais correspondentes podem ser definidas por:

$$\sigma_A, \sigma_B = \frac{\sigma_x + \sigma_y}{2} \pm \sqrt{\left(\frac{\sigma_x - \sigma_y}{2}\right)^2 + \tau_{xy}^{\ 2}}$$

$$|\sigma_1| = \sigma_{rupT}$$

$$\sigma_1 = 157{,}43\ MPa; \quad \sigma_2 = 0; \quad \sigma_3 = -70{,}03\ MPa$$

Logo (por Coulomb-Mohr):

$$\frac{\sigma_1}{\sigma_{rupT}} - \frac{\sigma_2}{\sigma_{rupC}} = \frac{1}{CS}$$

$$\frac{157{,}43}{220} - \frac{(-70{,}03)}{(-320)} = \frac{1}{CS} \Rightarrow CS = 2{,}01$$

Conclusão: o critério de falha é verificado.

2 – Um cilindro de concreto (tensão de ruptura de 28 MPa) com diâmetro 50 mm é submetido a um torque de 500 Nm conjuntamente a uma carga de compressão de 2 kN. Haverá falha segundo o critério da máxima tensão normal?

Solução:

As tensões de torção e compressão valem, respectivamente:

$$\tau = \frac{16T}{\pi d^3} = \frac{16(500)}{\pi(0{,}05)^3} = 20{,}37\ MPa$$

$$\sigma = \frac{P}{A} = \frac{-2000}{\left(\frac{\pi(0{,}05)^2}{4}\right)} = -1{,}02\ MPa$$

Resultando nas seguintes tensões principais:

$$\sigma_A, \sigma_B = \frac{\sigma_x + \sigma_y}{2} \pm \sqrt{\left(\frac{\sigma_x - \sigma_y}{2}\right)^2 + \tau_{xy}^{\ 2}}$$

$$\sigma_A, \sigma_B = \frac{-1{,}02}{2} \pm \sqrt{\left(\frac{-1{,}02}{2}\right)^2 + 20{,}37^2}$$

$$\sigma_A = -20{,}89\ MPa; \quad \sigma_B = 19{,}87\ MPa$$

$$\sigma_1 = 19,87\ MPa; \quad \sigma_2 = 0\ MPa; \quad \sigma_3 = -20,89\ MPa$$

Critério de Rankine:

$$|\sigma_3| = \frac{\sigma_{rupT}}{CS} \Rightarrow 20,89 = \frac{28}{CS} \Rightarrow CS = 1,34$$

Conclusão: não haverá falha.

3 – Um eixo maciço, confeccionado a partir de ferro fundido, deve suportar um torque de 400 lbf.ft. Determine o diâmetro mínimo necessário para esse eixo segundo o critério da máxima tensão normal (tensão de ruptura do material = 20 kpsi).

Solução:

A tensão de torção atuante sobre o eixo vale:

$$\tau = \frac{16T}{\pi d^3} = \frac{16(400)}{\pi (d)^3} = \frac{2037,18}{(d)^3}$$

Como o eixo é submetido a uma condição de cisalhamento puro, tem-se como tensão principal:

$$\sigma_1 = \frac{\tau}{2} = \frac{2037,18}{2(d)^3}$$

Critério de Rankine (no limite, o fator de segurança é adotado como a unidade):

$$|\sigma_1| = \frac{\sigma_{rupT}}{CS} \Rightarrow \frac{2037,18}{2(d)^3} = \frac{20(10^3)}{(1)}$$

$$d = 0,371\ in$$

4 – Determinado ponto de uma estrutura confeccionada em ferro fundido é submetido aos estados de tensão indicados em Figura. Determine o valor da tensão nominal (σ_o) que causa falha por ruptura segundo o critério de Coulomb-Mohr. Tensões de ruptura em tração e compressão de 51,7 e 124,1 MPa, respectivamente.

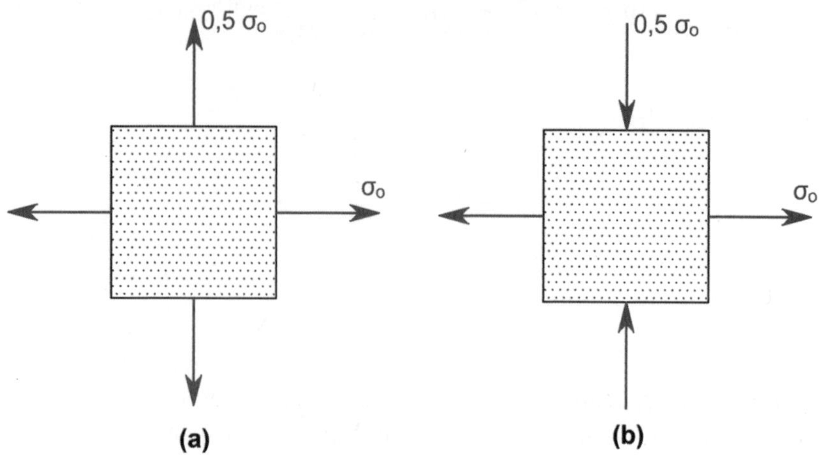

Figura 4.5 – Problema resolvido 4.

Solução:

Tensões principais para os dois casos:

$$\sigma_A, \sigma_B = \frac{\sigma_x + \sigma_y}{2} \pm \sqrt{\left(\frac{\sigma_x - \sigma_y}{2}\right)^2 + \tau_{xy}{}^2}$$

$$\sigma_A, \sigma_B = \frac{\sigma_o + 0,5\sigma_o}{2} \pm \sqrt{\left(\frac{\sigma_o - 0,5\sigma_o}{2}\right)^2 + 0^2}$$

$$\sigma_1 = \sigma_o \qquad \sigma_2 = 0,5\sigma_o \qquad \sigma_3 = 0$$

$$\sigma_A, \sigma_B = \frac{\sigma_o - 0,5\sigma_o}{2} \pm \sqrt{\left(\frac{\sigma_o + 0,5\sigma_o}{2}\right)^2 + 0^2}$$

$$\sigma_1 = 0,5\sigma_o \qquad \sigma_2 = 0 \qquad \sigma_3 = -\sigma_o$$

Critério de Coulomb-Mohr

a)

$$|\sigma_1| = \frac{\sigma_{rupT}}{CS}$$

$$\sigma_o = \frac{51{,}7}{(1)} \Rightarrow \sigma_o = 51{,}7\,MPa$$

b)

$$\frac{\sigma_1}{\sigma_{rupT}} - \frac{\sigma_2}{\sigma_{rupC}} = \frac{1}{CS}$$

$$\frac{0{,}5\sigma_o}{51{,}7} - \frac{(-\sigma_o)}{(-124{,}1)} = 1 \Rightarrow \sigma_o = 56{,}4\ MPa$$

5 – Para um determinado material frágil, as tensões de ruptura em tração e compressão foram determinadas em 100 MPa e 200 MPa, respectivamente. Determine, assumindo o critério de falha de Coulomb-Mohr:

a) a tensão de ruptura em cisalhamento para esse material;

b) o máximo valor possível para uma tensão de cisalhamento (τ_{xy}) associada a um estado de tensão dado por: σ_x = 50 MPa, σ_y = 0 MPa e τ_{xy}, na condição limite de falha.

Solução:

a) Inicialmente e mediante uma representação esquemática do envelope de falhas, obtém-se:

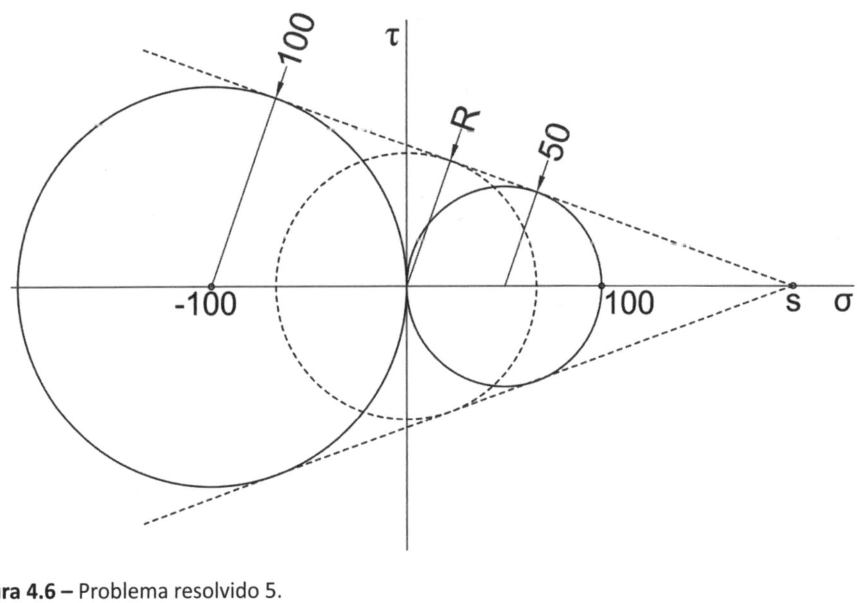

Figura 4.6 – Problema resolvido 5.

Do qual, por semelhança de triângulos, é possível escrever as seguintes relações:

$$\frac{50}{s-50}=\frac{R}{200}=\frac{100}{s+100},$$

cujos valores resultantes valem:

$$s=200\ MPa$$

$$R=66,67\ MPa$$

A tensão de ruptura em cisalhamento, equivalente ao raio do círculo central (círculo tracejado), vale, assim, 66,67 MPa.

b) Desenhando um novo círculo sobreposto ao envelope de falhas da figura original, com centro em:

$$C=\frac{\sigma_x+\sigma_y}{2}=\frac{50+0}{2}=25\ MPa$$

e raio "r" (tangente às linhas do envelope de falhas), chega-se a:

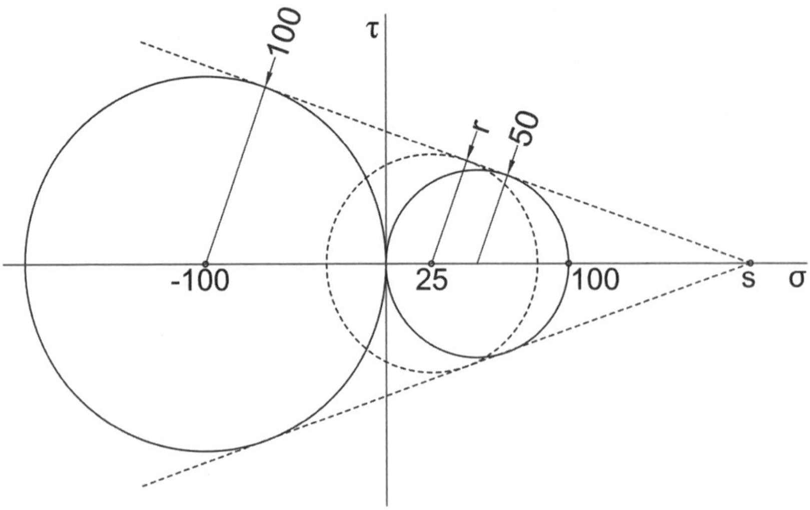

Figura 4.7 – Problema resolvido 5 – continuação.

Uma nova semelhança de triângulos permite escrever:

$$\frac{r}{175}=\frac{50}{150}\Rightarrow r=58,33\ MPa$$

possibilitando chegar numa tensão de cisalhamento para o estado de tensão proposto com valor de:

$$r = \sqrt{\left(\frac{\sigma_x - \sigma_y}{2}\right)^2 + \tau_{xy}^{\ 2}}$$

$$58,33 = \sqrt{\left(\frac{50-0}{2}\right)^2 + \tau_{xy}^{\ 2}} \Rightarrow \tau_{xy} = 52,7\ MPa$$

4.5. PROBLEMAS PROPOSTOS

1 – O estado de tensão num ponto genérico de uma peça carregada vale σ_x = –27,2 MPa, σ_y = 22 MPa e τ_{xy} = 75 MPa. Para uma tensão de ruptura em compressão de 320 MPa e uma tensão de ruptura em tração de 220 MPa, verifique o coeficiente de segurança em conformidade com o critério de falha de Coulomb-Mohr.

Resposta:

σ_1 = 76,33 MPa; σ_2 = 0; σ_3 = –81,53 MPa; CS = 10,85. O critério de falha é verificado.

2 – Uma coluna de concreto (tensão de ruptura em compressão de 28 MPa) de secção transversal quadrada e lado 120 mm é submetido a uma carga de compressão P. Segundo o critério da máxima tensão normal, qual o máximo valor possível para a referida carga?

Resposta:

P = 403,2 kN.

3 – Um eixo maciço de ferro fundido deve suportar um torque de 440 lbf.ft. Determine o diâmetro mínimo necessário para esse eixo segundo o critério de Coulomb-Mohr (tensão de ruptura em compressão 22 kpsi, tensão de ruptura em tração = 12 kpsi), supondo um coeficiente de segurança de 2,0.

Resposta:

d = 0,55 in.

4 – Para um determinado material frágil, as tensões de ruptura em tração e compressão foram determinadas em 120 MPa e 200 MPa, respectivamente. Determine, assumindo o critério de falha de Coulomb-Mohr, a tensão de ruptura em cisalhamento para esse material.

Resposta:

$\tau = 50{,}0$ MPa.

5 – Num ponto de um corpo submetido a um estado de tensão se conhecem os valores das tensões atuantes, cujos valores em MPa valem: $\sigma_x = 3{,}9$; $\sigma_y = -3{,}9$; $\sigma_z = 0$; $\tau_{xy} = 5{,}2$; $\tau_{xz} = 39$ e $\tau_{yz} = 119$. Determine o coeficiente de segurança segundo o critério de Rankine. Tensões de ruptura em tração e compressão = 195 MPa.

Resposta:

$\sigma_1 = 125{,}36$ MPa; $\sigma_2 \cong 0$; $\sigma_3 = -125{,}43$ MPa; CS = 1,55. O critério de falha é verificado.

6 – Para uma determinada força P (em kN), as componentes de tensão em um ponto de uma estrutura valem: $\sigma_x = 10P$ (MPa); $\sigma_y = -20P$ (MPa); $\tau_{xy} = 15P$ (MPa). Para um material cuja tensão de ruptura em tração e compressão vale 140 MPa, determine o máximo valor de "P", de modo que não haja falha, segundo o critério de Rankine.

Resposta:

$P_{(Rankine)} = 5{,}34$ kN.

7 – Um eixo circular uniforme é submetido a um momento fletor de 6.000 N.m associado a um torque combinado de 14.000 N.m. Assumindo que o eixo é confeccionado com um material que apresenta tensão de ruptura de 140 MPa em tração e 220 MPa em compressão, e utilizando um coeficiente de segurança igual a 4,0, determine o diâmetro mínimo para o eixo, supondo o critério de Coulomb-Mohr.

Resposta:

$d_{(Mohr)} \cong 131$ mm.

8 – A tensão de ruptura de uma determinada liga vale 110 MPa em tração e 185 MPa em compressão. Se um componente de máquina feito desse material é submetido a um estado plano de tensão, tal que as tensões principais valem σ_1 e $\sigma_2 = (-0{,}25\sigma_1)$, determine o módulo da tensão σ_1 que causará a ruptura do material, segundo a teoria de Coulomb-Mohr.

Resposta:

$\sigma_1 = 129{,}21$ (MPa).

9 – Um tubo de aço-carbono tem diâmetro interno de 60 mm e diâmetro externo de 80 mm, e apresenta uma tensão de ruptura de 150 MPa (em tração e compressão). Se ele é submetido a um momento torcedor de 8 kN.m e um momento fletor de 3,5 kN.m, determine se tal carregamento causaria a falha do material, segundo a teoria da máxima tensão normal.

Resposta:

$\sigma_1 = 177{,}99$ (MPa); $\sigma_3 = -76{,}13$ (MPa); CS < 1.

Ocorrerá a falha segundo o referido critério.

10 – Determinado ponto de uma estrutura confeccionada a partir de uma liga cujas tensões de ruptura em tração e compressão valem 59,0 e 122 MPa, respectivamente, é submetido ao estado de tensão indicado em Figura. Determine o valor da tensão nominal (σ_o) que causa falha por ruptura, segundo o critério de Coulomb-Mohr.

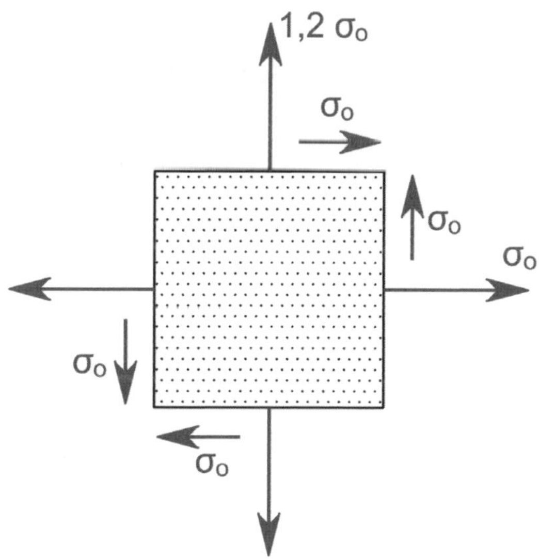

Figura 4.8 – Problema proposto 10.

Resposta:

$\sigma_o = 28{,}1$ (MPa). Ambas as tensões principais resultam positivas, e $\sigma_3 = 0$.

NOMENCLATURA

$\sigma_{1,2,3}$	Tensões principais
σ_o	Tensão normal nominal
σ_{rupC}	Limite de ruptura do material em compressão
σ_{rupT}	Limite de ruptura do material em tração
CS	Coeficiente de segurança
d	Diâmetro de uma secção transversal
P	Carregamento axial
T	Torque ou momento torcedor
r	Raio genérico de uma secção transversal

REFERÊNCIAS

BEER, Ferdinand.; JOHNSTON, Russel.; MAZUREK, David. **Mechanics of Materials**. 7ª ed., McGrawHill, 2010.

BRAGA, Arthur. **Critérios de Escoamento**. Notas de aula da disciplina Mecânica dos Sólidos II, Departamento de Engenharia Mecânica, PUC-Rio, Rio de Janeiro, 2009.

HIBBELER, Russel Charles. **Resistência dos Materiais**. 7ª ed., Pearson, 2010.

MARCZAK, Rogério José. **Notas de aula da disciplina Resistência dos Materiais Avançada**. Curso de Engenharia Mecânica da UFRGS, Porto Alegre, 2004.

UGURAL, Ansel. **Mecânica dos Materiais**. Rio de Janeiro: LTC, 2009.

CAPÍTULO 5
Elasticidade e análise plástica

5.1. INTRODUÇÃO

Estudos permitem comprovar que, no campo das pequenas deformações, a maioria dos materiais apresenta um comportamento elástico linear, ou seja, o processo de deformação é reversível, caracterizando com isso uma proporcionalidade entre as tensões e as deformações atuantes.

Para o caso das grandes deformações (acima do patamar de escoamento do material), entretanto, o processo de deformação torna-se irreversível, caracterizando deformações permanentes e sendo chamado de comportamento plástico do material.

O primeiro caso caracteriza o domínio da teoria da elasticidade, enquanto o segundo caso, o domínio da teoria da plasticidade. Situações e materiais em condições intermediárias podem ser estudados pela teoria da viscoelasticidade.

Dessa forma, pode-se estabelecer que a elasticidade linear estuda o comportamento de sólidos elásticos, definidos por um sistema de pontos materiais deformável, contínuo, elástico, homogêneo e isotrópico. Nessas circunstâncias, vale destacar os conceitos:

- contínuo – a distribuição de massa do material ocorre de forma contínua;
- homogêneo – as propriedades do material não apresentam variação de um ponto para o outro; e
- isotrópico – as propriedades do material não mudam com a direção considerada.

O presente Capítulo tem como objetivo principal avaliar, dentro do campo da elasticidade, as relações constitutivas válidas para os materiais de engenharia classificados como isotrópicos. Como essa análise é realizada a partir dos tensores de tensão e deformação, respectivamente, fazem-se breves apresentação e discussão acerca da notação indicial e da própria conceituação de tensores.

Para finalizar, uma análise específica para o caso de problemas contemplando carregamentos de flexão e de torção, na condição de plastificação parcial e total da secção transversal, também é apresentada, objetivando fornecer ao leitor uma avaliação comparativa em termos dos carregamentos-limite quando o patamar de escoamento do material é ultrapassado.

5.2. NOTAÇÃO INDICIAL

A notação indicial é uma forma de representação matemática que utiliza índices para representar grandezas físicas, sendo amplamente utilizada em áreas como engenharia e matemática aplicada, para descrever fenômenos que envolvem quantidades vetoriais e tensoriais. A referida notação corresponde a uma forma compacta de se representarem e se manipularem sistemas de equações e combinações lineares.

Desenvolvida e proposta por Einstein, a notação indicial teve por objetivo inicial representar grandezas em espaços de dimensão superior a três, objetivando simplificar o número e o tamanho das expressões matemáticas correspondentes. No campo da mecânica do contínuo, a referida notação tem aplicação direta no emprego de operações que contemplem os chamados índices repetidos e índices livres.

Considere, por exemplo, a seguinte expressão:

$$s = a_1 x_1 + a_2 x_2 + a_3 x_3, \tag{5.1}$$

a qual pode ser, de forma compacta, representada por qualquer uma das três seguintes alternativas:

$$s = \sum_{i=1}^{3} a_i x_i \quad , s = \sum_{j=1}^{3} a_j x_j \quad , s = \sum_{k=1}^{3} a_k x_k ; \tag{5.2}$$

ou simplesmente por:

$$s = a_i x_i, \quad s = a_j x_j, \quad s = a_k x_k \tag{5.3}$$

Essa convenção é conhecida como *convenção da soma de Einstein*, que pode ser descrita da seguinte forma: índices repetidos num mesmo termo da expressão representam a condição de soma no seu intervalo de variação. O intervalo de variação de um índice é o conjunto de números inteiros de 1 (um) até "n" (n = 3 para o caso de espaços tridimensionais no campo da elasticidade linear). Observe ainda que, como o referido índice é empregado apenas para indicar a condição de uma soma, o símbolo utilizado no termo em análise (i, j, k etc.) se torna indiferente no resultado final. Observe ainda que expressões do tipo:

$$a_i b_i x_i, \quad a_j b_j x_j, \quad a_k b_k x_k \tag{5.4}$$

não apresentam quaisquer significados práticos, dado que um índice nunca poderá ser repetido mais do que uma vez num mesmo termo quando a convenção da soma for considerada.

Por outro lado, a convenção da soma pode também ser considerada para expressar uma soma dupla ou uma soma tripla, por exemplo. Assim, a expressão:

$$s = \sum_{i=1}^{3} \sum_{j=1}^{3} a_{ij} x_i x_j \quad \Rightarrow s = a_{ij} x_i x_j \tag{5.5}$$

representa, em termos de resultado e após a devida expansão dos termos:

$$\begin{aligned} s = a_{11}x_1x_1 + a_{12}x_1x_2 + a_{13}x_1x_3 + a_{21}x_2x_1 + a_{22}x_2x_2 + \\ + a_{23}x_2x_3 + a_{31}x_3x_1 + a_{32}x_3x_2 + a_{33}x_3x_3 \end{aligned} \tag{5.6}$$

Tem-se também o chamado índice livre, ou, mais especificamente, o índice que serve para indicar o número de equações associadas ao termo em análise. Observe o exemplo:

$$s = \sum_{j=1}^{3} b_{ij} c_j \rightarrow s = b_{i1} c_1 + b_{i2} c_2 + b_{i3} c_3 \tag{5.7}$$

Como o índice "i" é não repetido (índice livre), ele representa apenas o número de equações resultantes (no caso 3). Assim, após a devida expansão de (5.7), chega-se a:

$$s = \begin{cases} b_{11}c_1 + b_{12}c_2 + b_{13}c_3 \\ b_{21}c_1 + b_{22}c_2 + b_{23}c_3 \\ b_{31}c_1 + b_{32}c_2 + b_{33}c_3 \end{cases} \tag{5.8}$$

5.3. TENSORES

Tensores são objetos matemáticos que generalizam vetores e matrizes para espaços multidimensionais, tendo aplicação direta em muitas áreas da matemática, das engenharias e da ciência da computação. São utilizados para descrever quantidades que têm múltiplas dimensões, como o campo de força em uma região tridimensional do espaço ou as cores em uma imagem digital.

Os tensores são definidos por um conjunto de componentes numéricos que descrevem sua magnitude e direção em cada uma de suas dimensões, a partir de regras matemáticas bem definidas e específicas, que permitem que eles sejam ainda manipulados e combinados de acordo com as respectivas necessidades.

Os tensores, quando relacionados a um conjunto de grandezas que sejam definidas em relação a um sistema de eixos coordenados, são designados como tensores cartesianos, condição que contempla a quase totalidade dos tensores presentes na mecânica dos sólidos. Em geral, os tensores podem ser classificados, segundo a sua ordem, como:

- Escalar ou tensor de ordem zero – quantidade que tem magnitude, mas não direção (temperatura e massa específica de um corpo, por exemplo).
- Vetor ou tensor de ordem um – quantidade que tem magnitude e direção (força, velocidade e aceleração, por exemplo). Um tensor de ordem um apresenta três componentes independentes, ou seja: $v_i \rightarrow v_1$, v_2 e v_3.
- Tensor de segunda ordem ou tensor de ordem dois – quantidade que tem magnitude e duas direções (tensor tensão e tensor deformação, por exemplo). Um tensor de ordem dois apresenta nove componentes independentes, ou seja: a_{ij} (a_{11}, a_{12}, a_{13}, a_{21}, a_{22}, a_{23}, a_{31}, a_{32}, a_{33}).
- E, ainda, os tensores de ordem superior, para os quais não se faz aqui nenhuma descrição adicional, dado a sua pouca aplicação para com o assunto em pauta.

Pelo exposto, observar que o número de componentes de um tensor pode ser definido pela relação 3^N, sendo N o número de termos ou índices do referido tensor. Assim, um tensor de quarta ordem, por exemplo, apresenta 81 ($3^4 = 81$) componentes.

5.3.1. TENSORES ESPECIAIS – DELTA DE KRONECKER E SÍMBOLO DE PERMUTAÇÃO

O delta de Kronecker corresponde a um tensor de segunda ordem com características específicas, representado normalmente na forma:

$$\delta_{ij} = \begin{cases} 1 & \Rightarrow \quad i = j \\ 0 & \Rightarrow \quad i \neq j \end{cases} \tag{5.9}$$

Nessas circunstâncias, observe que apenas os termos δ_{11}, δ_{22} e δ_{33} assumem valores unitários, enquanto todas as demais componentes (δ_{12}, δ_{23} ,...) valem zero. O delta de Kronecker, se representado em forma matricial, corresponde ainda à matriz identidade, ou seja:

$$\delta_{ij} = I = \begin{vmatrix} 1 & 0 & 0 \\ 0 & 1 & 0 \\ 0 & 0 & 1 \end{vmatrix} \tag{5.10}$$

O símbolo de permutação, tensor de terceira ordem, também corresponde a um tensor com características específicas, podendo assumir os valores:

$$\varepsilon_{ijk} = \begin{cases} 1 & \rightarrow & \varepsilon_{123}, \varepsilon_{231}, \varepsilon_{312} \\ -1 & \rightarrow & \varepsilon_{132}, \varepsilon_{213}, \varepsilon_{321} \\ 0 & \rightarrow & \varepsilon_{111}, \varepsilon_{112}, \varepsilon_{322}, \ldots \end{cases} \tag{5.11}$$

Tanto o delta de Kronecker quanto o símbolo de permutação são costumeiramente utilizados em situações diversas da notação indicial, conforme se pode constatar em alguns dos problemas resolvidos no presente Capítulo.

5.4. TENSÃO E VETOR TENSÃO

Suponha um sólido elástico em equilíbrio, submetido a um conjunto de forças externas, conforme Figura 5.1.

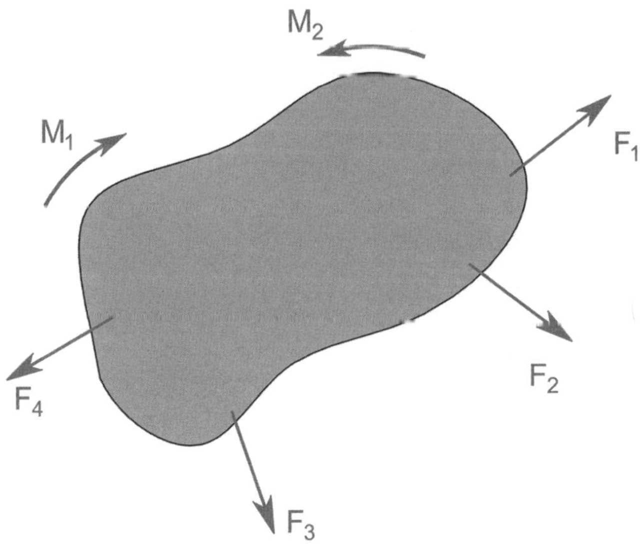

Figura 5.1 – Sólido elástico carregado, na condição de equilíbrio.

Objetivando avaliar o que ocorre no interior do referido corpo, propõe-se realizar, mediante um plano imaginário, um corte que venha a dividir o sólido em duas partes distintas. Como o sólido, na sua totalidade, encontra-se em equilíbrio, pode-se garantir que qualquer parcela dele também estará em equilíbrio (princípio fundamental da resistência dos materiais). Para tanto, forças internas atuantes no plano de corte se fazem necessárias, visando-se a manter a condição de equilíbrio do sistema. Tais forças, que correspondem, na prática, a forças de atração molecular, podem ser substituídas por uma força resultante (ΔF) atuante sobre um elemento de área (ΔA), conforme esquematizado pela Figura 5.2.

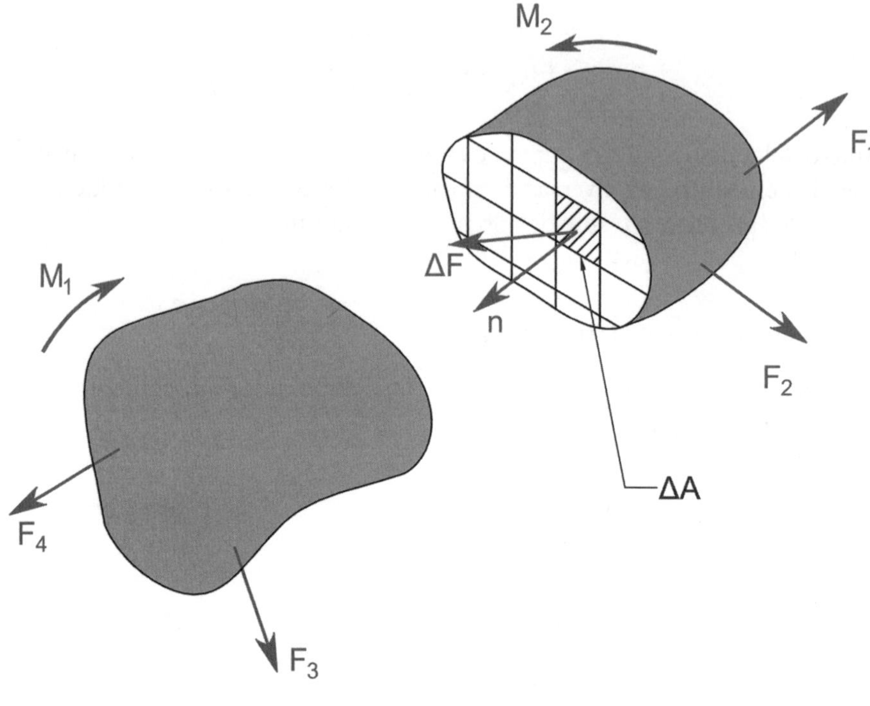

Figura 5.2 – Partes do sólido elástico em equilíbrio e vetor tensão.

Dessa forma, é possível definir o vetor tensão em um ponto do sólido elástico mediante a relação:

$$\vec{t} = \lim_{\Delta A \to 0} \frac{\Delta F}{\Delta A} \tag{5.12}$$

Observe, entretanto, que o vetor tensão depende da posição do ponto em análise como também da orientação do plano de corte considerado (para cada plano distinto, haverá, evidentemente, um vetor tensão correspondente).

Decompondo-se o vetor tensão em duas componentes distintas – uma, normal ao plano considerado, e outra, tangente ao mesmo plano, – tem-se (em módulo):

$$\sigma = \vec{t} . \vec{n} \qquad \tau = \sqrt{|\vec{t}|^2 - |\vec{\sigma}|^2} \tag{5.13}$$

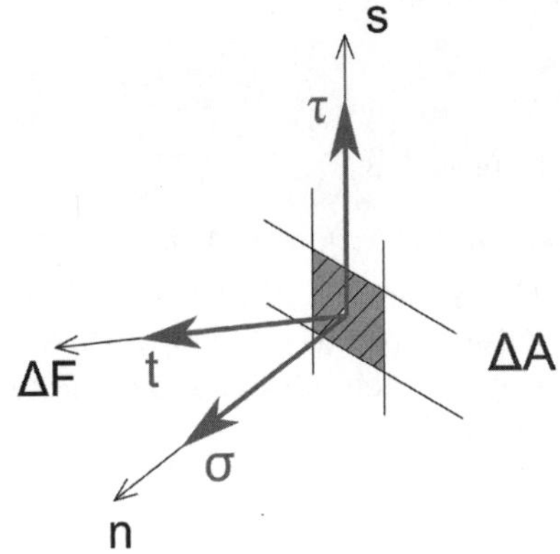

Figura 5.3 – Componentes normal e tangencial do vetor tensão.

5.4.1. COMPONENTES DE TENSÃO NUM CUBO ELEMENTAR

Extrapolando-se o conceito em seccionar o sólido originalmente carregado através de um plano imaginário, considera-se, agora, a separação de um cubo elementar pertencente a esse sólido, mas na condição de que suas faces sejam mantidas de forma paralela aos três eixos de um sistema de referência ortogonal, ou mais especificamente:

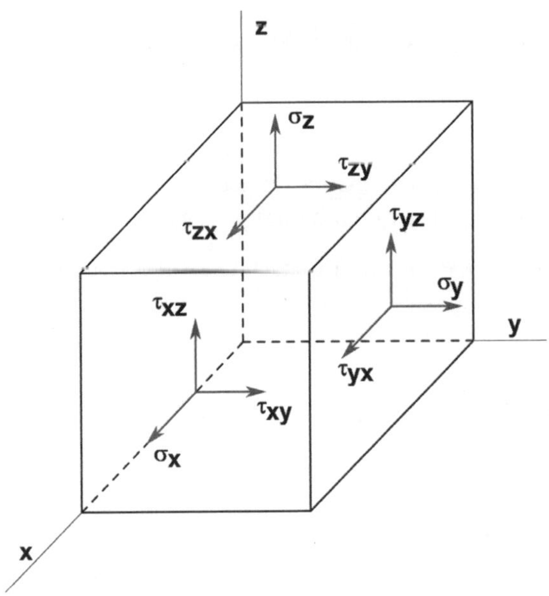

Figura 5.4 – Cubo elementar submetido a componentes de tensão normal e tensão tangencial.

Nessa figura, é possível observar a presença de três componentes de tensão normal (perpendiculares aos planos de corte considerados) e seis componentes de tensão tangencial (paralelas aos planos de corte correspondentes), conforme discutido anteriormente no Capítulo 3 da presente obra.

5.4.2. TENSOR DE TENSÕES

A Equação (5.14), conhecida como *equação de Cauchy*, permite identificar o estado tensional num ponto genérico do corpo elástico em análise. Tal Equação apresenta uma relação linear entre o vetor tensão (**t**) e o vetor normal à superfície de análise (**n**), mediante um tensor de segunda ordem, designado como tensor de tensões (T_{ij}), cuja expressão matemática corresponde a:

$$\vec{t} = T_{ij}\vec{n} \tag{5.14}$$

Substituindo-se as componentes do vetor tração e do tensor de tensões em (5.14), é, ainda, possível demonstrar:

$$\begin{Bmatrix} t_x \\ t_y \\ t_z \end{Bmatrix} = \begin{vmatrix} \sigma_x & \tau_{xy} & \tau_{xz} \\ \tau_{yx} & \sigma_y & \tau_{yz} \\ \tau_{zx} & \tau_{zy} & \sigma_z \end{vmatrix} \begin{Bmatrix} n_x \\ n_y \\ n_z \end{Bmatrix} \tag{5.15}$$

Mediante tais considerações, pode-se afirmar que:

a) a tensão é uma grandeza tensorial;

b) o tensor de tensões é simétrico, ou seja, apresenta apenas seis componentes independentes, dado que as tensões tangenciais serão sempre simétricas nas extremidades das faces de um cubo qualquer; e

c) a partir do tensor de tensões, é possível determinar-se o vetor tensão atuante em qualquer plano que passe pelo ponto de análise.

5.5. EQUAÇÕES DE EQUILÍBRIO INTERNO

Conforme descrito inicialmente, caso o sólido elástico em análise esteja em equilíbrio, qualquer parte dele também deverá estar. Dentro desse contexto, considere um elemento diferencial bidimensional, pertencente ao sólido em análise, representado na forma:

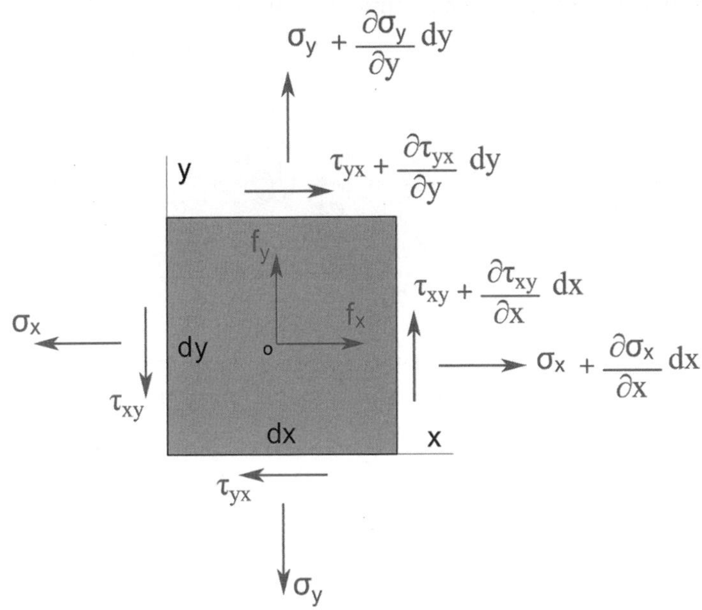

Figura 5.5 – Tensões atuantes num elemento diferencial.

Nesse elemento, além das componentes de tensão normal e tangencial, consideram-se também as parcelas de força de corpo ou forças por unidade de volume (o peso próprio, por exemplo). A somatória de forças horizontais e verticais, respectivamente, resulta em:

$$\sum F_H = \left(\sigma_x + \frac{\partial\sigma_x}{\partial x} dx \right) dy - \sigma_x dy + \left(\tau_{xy} + \frac{\partial\tau_{xy}}{\partial y} dy \right) dx - \tau_{xy} dx + f_x dxdy = 0$$

$$\sum F_V = \left(\sigma_y + \frac{\partial\sigma_y}{\partial y} dy \right) dx - \sigma_y dx + \left(\tau_{xy} + \frac{\partial\tau_{xy}}{\partial x} dx \right) dy - \tau_{xy} dy + f_y dxdy = 0,$$

cuja simplificação final permite escrever:

$$\begin{aligned} \frac{\partial\sigma_x}{\partial x} + \frac{\partial\tau_{xy}}{\partial y} + f_x = 0 \\ \frac{\partial\sigma_y}{\partial y} + \frac{\partial\tau_{xy}}{\partial x} + f_y = 0 \end{aligned} \qquad (5.16)$$

Generalizando-se para um caso tridimensional, chega-se a:

$$\begin{aligned}
&\frac{\partial\sigma_x}{\partial x}+\frac{\partial\tau_{yx}}{\partial y}+\frac{\partial\tau_{zx}}{\partial z}+f_x=0\\
&\frac{\partial\tau_{xy}}{\partial x}+\frac{\partial\sigma_y}{\partial y}+\frac{\partial\tau_{zy}}{\partial z}+f_y=0\\
&\frac{\partial\tau_{xz}}{\partial x}+\frac{\partial\tau_{yz}}{\partial y}+\frac{\partial\sigma_z}{\partial z}+f_z=0
\end{aligned}\tag{5.17}$$

As Equações (5.16) e (5.17) representam as equações de equilíbrio interno em tensões, para um caso bidimensional e tridimensional, respectivamente. Tais equações devem, obrigatoriamente, ser integralmente atendidas para qualquer condição de carregamentos atuantes sobre um sólido elástico.

A aplicação da terceira equação de equilíbrio (M = 0), em relação à Figura 5.5, permite comprovar o teorema da reciprocidade das tensões tangenciais (no caso: $\tau_{xy} = \tau_{yx}$, $\tau_{xz} = \tau_{zx}$, $\tau_{yz} = \tau_{zy}$), ficando a cargo do leitor a sua correspondente comprovação.

5.6. TENSÕES ESFÉRICAS E DESVIATÓRIAS

Um tensor de tensões genérico poderá sempre ser decomposto na soma de dois tensores distintos, designados como tensores esférico (ou hidrostático) e desviatório, na forma:

$$\begin{vmatrix}\sigma_x & \tau_{xy} & \tau_{xz}\\ \tau_{yx} & \sigma_y & \tau_{yz}\\ \tau_{zx} & \tau_{zy} & \sigma_z\end{vmatrix}=\begin{vmatrix}\sigma_h & 0 & 0\\ 0 & \sigma_h & 0\\ 0 & 0 & \sigma_h\end{vmatrix}+\begin{vmatrix}\sigma_x-\sigma_h & \tau_{xy} & \tau_{xz}\\ \tau_{yx} & \sigma_y-\sigma_h & \tau_{yz}\\ \tau_{zx} & \tau_{zy} & \sigma_z-\sigma_h\end{vmatrix},\tag{5.18}$$

sendo que a primeira parcela dessa decomposição corresponde ao tensor hidrostático. As tensões hidrostáticas correspondem àquelas que ocasionam apenas a mudança de volume no corpo em análise, quando este é submetido a um determinado carregamento externo. O termo hidrostático decorre da associação com a pressão atuante sobre, por exemplo, uma esfera submersa num reservatório em uma determinada profundidade.

A magnitude da tensão hidrostática é dada pela média das tensões normais, ou seja:

$$\sigma_h=\frac{1}{3}\left(\sigma_x+\sigma_y+\sigma_z\right)\tag{5.19}$$

A segunda parcela dessa mesma decomposição, decorrente da diferença entre o tensor de tensões original e o tensor hidrostático, corresponde ao tensor desviatório de tensões. Esse tensor está associado à mudança de forma do corpo em análise quando ele é submetido a um determinado carregamento externo. Pode-se, ainda, afirmar que determinado material, ao entrar na sua região de deformação permanente, apresentará uma condição de mudança de forma, caracterizando, assim, uma relação direta entre o tensor de tensões desviatório e a condição de plastificação do material. Tal condição é implicitamente relacionada com o critério de projeto de Mises.

5.7. TENSÕES E PLANOS OCTAÉDRICOS

Considere, agora, um sistema tridimensional no qual os três eixos de referência correspondam às tensões principais (σ_1, σ_2 e σ_3). Nessa mesma condição, suponha também um eixo que tenha a mesma inclinação em relação a esses três eixos de referência, conforme esquematizado a partir da Figura 5.6.

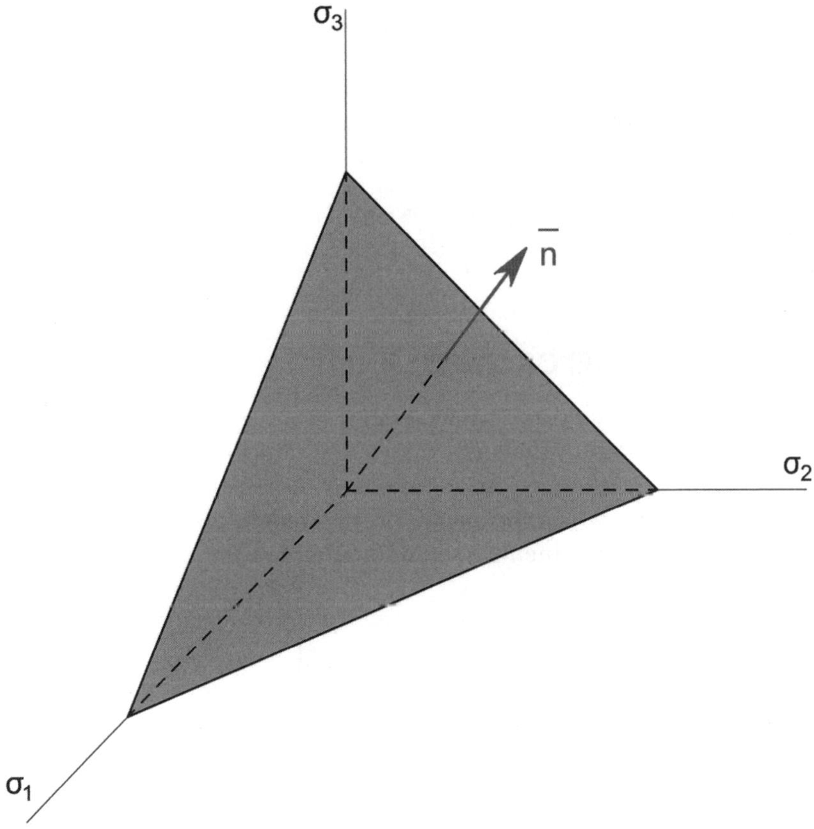

Figura 5.6 – Planos octaédricos.

Definem-se, assim, os chamados planos octaédricos, ou, mais especificamente, planos nos quais atuam as chamadas tensões octaédricas. Assim como em qualquer outro plano, é possível ainda considerar as componentes normal e tangencial das tensões octaédricas, cujos valores podem ser obtidos a partir de:

$$\sigma_{oct} = \frac{\sigma_1 + \sigma_2 + \sigma_3}{3} \tag{5.20}$$

$$\tau_{oct} = \frac{1}{3}\sqrt{(\sigma_1 - \sigma_2)^2 + (\sigma_2 - \sigma_3)^2 + (\sigma_3 - \sigma_1)^2} \tag{5.21}$$

Em termos da inclinação que esses planos formam em relação aos três eixos de referência, pode-se considerar:

$$\cos^2\alpha + \cos^2\beta + \cos^2\delta = 1$$

Como os ângulos são idênticos em relação aos três eixos ($\alpha = \beta = \delta$), chega-se a:

$$\cos^2\alpha + \cos^2\alpha + \cos^2\alpha = 1 \Rightarrow \cos\alpha = \frac{1}{\sqrt{3}}, \tag{5.22}$$

resultando num ângulo da ordem de 54,7° entre o eixo octaédrico e os eixos ortogonais do sistema de referência.

5.8. TENSOR DE DEFORMAÇÕES

As componentes de tensão normais atuantes num sólido elástico geram deformações lineares ou longitudinais (ε_x, ε_y, ε_z), enquanto as componentes de tensão tangenciais geram deformações em ângulo ou transversais, (ε_{xy}, ε_{yx}, ε_{xz}, ε_{zx}, ε_{yz}, ε_{zy}). Essas nove componentes de deformação correspondem ao resultado do tensor de deformações, o qual normalmente é representado por:

$$|\varepsilon| = \begin{vmatrix} \varepsilon_x & \varepsilon_{xy} & \varepsilon_{xz} \\ \varepsilon_{yx} & \varepsilon_y & \varepsilon_{yz} \\ \varepsilon_{zx} & \varepsilon_{zy} & \varepsilon_z \end{vmatrix} \tag{5.23}$$

A Figura 5.7 ilustra, de forma esquemática, as deformações longitudinais atuantes sobre um elemento de referência, enquanto a Figura 5.8 ilustra, também de forma esquemática, as deformações em corte correspondentes.

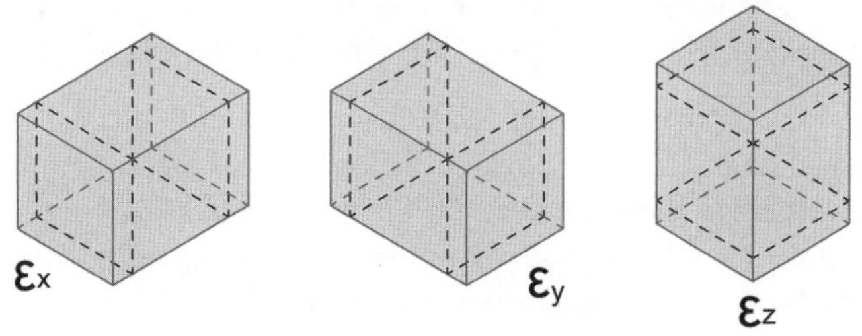

Figura 5.7 – Representativo esquemático de deformações longitudinais.

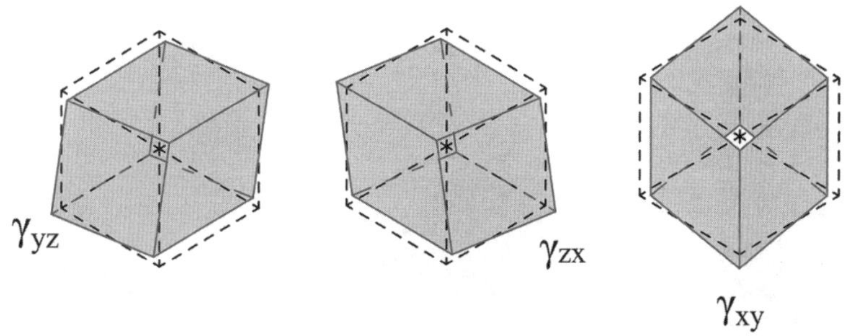

Figura 5.8 – Representativo esquemático de deformações transversais.

Para as deformações transversais, devido ao teorema da reciprocidade das tensões tangenciais, existe também uma simplificação no número de componentes de deformação independentes. Assim, $\varepsilon_{xy} = \varepsilon_{yx.}$ $\varepsilon_{xz} = \varepsilon_{zx}$ e $\varepsilon_{yz} = \varepsilon_{zy}$. Observe que a representação dos elementos deformados da Figura 5.8 traduz a indicação de ângulos correspondentes às chamadas distorções angulares, valendo a seguinte relação em termos das componentes de deformação:

$$\varepsilon_{xy} = \frac{1}{2}\left(\delta_{xy} + \delta_{yx}\right)$$

$$\varepsilon_{xz} = \frac{1}{2}\left(\delta_{xz} + \delta_{zx}\right) \tag{5.24}$$

$$\varepsilon_{yz} = \frac{1}{2}\left(\delta_{yz} + \delta_{zy}\right)$$

5.8.1. MEDIÇÕES DE DEFORMAÇÕES

Em termos práticos, medem-se as deformações oriundas de carregamentos externos atuantes sobre componentes ou elementos estruturais. As tensões são, assim, uma consequência dessas deformações ocorridas e acabam sendo definidas a partir das relações constitutivas correspondentes a cada tipo de material considerado.

As medições das deformações são realizadas a partir de dispositivos designados como *strain gauges*, os quais se encontram disponíveis no mercado sob determinadas configurações específicas, normalmente em forma de rosetas. A Figura 5.9 ilustra um exemplo típico desse tipo de dispositivo, que deve ser adequadamente fixado sobre a estrutura a ser avaliada, de forma a fornecer os resultados das deformações em decorrência das variações ocorridas nas resistências elétricas que fazem parte da configuração desses dispositivos.

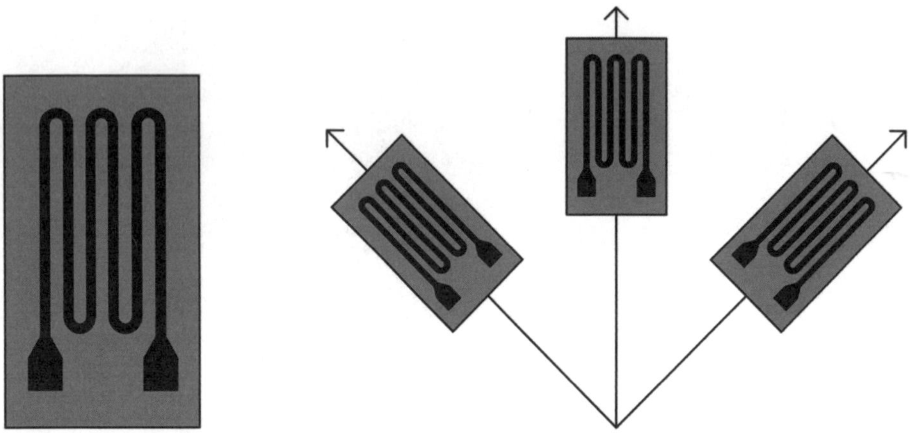

Figura 5.9 – *Strain gauge* e roseta típica.

5.9. RELAÇÕES CONSTITUTIVAS

Qualquer função matemática que venha a relacionar as deformações ocorridas num dado elemento estrutural, fornecendo como resultado as tensões atuantes nesse mesmo elemento, é designada como relação constitutiva do material. Estudos modernos têm sido aprimorados no contexto da obtenção de relações constitutivas das mais variadas situações, dado que cada vez mais novos materiais, ligas e compósitos têm sido desenvolvidos visando a atender às mais diversas situações em termos de aplicações industriais e de pesquisa. No ramo das pequenas deformações, porém, muitos materiais podem ser modelados mediante uma função linear entre tensões e deformações, facilitando enormemente o equacionamento matemático desse tipo de problema.

Para tal, faz-se a utilização da lei de Hooke, expandindo-se evidentemente os resultados para um estado triaxial de tensões. Matematicamente, em notação indicial, é possível se demonstrar que:

$$\sigma_{ij} = \lambda \varepsilon_{kk} \delta_{ij} + 2G\varepsilon_{ij}, \tag{5.25}$$

Em que: λ é a constante de Lamé, e G corresponde ao módulo de elasticidade transversal, parâmetros característicos dos materiais.

Em forma escalar, pode-se considerar:

$$\sigma_x = \lambda(\varepsilon_x + \varepsilon_y + \varepsilon_z) + 2G\varepsilon_x$$

$$\sigma_y = \lambda(\varepsilon_x + \varepsilon_y + \varepsilon_z) + 2G\varepsilon_y$$

$$\sigma_z = \lambda(\varepsilon_x + \varepsilon_y + \varepsilon_z) + 2G\varepsilon_z$$

$$\tau_{xy} = 2G\varepsilon_{xy} \qquad \tau_{yz} = 2G\varepsilon_{yz} \qquad \tau_{zx} = 2G\varepsilon_{zx} \tag{5.26}$$

Optando-se ainda por escrever as relações de Hooke a partir das deformações e em função do módulo de elasticidade longitudinal e do coeficiente de Poisson (υ) dos materiais, tem-se:

$$\varepsilon_{ij} = \frac{1+\upsilon}{E}\sigma_{ij} - \frac{\upsilon}{E}\sigma_{kk}\delta_{ij}; \tag{5.27}$$

ou, na forma escalar:

$$\varepsilon_x = \frac{1}{E}\left[\sigma_x - \upsilon(\sigma_y + \sigma_z)\right]$$

$$\varepsilon_y = \frac{1}{E}\left[\sigma_y - \upsilon(\sigma_x + \sigma_z)\right]$$

$$\varepsilon_z = \frac{1}{E}\left[\sigma_z - \upsilon(\sigma_x + \sigma_y)\right]$$

$$\varepsilon_{xy} = \frac{1+\upsilon}{E}\tau_{xy} \qquad \varepsilon_{yz} = \frac{1+\upsilon}{E}\tau_{yz} \qquad \varepsilon_{zx} = \frac{1+\upsilon}{E}\tau_{zx} \tag{5.28}$$

5.10. ANÁLISE PLÁSTICA

Opcionalmente e a critério do projetista, torna-se possível desenvolver projetos ou memórias de cálculo nos quais os materiais assumam ou trabalhem em regime plástico, caracterizando, assim, um maior aproveitamento das propriedades de resistência deles. Nessas circunstâncias, estudos complementares devem ser realizados no sentido de garantir que os esforços atuantes no componente estrutural não ultrapassem a condição de uma plastificação generalizada localizada.

No presente trabalho, será dada ênfase à condição da flexão e da torção plástica, objetivando fornecer ao leitor uma ideia geral dessa proposta, um pouco diferenciada na concepção de projetos.

5.10.1. FLEXÃO PLÁSTICA

Imagine uma viga de secção transversal retangular, com dimensões (b x h), submetida a um carregamento de flexão. A distribuição de tensões normais na secção transversal, dentro do regime elástico, ocorre de forma linear, sendo nula sobre a linha neutra (LN) e máxima nos pontos extremos da secção, conforme esquematizado pela Figura 5.10.

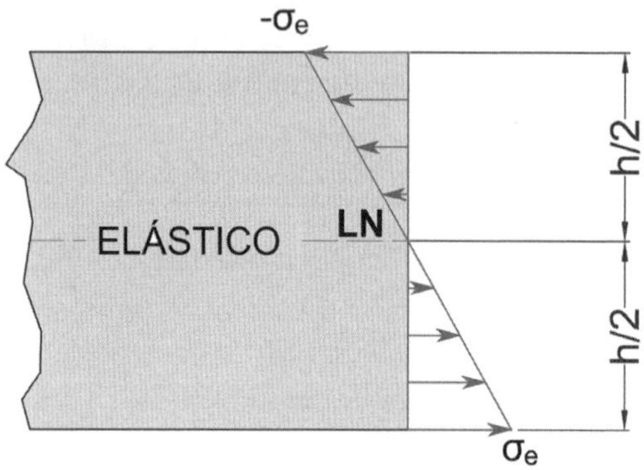

Figura 5.10 – Distribuição de tensões de flexão numa viga de secção retangular, na condição de regime elástico.

Para essa condição, o momento elástico correspondente será de (na condição de $\sigma = \sigma_e$, $y = h/2$ e $I = bh^3/12$):

$$\sigma = \frac{M.y}{I} \leq \sigma_e$$

$$\sigma_e = \frac{M_E.\left(\dfrac{h}{2}\right)}{\left(\dfrac{bh^3}{12}\right)} \Rightarrow M_E = \frac{\sigma_e bh^2}{6} \tag{5.29}$$

Suponha, agora, que o carregamento externo ultrapasse o valor do momento elástico definido pela Equação (5.29), caracterizando inicialmente a passagem do regime elástico para uma condição elasto-plástica sobre a secção transversal. A Figura 5.11 ilustra essa condição.

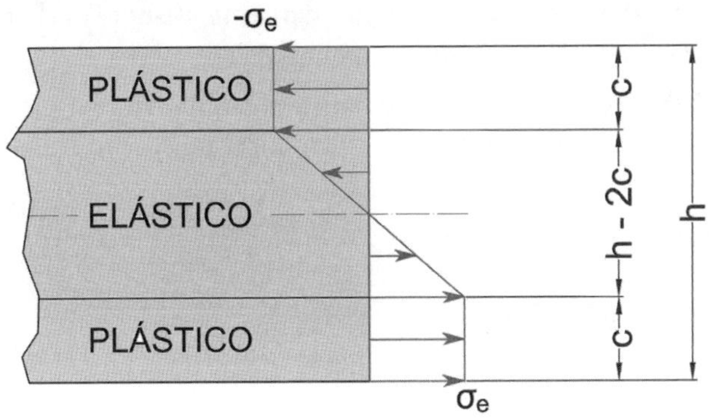

Figura 5.11 – Distribuição de tensões de flexão numa viga de secção retangular, em condição elasto-plástica.

Considere, nessas circunstâncias, que o momento externo seja decomposto em duas parcelas: uma referente ao trecho que escoou (M_1) e outra referente à parcela que ainda permanece elástica (M_2). Assim:

$$M = M_1 + M_2$$

$$M = \sigma_e bc\left(h-c\right) + \sigma_e b(h-c)^2 / 6$$

$$M = \sigma_e W\left[1 + 2\left(\frac{c}{h}\right) - 2\left(\frac{c}{h}\right)^2\right] \tag{5.30}$$

Nessa relação, W corresponde ao módulo resistente da secção transversal ($W = bh^2/6$ para uma secção retangular), enquanto o primeiro termo corresponde ao momento elástico (M_E) anteriormente definido. Designando, ainda, o termo (c/h) por "ϕ", torna-se possível reescrever a Equação (5.30) na forma:

$$M = M_E\left[1 + 2(\phi) - 2(\phi)^2\right] \tag{5.31}$$

Caracterizando-se uma equação de segundo grau a partir da relação:

$$\phi^2 - \phi + 0,5\left(\frac{M}{M_E} - 1\right) = 0 \tag{5.32}$$

Como o termo ϕ =(c/h) varia, no máximo, entre 0 e 0,5, obter-se-iam:

- para ϕ = (c/h) = 0 → $M = M_E$, ou seja, não ocorre nenhum percentual de plastificação na região em análise, permanecendo na condição elástica;
- para ϕ = (c/h) = 0,5 → $M = M_P$, ou seja, ocorre a plastificação generalizada da região em análise, conforme será discutido logo na sequência do presente item.

Situações intermediárias resultam, evidentemente, numa condição elasto-plástica da secção transversal correspondente.

A Figura 5.12 ilustra a variação de "ϕ" em função da relação entre momentos (M/M_E), possibilitando observar o fenômeno que ocorre na secção transversal em termos de plastificação.

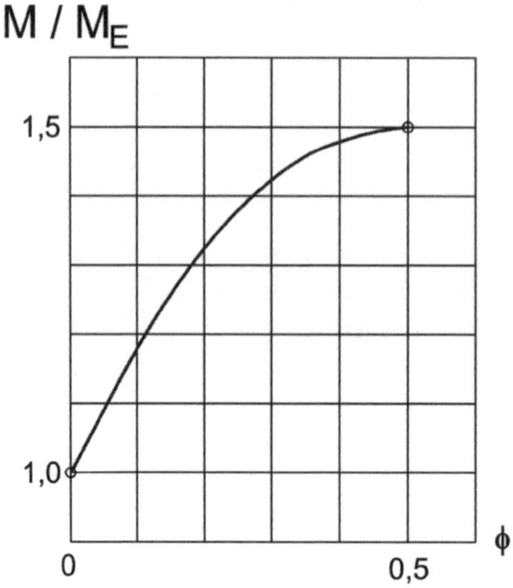

Figura 5.12 – Variação de (M/M_E) em relação a "ϕ" para uma viga de secção transversal retangular (adaptado a partir de Rosa, 2002).

Por fim, suponha a condição de uma plastificação completa (generalizada) ao longo da secção transversal em análise, possibilitando a definição de um momento plástico correspondente (M_p). A Figura 5.13 ilustra essa condição.

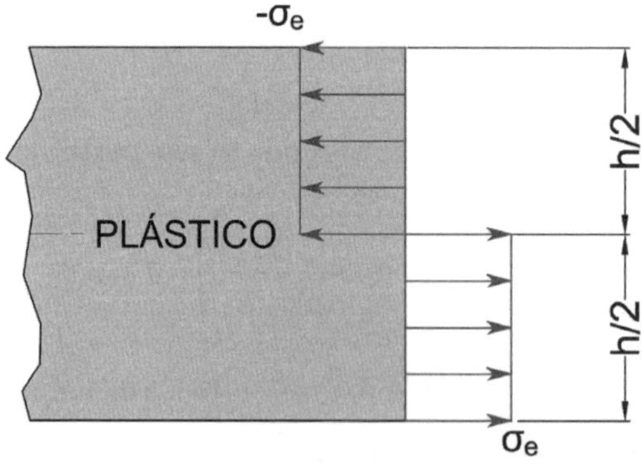

Figura 5.13 – Distribuição de tensões de flexão numa viga de secção retangular, numa condição de plastificação generalizada.

Retomando-se a Equação (5.32) na condição de "ϕ" = 0,5, obtém-se:

$$0,5^2 - 0,5 + 0,5\left(\frac{M}{M_E} - 1\right) = 0$$

$$0,5 - 1 + \left(\frac{M}{M_E} - 1\right) = 0$$

$$\left(\frac{M}{M_E} - 1\right) = 0,5 \Rightarrow M_P = 1,5M_E \tag{5.33}$$

Ou seja, para uma secção transversal retangular submetida à flexão, torna-se possível aplicar um momento que seja 50% superior ao requerido para o início do escoamento dela. Nessas circunstâncias, é necessário que o material possua ductibilidade suficiente para permitir a plastificação de toda a secção, dado que, do contrário, tornar-se-ia possível que a ruptura viesse a ocorrer com uma carga inferior à carga de plastificação generalizada. Esse mesmo valor pode ainda ser confirmado e verificado na Figura (5.12).

5.10.2 FATOR DE FORMA

É de esperar que o valor constante de 1,5 obtido na relação entre o momento plástico e o momento elástico de uma secção retangular seja divergente para outros tipos de secções transversais consideradas. Essa constante, designada como fator de forma, apresenta valores diferenciados para os mais diversos tipos de secções transversais disponíveis, podendo ser facilmente encontrada nas bibliografias de referência. O fator de forma é válido apenas para secções transversais constantes, desde que não existam problemas de concentração de tensões ($K_t = 1$) localizadas.

A Tabela 5.1 traduz o valor do fator de forma para algumas secções transversais típicas.

Tabela 5.1 – Fatores de forma típicos

Secção transversal	Fator de forma
Retangular	1,5
Circular	1,7
Losangular	2,0
Viga tipo I	1,06 a 1,18

Observe que os fatores de forma são relativamente menores para secções transversais que apresentam uma menor concentração de área nas proximidades da linha neutra, como é o caso das vigas I em geral. Ao contrário, secções mais robustas nas proximidades da linha neutra (losangular, por exemplo) apresentam fatores de forma numericamente maiores.

5.10.3. TORÇÃO PLÁSTICA

Analogamente à proposta discutida para a condição de flexão plástica, torna-se possível se efetivar uma avaliação para o caso de secções transversais circulares maciças submetidas a carregamentos de torção.

A Figura 5.14 mostra, inicialmente, a distribuição de tensões tangenciais sobre uma secção circular maciça na condição de regime elástico.

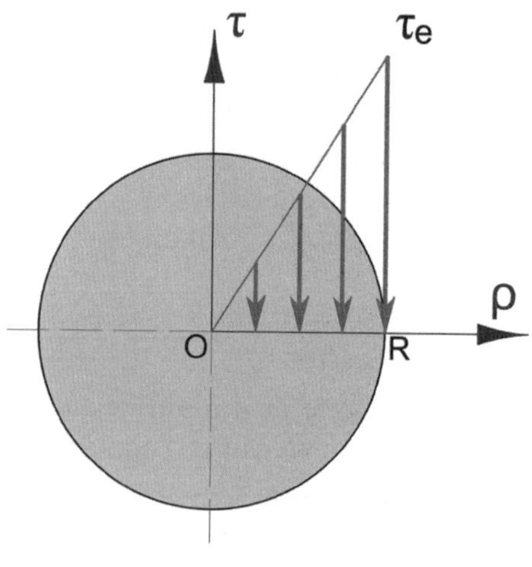

Figura 5.14 – Distribuição de tensões tangenciais numa secção circular maciça na condição de regime elástico.

Para essa condição, o torque elástico correspondente será de (na condição de $\tau = \tau_e$, $y = d/2$ e $J_p = \pi d^4/32$):

$$\tau = \frac{T.y}{J_p} \leq \tau_e$$

$$\tau_e = \frac{T_E\left(\dfrac{d}{2}\right)}{\left(\dfrac{\pi d^4}{32}\right)} \Rightarrow T_E = \frac{\pi d^3 \tau_e}{16} = \frac{\pi R^3 \tau_e}{2} \tag{5.34}$$

Ao ultrapassar-se o valor do torque elástico, obtém-se o regime elasto-plástico, conforme esquematizado pela Figura 5.15.

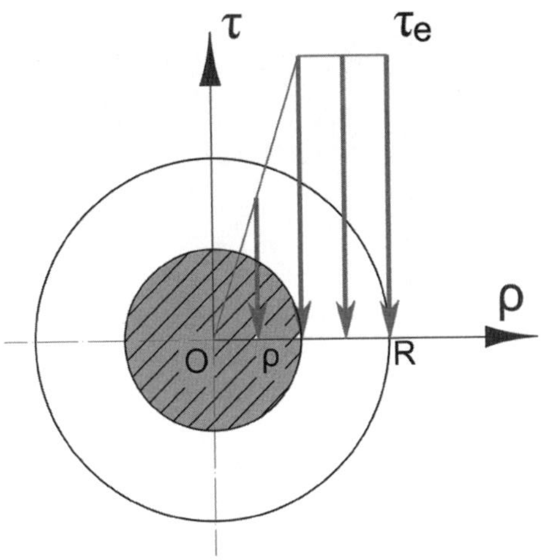

Figura 5.15 – Distribuição de tensões tangenciais numa secção circular maciça na condição de regime elasto-plástico.

Repetindo-se a questão conceitual proposta para o caso da flexão, supõe-se, agora, que o torque externo seja decomposto em duas parcelas: uma referente à coroa externa que escoou (T_1) e outra referente ao núcleo da secção que ainda permanece elástico (T_2). Para a coroa externa, a formulação matemática pode ser considerada a partir de um anel circular de espessura "dr", localizado numa distância "r" a partir do centro do eixo de referência, de tal forma que:

$$T = \int_{\rho}^{R} \tau \left(2\pi\, r dr\right) r$$

$$T_1 = \frac{2\pi\tau}{3}\left(R^3 - \rho^3\right), \tag{5.35}$$

resultando em:

$$T = T_1 + T_2$$

$$T = \frac{2\pi\tau}{3}\left(R^3 - \rho^3\right) + \frac{\pi\tau\rho^3}{2}$$

$$T = \frac{\pi\tau}{6}\left(4R^3 - \rho^3\right) \tag{5.36}$$

Note que a parcela elástica (T_2) foi ajustada em termos do raio "ρ", o qual corresponde ao raio do núcleo que permanece na condição elástica.

Por fim, suponha a condição de uma plastificação completa (generalizada) ao longo da secção transversal em análise, possibilitando a definição de um torque plástico correspondente (T_P). A Figura 5.16 ilustra essa condição.

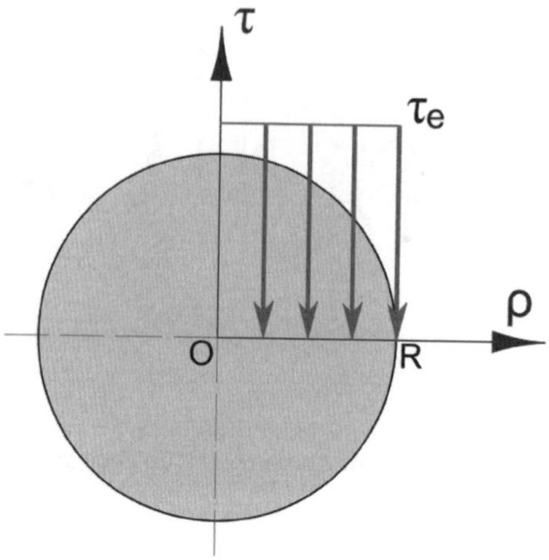

Figura 5.16 – Distribuição de tensões tangenciais numa secção circular maciça na condição de plastificação generalizada da secção.

Retomando a Equação (5.36) na condição de "ρ" = 0, obtém-se:

$$T_P = \frac{\pi\tau}{6}\left(4R^3 - 0^3\right) = \frac{2\pi\tau\, R^3}{3} \tag{5.37}$$

O fator de forma para condição de torques aplicados sobre uma secção circular maciça resulta em:

$$K = \frac{T_P}{T_E} = \frac{\dfrac{2\pi\tau R^3}{3}}{\dfrac{\pi\tau R^3}{2}} = \frac{4}{3} \tag{5.38}$$

Ou seja, para uma secção transversal circular maciça submetida à torção, torna-se possível aplicar um torque que seja cerca de 1,67 vez maior que o torque requerido para o início do escoamento dela.

5.10.4. TORQUE EM FUNÇÃO DO ÂNGULO DE TORÇÃO

A expressão (5.36), correspondente a um torque na condição elasto-plástica, pode ser reescrita na forma:

$$T = \frac{4T_E}{3}\left(1 - \frac{1}{4}\frac{\rho^3}{R^3}\right), \tag{5.39}$$

visto que:

- para $\rho = 0$ (plastificação total) $\rightarrow T_P = 4T_E/3$
- para $\rho = R$ (regime elástico) $\rightarrow T = T_E$

Como existe uma relação linear e direta entre o raio da secção transversal e o ângulo de torção ocasionado pela aplicação do torque atuante, é possível ainda escrever:

$$T = \frac{4T_E}{3}\left(1 - \frac{1}{4}\frac{\phi_E^{\,3}}{\phi^3}\right), \tag{5.40}$$

sendo que "ϕ" corresponde ao ângulo de torção decorrente do torque "T", e "ϕ_E" corresponde ao ângulo de torção elástico, ou seja, decorrente da parcela de torque elástico.

5.11. PROBLEMAS RESOLVIDOS

1 - Expanda a seguinte expressão: $t_i = \sigma_{ij} n_j$

Solução: índice repetido indica condição de soma implícita. Fazendo-se os índices i e j variarem de 1 a 3, obtém-se:

$$t_1 = \sigma_{11}n_1 + \sigma_{12}n_2 + \sigma_{13}n_3$$

$$t_2 = \sigma_{21}n_1 + \sigma_{22}n_2 + \sigma_{23}n_3$$

$$t_3 = \sigma_{31}n_1 + \sigma_{32}n_2 + \sigma_{33}n_3$$

2 - Componentes de um tensor tensão que atua num ponto P de uma estrutura genérica qualquer são dadas por:

$$[\sigma] = \begin{vmatrix} 35 & -25 & 0 \\ -25 & -15 & 0 \\ 0 & 0 & 0 \end{vmatrix} (MPa)$$

Encontre o vetor tensão atuante num plano cuja normal é dada por:

$$\vec{n} = \frac{1}{\sqrt{3}}\left(\vec{i} + \vec{j} + \vec{k}\right)$$

Defina, também, as componentes normais e tangenciais desse vetor tensão.

Solução:

$$\begin{Bmatrix} t_x \\ t_y \\ t_z \end{Bmatrix} = \begin{vmatrix} 35 & -25 & 0 \\ -25 & -15 & 0 \\ 0 & 0 & 0 \end{vmatrix} \begin{Bmatrix} \frac{1}{\sqrt{3}} \\ \frac{1}{\sqrt{3}} \\ \frac{1}{\sqrt{3}} \end{Bmatrix} = \begin{Bmatrix} \frac{10}{\sqrt{3}} \\ -\frac{40}{\sqrt{3}} \\ 0 \end{Bmatrix}$$

Logo, o vetor tensão será:

$$t_n = \frac{10}{\sqrt{3}}\vec{i} - \frac{40}{\sqrt{3}}\vec{j}\,(MPa),$$

com componentes normais e tangenciais correspondentes a:

$$\sigma_n = (t_n)_i n_i = \frac{10}{\sqrt{3}}\left(\frac{1}{\sqrt{3}}\right) - \frac{40}{\sqrt{3}}\left(\frac{1}{\sqrt{3}}\right) = -10\,MPa$$

$$\tau = \sqrt{(t_n)^2 - (\sigma_n)^2} = \sqrt{\left(\frac{10}{\sqrt{3}}\right)^2 + \left(-\frac{40}{\sqrt{3}}\right)^2 - (-10)^2} = 21{,}6\,MPa$$

3 – Componentes de um tensor tensão num ponto P, com respeito ao sistema coordenada (x, y, z) são dados por:

$$[\sigma] = \begin{vmatrix} 18 & 24 & 0 \\ 24 & 32 & 0 \\ 0 & 0 & -20 \end{vmatrix} (MPa)$$

a) encontre as tensões principais;

b) encontre a máxima tensão tangencial correspondente;

c) encontre as tensões octaédricas (normal e tangencial);

d) encontre as parcelas hidrostática e desviatória do tensor de tensões.

Solução:

a)

$$\det\begin{vmatrix} 18-\sigma & 24 & 0 \\ 24 & 32-\sigma & 0 \\ 0 & 0 & -20-\sigma \end{vmatrix} = 0,$$

resultando na Equação característica:

$$\sigma^3 - 30\sigma^2 - 1000\sigma = 0,$$

cujas raízes (tensões principais) resultam em:

$$\sigma_1 = 50\,MPa \quad \sigma_2 = 0\,MPa \quad \sigma_3 = -20\,MPa;$$

b) a tensão tangencial máxima é equivalente ao raio do maior círculo de Mohr. Assim:

$$\tau_{max} = \frac{\left|50-(-20)\right|}{2} = 35\,MPa$$

c)

$$\sigma_{oct} = \frac{\sigma_1+\sigma_2+\sigma_3}{3} = \frac{50+0-20}{3} = 10\,MPa$$

$$\tau_{oct} = \frac{1}{3}\sqrt{(\sigma_1-\sigma_2)^2+(\sigma_2-\sigma_3)^2+(\sigma_3-\sigma_1)^2}$$

$$\tau_{oct} = \frac{1}{3}\sqrt{(50)^2+(20)^2+(-20-50)^2} = 29,44\,MPa$$

d)

$$\begin{vmatrix} \sigma_x & \tau_{xy} & \tau_{xz} \\ \tau_{yx} & \sigma_y & \tau_{yz} \\ \tau_{zx} & \tau_{zy} & \sigma_z \end{vmatrix} = \begin{vmatrix} \sigma_h & 0 & 0 \\ 0 & \sigma_h & 0 \\ 0 & 0 & \sigma_h \end{vmatrix} + \begin{vmatrix} \sigma_x - \sigma_h & \tau_{xy} & \tau_{xz} \\ \tau_{yx} & \sigma_y - \sigma_h & \tau_{yz} \\ \tau_{zx} & \tau_{zy} & \sigma_z - \sigma_h \end{vmatrix}$$

$$\sigma_h = \frac{\sigma_1 + \sigma_2 + \sigma_3}{3} = \frac{50 + 0 - 20}{3} = 10\, MPa$$

$$\begin{vmatrix} 18 & 24 & 0 \\ 24 & 32 & 0 \\ 0 & 0 & -20 \end{vmatrix} = \begin{vmatrix} 10 & 0 & 0 \\ 0 & 10 & 0 \\ 0 & 0 & 10 \end{vmatrix} + \begin{vmatrix} 8 & 24 & 0 \\ 24 & 22 & 0 \\ 0 & 0 & -30 \end{vmatrix} (MPa)$$

4 – Um eixo tubular de diâmetro externo 120 mm e diâmetro interno 100 mm é feito de um material elasto-plástico com tensão de escoamento de 100 MPa e módulo de rigidez de 200 GPa. Determine o torque elástico, o torque plástico e o fator de forma correspondentes.

Solução:

As equações deduzidas para a condição de torque elástico e plástico ao longo do texto não podem ser diretamente aplicadas à solução do presente problema, dado que ele contempla uma secção tubular. Assim:

- momento polar de inércia:

$$J_p = \frac{\pi\left(120^4 - 100^4\right)}{32} = 1{,}054.10^7\, mm^4$$

- torque elástico:

$$\tau = \frac{T.y}{J_p} \leq \tau_e \Rightarrow 100.10^6 = \frac{T_E\left(0{,}06\right)}{1{,}054.10^7.10^{-12}}$$

$$T_E = 17{,}57\, kN.m$$

- torque plástico:

$$T = \int_{r_i}^{r_o} \tau\left(2\pi r dr\right) r$$

$$T_P = \frac{2\pi\tau}{3}\left(r_o^3 - r_i^3\right)$$

$$T_P = \frac{2\pi\left(100.10^6\right)}{3}\left(0,06^3 - 0,05^3\right)$$

$$T_P = 19,06\,kN.m$$

- fator de forma:

$$K = \frac{T_P}{T_E} = \frac{19,06}{17,57} = 1,085$$

5 – A viga esquematizada apresenta um momento de inércia de 82,44.10^6 mm^4. Para um material elasto-plástico perfeito, com tensão de escoamento de 250 MPa, determine o fator de forma da secção.

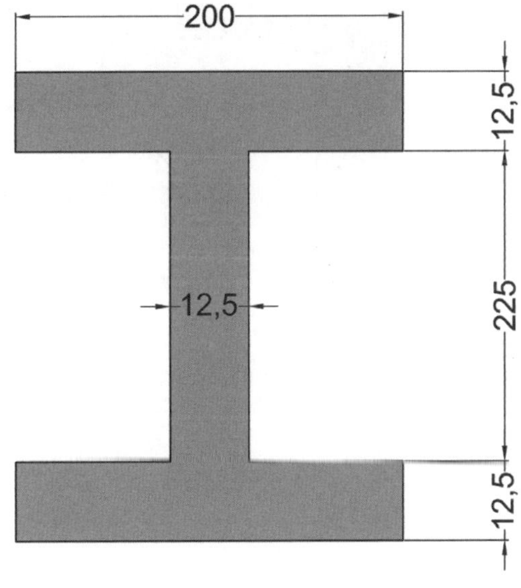

Figura 5.17 – Problema resolvido 5.

Solução:

A secção transversal do problema é diferenciada de uma secção transversal retangular, motivo pelo qual se faz necessário deduzir as expressões correspondentes aos momentos elástico e plástico.

- momento elástico:

$$\sigma = \frac{M.y}{I} \leq \sigma_e \Rightarrow 250.10^6 = \frac{M_E(0,125)}{82,44(10^{-6})}$$

$$M_E = 164,88\ kN.m$$

- momento plástico: utilizando-se o equilíbrio entre forças aplicadas no centroide das figuras parciais (figuras abaixo e acima da linha neutra) em termos das componentes de tração e compressão, pode-se considerar:

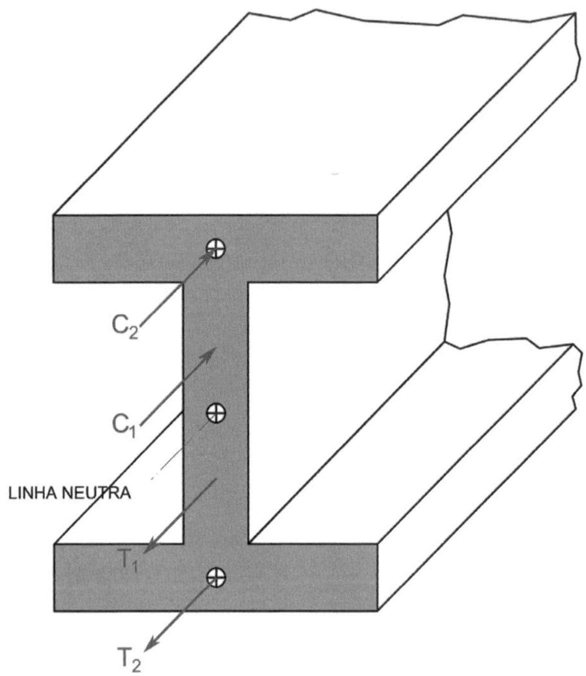

Figura 5.18 – Problema resolvido 5 – continuação.

$$C_1 = T_1 = \sigma_e A$$

$$C_1 = T_1 = 250(12,5)(112,5) = 351,56\,kN$$

$$C_2 = T_2 = \sigma_e A$$

$$C_2 = T_2 = 250(200)(12,5) = 625\,kN$$

Para os momentos gerados por essas forças em relação à linha neutra da secção:

$$M = F.dist$$

$$M_P = 2(351,56)\frac{112,5}{2} + 2(625)\left(112,5 + \frac{12,5}{2}\right) = 187,98\,kN.m$$

- fator de forma:

$$K = \frac{M_P}{M_E} = \frac{187,98}{164,88} = 1,14$$

5.12. PROBLEMAS PROPOSTOS

1 – Considere as seguintes matrizes:

$$[a_i] = \begin{bmatrix} 1 \\ 2 \\ 0 \end{bmatrix} \qquad [S_{ij}] = \begin{bmatrix} 0 & 1 & 2 \\ 1 & 2 & 3 \\ 4 & 0 & 1 \end{bmatrix}$$

a) qual o valor resultante para: $T_{ij} = e_{ijk}a_k$?

b) qual o valor resultante para: $C_i = e_{ijk}S_{jk}$?

Resposta:

$$[T_{ij}] = \begin{bmatrix} 0 & 0 & -2 \\ 0 & 0 & 1 \\ 2 & -1 & 0 \end{bmatrix} \qquad [C_i] = \begin{bmatrix} 3 \\ 2 \\ 0 \end{bmatrix}$$

2 – Decomponha o tensor A nas suas componentes esférica e desviatória.

$$A = \begin{bmatrix} 1 & 1 & 1 \\ 1 & 1 & 1 \\ 1 & 1 & 1 \end{bmatrix}$$

Resposta:

$$A_h = \begin{bmatrix} 1 & 0 & 0 \\ 0 & 1 & 0 \\ 0 & 0 & 1 \end{bmatrix} \qquad A_{desv} = \begin{bmatrix} 0 & 1 & 1 \\ 1 & 0 & 1 \\ 1 & 1 & 0 \end{bmatrix}$$

3 – Um ponto pertencente a um sólido elástico é submetido ao seguinte tensor de tensões:

$$\sigma = \begin{bmatrix} 2 & 1 & 0 \\ 1 & -1 & 2 \\ 0 & 2 & 3 \end{bmatrix} (MPa)$$

Calcular para esse mesmo ponto, o vetor tensão correspondente a um plano cuja normal exterior seja definida por um vetor que forma ângulos de 45° com os eixos positivos "x" e "y", respectivamente.

Resposta:

$$\vec{u} = 0,707\vec{i} + 0,707\,\vec{j}$$

$$\vec{\sigma} = 2,121\,\vec{i} + 1,414\,\vec{k} \quad (MPa)$$

4 – Uma placa de secção transversal retangular, com dimensões 50 cm x 25 cm e espessura constante, é submetida a um carregamento cujas tensões principais resultantes equivalem, ao longo de toda a placa, a 7 kgf/mm^2, 3 kgf/mm^2 e 0 kgf/mm^2, respectivamente. Supondo ainda que as direções principais correspondem às arestas perpendiculares da placa, determine: a) a variação de secção transversal ocorrida; e b) a deformação específica ao longo da espessura da placa.

Dados: módulo de elasticidade longitudinal = 2.10^6 kgf/mm^2 e coeficiente de Poisson de 0,3.

Resposta:

$$\Delta A = 43,75\ mm^2 \qquad e_{esp} = -1,5.10^{-4}$$

5 – Um eixo de secção circular é fabricado de material elasto-plástico ideal, com tensão de escoamento ao cisalhamento de 180 MPa e módulo de rigidez G = 70 GPa. Para um diâmetro de 60 mm e comprimento 0,5 m, ele é solicitado por um torque até atingir uma deformação por cisalhamento máxima (distorção angular) de 9.000μ. Quanto vale o correspondente ângulo de torção? Qual o torque efetivamente aplicado sobre a secção transveral?

Resposta:

$\phi_E = 0{,}043$ rad, $T_E = 7634{,}1$ Nm

$\phi = 0{,}15$ rad, $T_P = 10118{,}9$ Nm

6 – Uma secção tubular, submetida a um torque nas suas extremidades, apresenta raio externo de 40 mm, raio interno de 30 mm, comprimento de 2 m, tensão de cisalhamento ao escoamento de 160 MPa e G = 80GPa. Determine os torques elástico e plástico correspondentes.

Resposta:

$T_E = 10995{,}6$ Nm

$T_P = 12408{,}8$ Nm

7 – Uma viga com secção retangular e dimensões: b = 60 mm e h = 80 mm é confeccionada em material elasto-plástico ideal, com tensão normal de escoamento de 250 MPa. Determine:

a) o momento fletor elástico;

b) o momento fletor que causa uma zona plástica de 15 mm de espessura nas regiões superior e inferior da secção transversal.

Resposta:

a) 16000 Nm.

b) 20875 Nm.

8 – Determine o fator de forma da seguinte secção transversal:

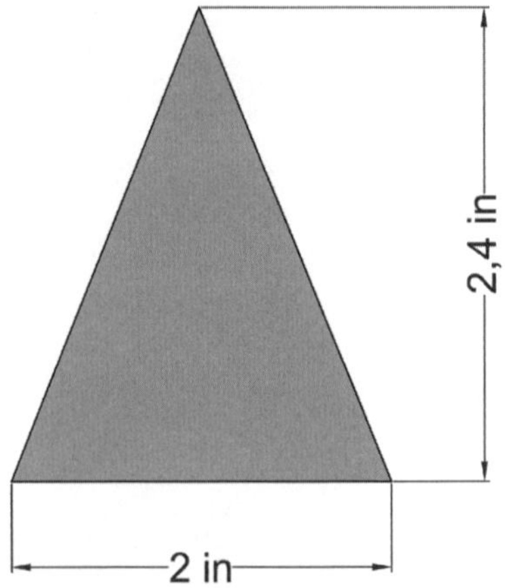

Figura 5.19 – Problema proposto 8.

Resposta:

$M_E = 0{,}48 \times \sigma_e$

$M_P = 1{,}123 \times \sigma_e$

k = 2,34.

9 – Um eixo maciço de diâmetro 30 mm e comprimento 1,2 m é engastado através de uma das suas extremidades. Na extremidade livre, é aplicado um torque de 1.000 Nm. Assumindo-se a condição de um material elasto-plástico com tensão de escoamento em cisalhamento de 145 MPa e módulo de rigidez de 77,2 GPa, determine a máxima tensão de cisalhamento atuante e o raio do núcleo elástico correspondente.

Resposta:

$T_E = 768{,}71$ Nm

$\tau_{max} = 145$ MPa

$\rho = 6{,}9$ mm

10 – Para a viga cuja secção transversal é indicada em figura, determine: a) o momento plástico; e b) o fator de forma correspondente. Suponha uma tensão de escoamento de 240 MPa.

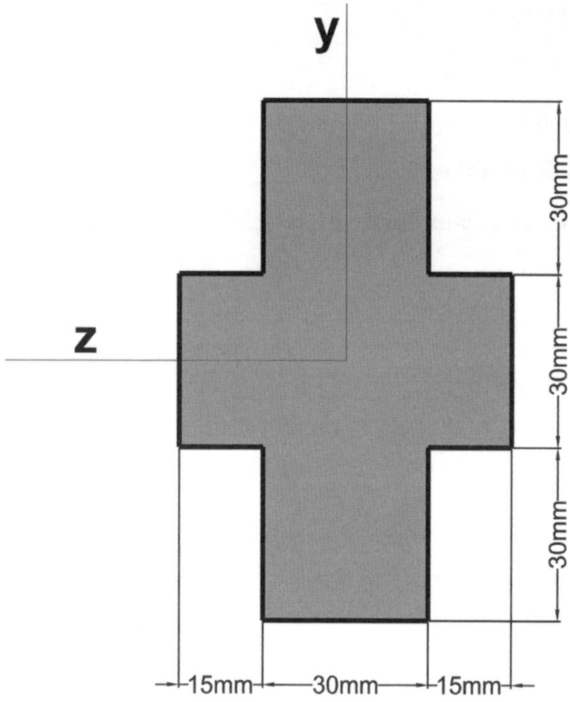

Figura 5.20 – Problema proposto 10.

Resposta:

a) 16,2 kN.m.

b) 1,607.

11 – O seguinte estado de tensão é dado (em kPa):

$$\sigma_{ij} = \begin{bmatrix} 90 & -30 & 0 \\ -30 & 120 & -30 \\ 0 & -30 & 90 \end{bmatrix}$$

Determine:

a) as tensões principais;

b) a máxima tensão de cisalhamento.

Resposta:

a) 150, 90 e 60 kPa.

b) 45 kPa.

NOMENCLATURA

δ_{ij}	Delta de Kronecker
ε_{ij}	Tensor deformação
ε_{ijk}	Símbolo de permutação
$\varepsilon_{x,y,z}$	Deformações longitudinais em relação aos eixos x, y e z
$\varepsilon_{xy,yz,zx}$	Deformações transversais em relação aos planos xy, yz e zx
$\gamma_{xy,yz,zx}$	Distorções angulares em relação aos planos xy, yz e zx
ϕ	ângulo de torção (rad)
ϕ_e	ângulo de torção no regime elástico (rad)
λ	Constante de Lamé
ρ	Raio da região elástica
σ	Tensão normal
$\sigma_{1,2,3}$	Tensões principais
σ_e	Limite de escoamento do material
σ_h	Tensão hidrostática
σ_{oct}	Tensão octaédrica normal
$\sigma_{x,y,z}$	Tensões normais em relação aos eixos x, y e z
τ	Tensão tangencial ou cisalhante
τ_e	Tensão de escoamento em cisalhamento
τ_{max}	Tensão tangencial máxima
τ_{oct}	Tensão octaédrica tangencial
$\tau_{xy,yz,zx}$	Tensões transversais em relação aos planos xy, yz e zx
υ	Coeficiente de Poisson
b	Base de uma secção transversal retangular
c	Distância plastificada na secção transversal retangular
d	Diâmetro de uma secção transversal circular
E	Módulo de elasticidade longitudinal
$f_{x,y,z}$	Componentes da força de corpo
G	Módulo de elasticidade transversal ou de rigidez
h	Altura de uma secção transversal retangular
I	Matriz identidade

$I_{x,y}$	Momentos de inércia retangulares de uma secção transversal
J_P	Momento polar de inércia de uma secção transversal
k	Fator de forma
M_E	Momento fletor elástico
M_P	Momento fletor plástico
$\vec{n}$	Vetor normal
$n_{x,y,z}$	Componentes do vetor normal unitário
R	Raio de uma secção transversal circular
$\vec{t}$	Vetor tensão
$t_{x,y,z}$	Componentes do vetor tensão
T_E	Torque elástico
T_{ij}	Tensor tensão
T_P	Torque plástico
y	Distância medida a partir da linha neutra ou a partir do centroide de uma secção transversal

REFERÊNCIAS

BEER, Ferdinand Pierre.; JOHNSTON, Russel.; MAZUREK, David. **Mechanics of Materials.** 7ª ed., McGrawHill, 2010.

HIBBELER, Russel Charles. **Resistência dos Materiais.** 7ª ed., Pearson, 2010.

ROSA, Edson da. **Análise de Resistência Mecânica**. Departamento de Engenharia Mecânica, Grupo de Análise e Projeto Mecânica. UFSC, Santa Catarina, 2002.

UGURAL, Ansel. **Mecânica dos Materiais.** Rio de Janeiro: LTC, 2009.

CAPÍTULO 6

Falha por fadiga e resistência à fadiga dos materiais

6.1. INTRODUÇÃO

Diferentemente da condição dos projetos para carregamentos estáticos, na qual as solicitações atuantes sobre o componente em análise não variam (ou variam muito pouco) em relação ao tempo, tem-se a condição dos chamados *carregamentos dinâmicos*, ou seja, carregamentos que variam de forma significativa com o passar do tempo. A variação do carregamento em função do tempo, em forma de tensões, pode ocorrer das mais diversas formas, conforme representações esquemáticas ilustradas nos diagramas da Figura 6.1.

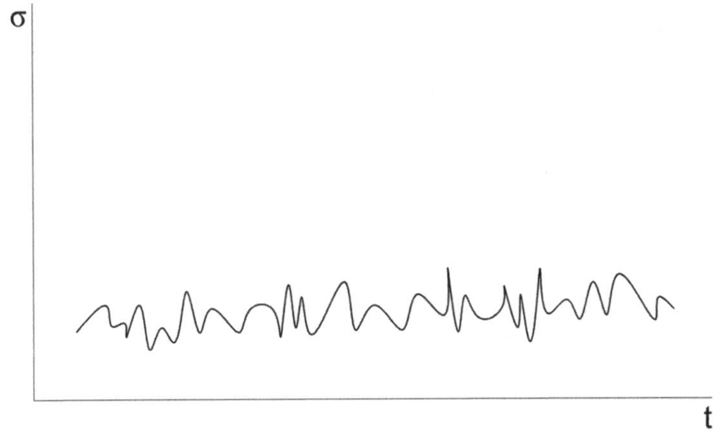

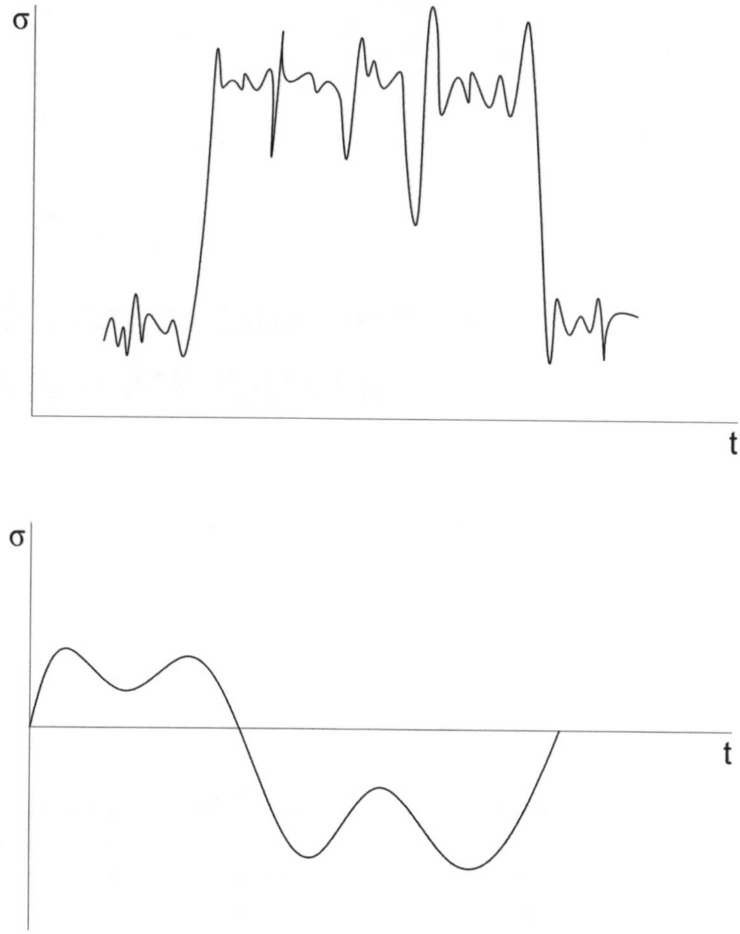

Figura 6.1 – Exemplos da oscilação de tensões em relação ao tempo (cargas dinâmicas).

Observe, a partir dos diagramas da figura anterior, que, apesar de as amplitudes de carga serem diferenciadas quando avaliadas ao longo do tempo, sempre se torna possível identificar e quantificar a presença de componentes de tensão máximas e mínimas. Tal análise é importante porque, nas condições de dimensionamento, a forma da oscilação da tensão (ou da carga) em relação ao tempo se torna pouco representativa para os cálculos finais, desde que se tenha a adequada identificação dos valores dessas tensões (σ_{max} e σ_{min}) correspondentes.

Nessas circunstâncias, e como os ensaios de fadiga correspondentes são, prioritariamente, realizados a partir de carregamentos em flexão rotativa, torna-se comum considerar uma representação senoidal para a identificação da variação da tensão com o tempo, conforme exemplo ilustrativo da Figura 6.2.

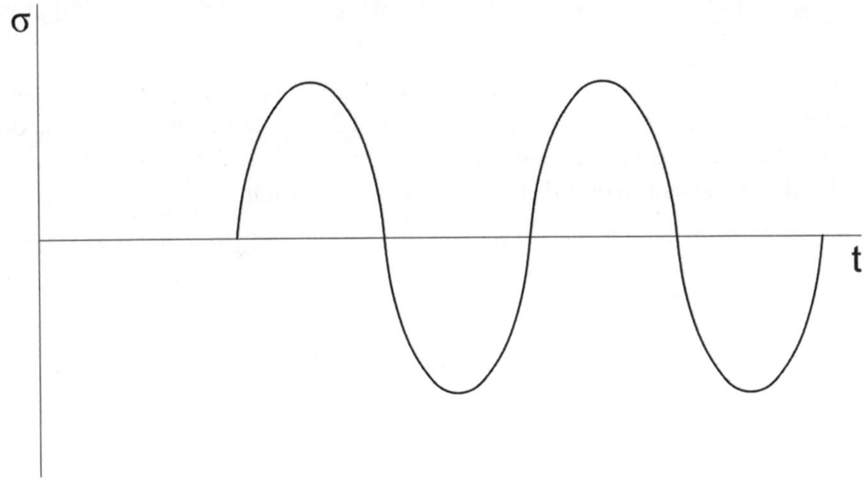

Figura 6.2 – Exemplo da representação senoidal de tensões em relação ao tempo (cargas dinâmicas).

O projeto para cargas dinâmicas contempla condições totalmente diferenciadas dos critérios discutidos para a condição de cargas estáticas, dado que as eventuais falhas acabam ocorrendo de forma repentina, sem indicação de qualquer indício de deformação e, normalmente, com tensões de ruptura inferiores ao próprio limite de escoamento do material.

Quando essa falha é decorrente do resultado de um número suficiente de solicitações dinâmicas, pode-se esperar que ela tenha tido início a partir do aparecimento de uma pequena fissura (geralmente na superfície da peça), em geral imperceptível (microtrinca), a qual, com o prosseguimento das solicitações, estende-se pelo componente, até que a área resistente seja demasiado pequena para a solicitação envolvida. Situações dessa natureza caracterizam o chamado *fenômeno da fadiga*, o qual pode ainda ser definido como a redução gradual da capacidade de carga do componente, ocasionada pela ruptura decorrente do avanço quase infinitesimal das fissuras ou trincas que se formam na estrutura do material.

Trata-se de um fenômeno responsável por mais de 70% das falhas ocorridas em sistemas mecânicos.

6.2. TIPOS DE FADIGA

O fenômeno da fadiga pode ser discutido e avaliado de forma diferenciada em função das características do carregamento e das condições operacionais envolvidas. Nesse sentido, torna-se possível considerar as seguintes classificações:

- fadiga mecânica – tipo de fadiga convencional no qual ocorrem flutuações no carregamento atuante com o passar do tempo;
- fadiga termomecânica – tipo de fadiga no qual ocorre a combinação de cargas cíclicas ou flutuantes com temperaturas também flutuantes com o passar do tempo;

- fadiga por *creep* (*creep-fatiga*) – tipo de fadiga que envolve e contempla variações de carga na condição de altas temperaturas;
- corrosão sob fadiga – tipo de fadiga que ocorre em ambientes quimicamente agressivos. O processo é complexo, mas fundamentalmente potencializado pelos danos resultantes da corrosão, apresentando inclusive ocorrências em amplitudes de tensão mais baixas do que o convencional;
- fadiga de contato cíclico (*fretting-fatiga*) – tipo de fadiga no qual ocorrem ações flutuantes de carga, associadas ao contato por atrito entre superfícies de materiais distintos.

Aqui, faz-se referência apenas à condição tradicional e convencional de fadiga, ou, mais especificamente, ao caso da fadiga mecânica. Para os demais casos, se necessário, sugere-se ao leitor uma consulta às bibliografias específicas sobre o assunto.

6.3. O MECANISMO DA FALHA POR FADIGA

Conforme descrito, o fenômeno da fadiga pode levar à aparição de pequenas trincas (microtrincas) no componente avaliado, geralmente a partir da sua superfície. Essas pequenas trincas podem ser preexistentes e decorrentes dos processos de fabricação ou usinagem realizados previamente sobre os componentes considerados. As solicitações cíclicas fazem com que as trincas de fadiga tenham, geralmente, início a partir de um entalhe (termo genérico utilizado para caracterizar qualquer contorno geométrico que possa potencializar o valor da tensão atuante) com uma correspondente propagação da trinca ou fissura ao longo do componente. Existem assim, três estágios distintos na falha por fadiga:

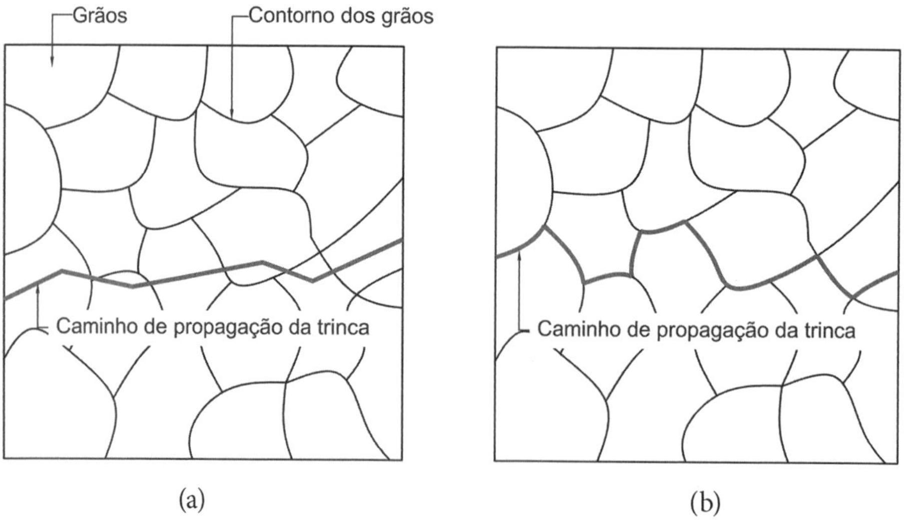

Figura 6.3 – Exemplo de propagação: a) transgranular; b) intergranular.

a) iniciação ou nucleação da trinca (fase I) – estágio de pequena duração (cerca de 10% da vida total do componente) que tem início na superfície do componente ou, por vezes, na parte interna dele. Nessa etapa, a trinca propaga-se na direção em que a tensão de cisalhamento é máxima, ou seja, num ângulo aproximado de 45º em relação à direção do carregamento. Ao atingir-se uma determinada dimensão, na ordem de alguns poucos diâmetros de grãos, a trinca muda de direção e passa a ser propagada de forma macroscópica e de maneira descontínua em uma direção perpendicular à tensão normal máxima.

b) propagação da trinca (fase II) – estágio que contempla a quase totalidade da vida do componente considerado. A propagação da trinca nessa fase, conforme descrito na fase I, ocorre ao longo das direções da tensão de tração, podendo ainda ocorrer por meio dos grãos cristalinos (transgranular), como também de forma intergranular (ver Figura 6.3).

c) instabilidade estrutural e falha catastrófica (fase III) – atingido um valor crítico do comprimento da trinca, dá-se a ruptura instável (de aparência frágil) e repentina do componente, numa condição de tensão normalmente inferior à própria tensão de escoamento do material.

A Figura 6.4 ilustra, de forma esquemática, a representação desses três estágios do processo de fadiga.

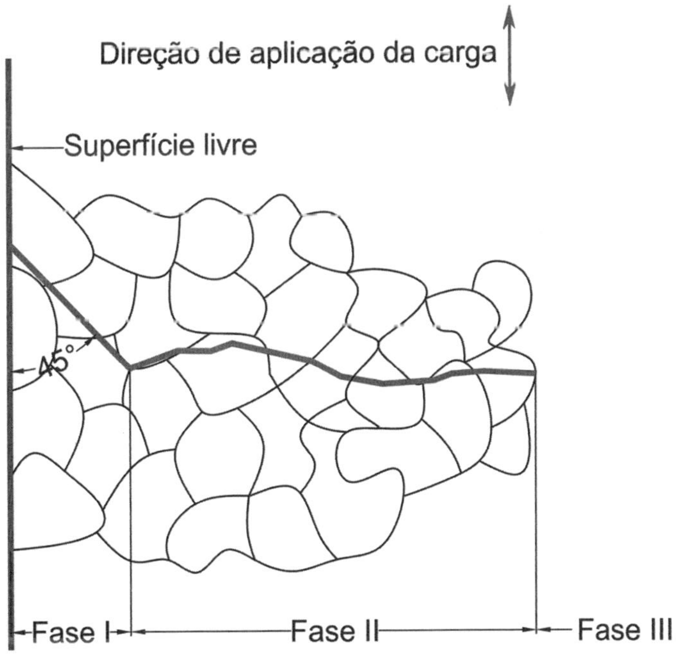

Figura 6.4 – Esquemático dos três estágios representativos da falha por fadiga.

6.4. CARGAS CÍCLICAS

As tensões flutuantes que se aplicam a uma estrutura ou a um determinado componente são diretamente responsáveis pelo problema da fadiga. A partir de um padrão de carga senoidal com amplitude constante, normalmente adotado como referência nos estudos de fadiga, é possível se extraírem alguns conceitos fundamentais para o projeto em fadiga, entre os quais se destacam:

- tensão média: $$\sigma_m = \frac{\sigma_{max} + \sigma_{min}}{2} \quad (6.1)$$

- tensão alternada: $$\sigma_a = \frac{\sigma_{max} - \sigma_{min}}{2} \quad (6.2)$$

- razão de carga: $$R = \frac{\sigma_{min}}{\sigma_{max}} \quad (6.3)$$

- razão de amplitude: $$A = \frac{\sigma_a}{\sigma_m} \quad (6.4)$$

- intervalo de tensão: $$\Delta\sigma = \sigma_{max} - \sigma_{min} \quad (6.5)$$

Esses parâmetros podem, ainda, ser mais bem observados a partir da Figura 6.5. Note que a onda senoidal, tomada por referência, pode estar alinhada em relação ao eixo horizontal principal (no qual a tensão média torna-se nula), como também deslocada em relação ao referido eixo.

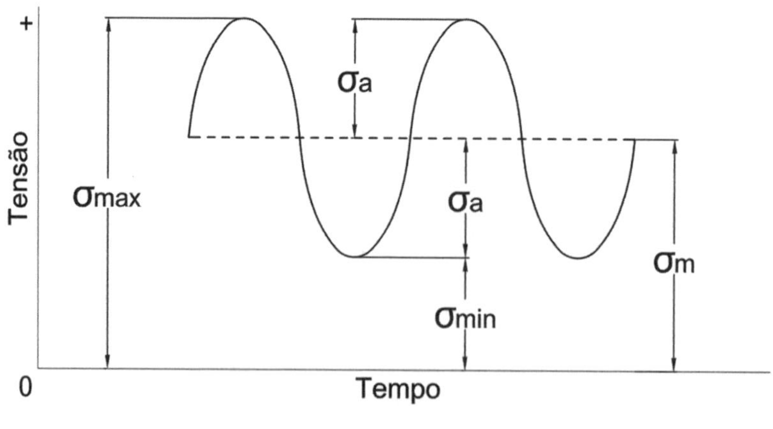

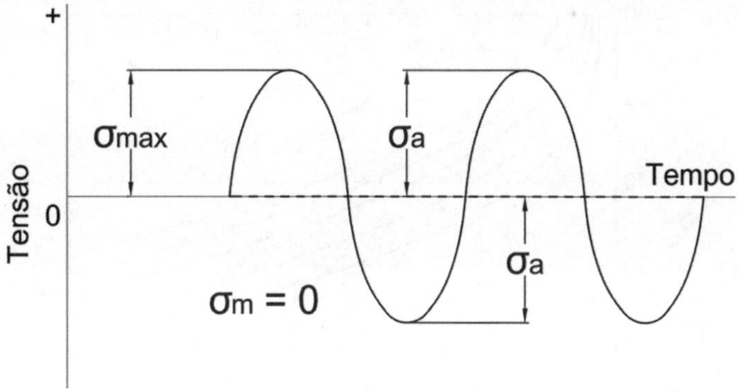

Figura 6.5 – Exemplos de cargas senoidais típicas com as correspondentes indicações das tensões existentes.

6.5. CURVA DE WÖHLER

Wöhler, apesar de não ser sido o primeiro a observar o fenômeno da fadiga, foi o primeiro a desenvolver uma metodologia de estudo para o referido fenômeno. Isso ocorreu entre os anos de 1852 e 1869, ocasião em que ele criou a denominada curva S-N (ou curva tensão x número de ciclos), construída a partir do ajuste de dados coletados em ensaios realizados para diversos corpos de prova em várias amplitudes de tensões cíclicas e tensão média nula, apresentados em escala logarítmica. A Figura 6.6 ilustra o resultado da referida proposta.

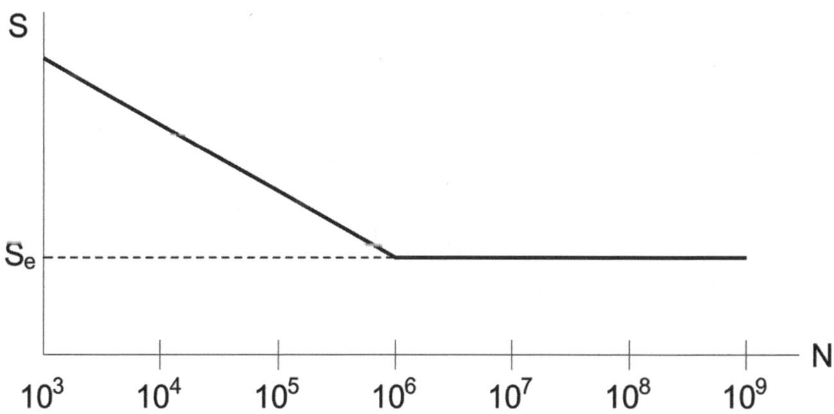

Figura 6.6 – Curva de Wöhler típica.

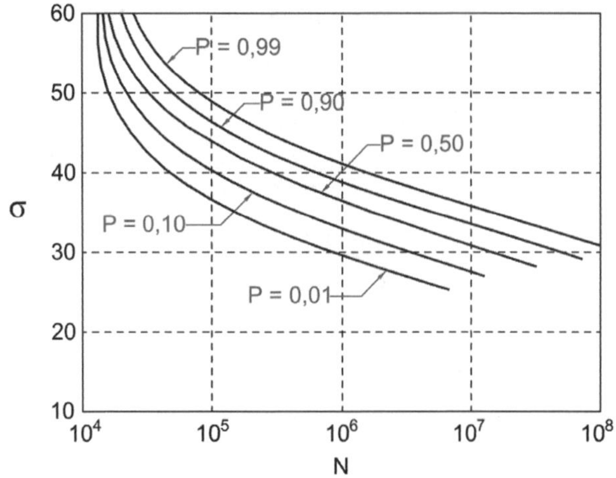

Figura 6.7 – Dispersão dos resultados (P = probabilidade) em relação à curva de Wöhler (adaptado a partir de Collins, 2006).

Como, ainda, os ensaios de fadiga contemplam uma elevada dispersão nos resultados obtidos, deve-se considerar, sempre que possível, uma análise estatística nos dados de falha disponibilizados, com o objetivo de identificar-se (para um mesmo material) uma probabilidade média de falhas, conforme ilustrado pela família de curvas S-N da Figura 6.7. Nesse sentido, as curvas S-N referenciadas na literatura dizem respeito, normalmente, à média ou à curva de probabilidade de falha de 50%, exceto quando indicado em contrário.

6.5.1. FADIGA DE BAIXO CICLO E FADIGA DE ALTO CICLO

A fadiga de baixo ciclo é considerada até o limite de 10^3 ciclos, enquanto a fadiga de alto ciclo é caracterizada acima desse mesmo limite. As deformações cíclicas induzidas em decorrência das solicitações cíclicas podem ser tanto predominantemente elásticas como predominantemente plásticas.

Quando as cargas cíclicas são relativamente baixas, os ciclos de deformação são restritos ao limite elástico, e a expectativa de vida torna-se elevada, caracterizando o regime de fadiga de alto ciclo. Contrariamente, quando as cargas cíclicas são altas, os ciclos de deformação passam a ser tipicamente plásticos, e a expectativa de vida torna-se pequena, caracterizando, agora, o regime de fadiga de baixo ciclo. Por esse motivo, a fadiga de baixo ciclo normalmente é avaliada pela metodologia deformação x número de ciclos (ε x N), conforme proposta apresentada no Capítulo subsequente desta obra.

6.5.2. FADIGA EM VIDA FINITA E FADIGA EM VIDA INFINITA

Para a divisão do fenômeno de fadiga em vida finita e vida infinita trabalha-se com a referência de 10^6 ciclos. A curva S-N permite identificar claramente essa situação, dado que a tensão de referência, designada nesse caso como limite de fadiga (Se), mantém-se com valor constante a partir desse número de ciclos, caracterizando assim a condição de vida infinita.

Para o trecho de vida finita, no qual existe uma relação linear (em escala logarítmica) entre a tensão e o número de ciclos, é comum modelar a relação entre essas variáveis a partir da equação de Basquin, na forma:

$$\sigma = CN^{m} \tag{6.6}$$

sendo que "m" e "C" são constantes características do material. O problema resolvido 6, da Seção 6.10, ilustra um exemplo típico da aplicação da equação de Basquin.

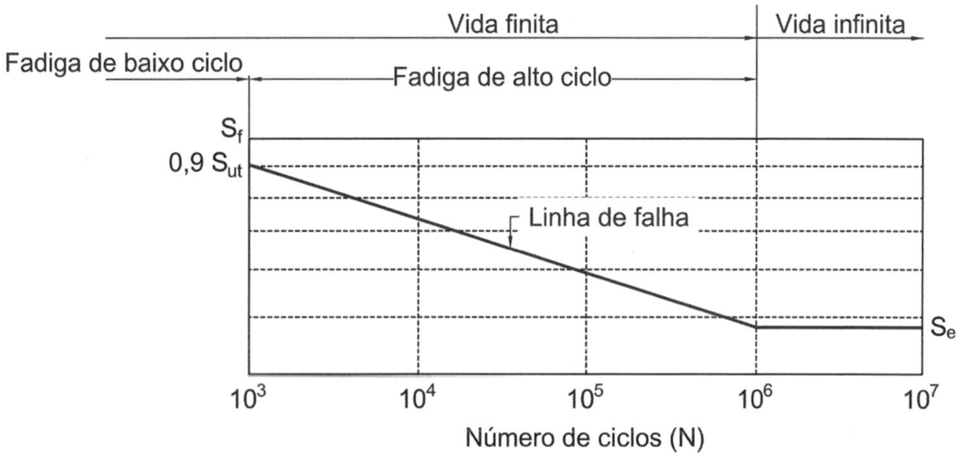

Figura 6.8 – Representação das divisões de fadiga (adaptado a partir de Shigley, 1984).

6.5.3. O ENSAIO DE FLEXÃO ROTATIVA

Diversos tipos de ensaios podem ser realizados visando a identificar parâmetros para os projetos, contemplando a condição de cargas dinâmicas ou, simplesmente, fadiga. Dentre essas opções, deve-se destacar o ensaio de flexão rotativa (proposto por Moore), por ser, talvez, o mais tradicional e convencional tipo de ensaio de fadiga. Nessas circunstâncias, trabalha-se com um corpo de prova padronizado, de secção transversal cilíndrica e com grande curvatura na sua parte central, objetivando eliminar problemas de concentração de tensões, o qual é disposto numa máquina de ensaio específica que permite solicitá-lo simultaneamente a cargas de flexão e torção. A carga de flexão produz esforços simultâneos de tração e compressão nas fibras externas do corpo de prova, fazendo com que, para cada volta completa, o esforço seja completamente invertido (flexão alternada).

O equipamento dispõe ainda de um "contador de giros", possibilitando, com isso, identificar uma relação direta entre o número de ciclos de solicitação e as tensões solicitantes alternadas correspondentes. A Figura 6.9 ilustra o corpo de prova padrão e um esquemático do equipamento utilizado no referido ensaio.

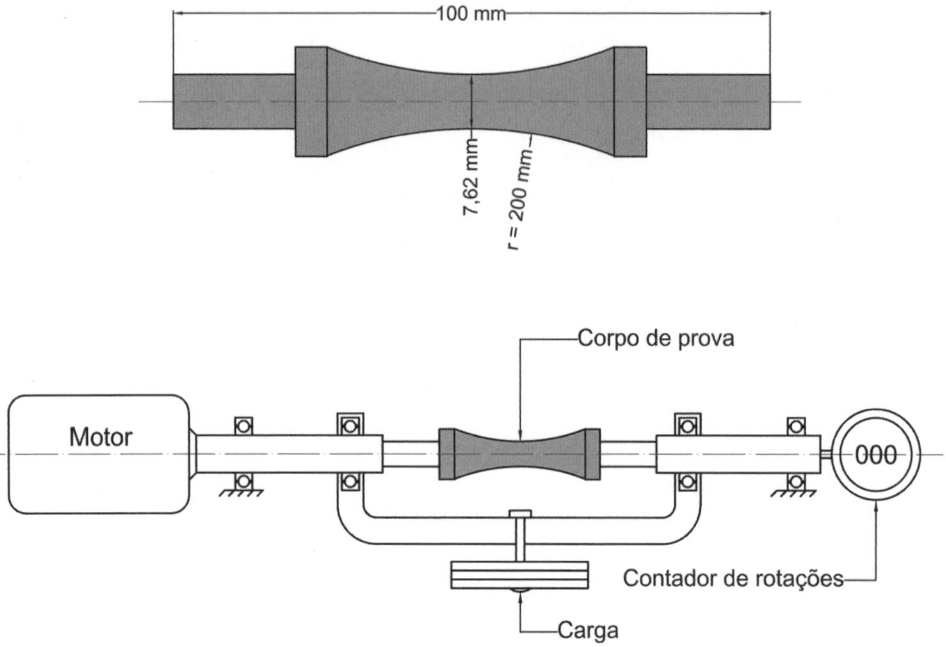

Figura 6.9 – Corpo de prova típico e esquemático do equipamento para o ensaio de flexão rotativa.

Como resultado desse ensaio, torna-se possível identificar não apenas a relação entre o número de ciclos e as tensões atuantes, mas também o chamado limite de fadiga (Se) do material, ou seja, a máxima tensão alternada que pode ser repetida num número indefinido de vezes (vida infinita) no corpo de prova padrão, sem causar a sua falha.

A Figura 6.10 ilustra o limite de fadiga correspondente a um material ferroso, como também a curva S-N de uma liga típica de alumínio, por meio da qual se pode observar que, para o caso de metais não ferrosos, a resistência à fadiga continua a decrescer depois de milhões de ciclos de aplicações, identificando, assim, a não existência de um limite de fadiga fixo para o caso desses materiais.

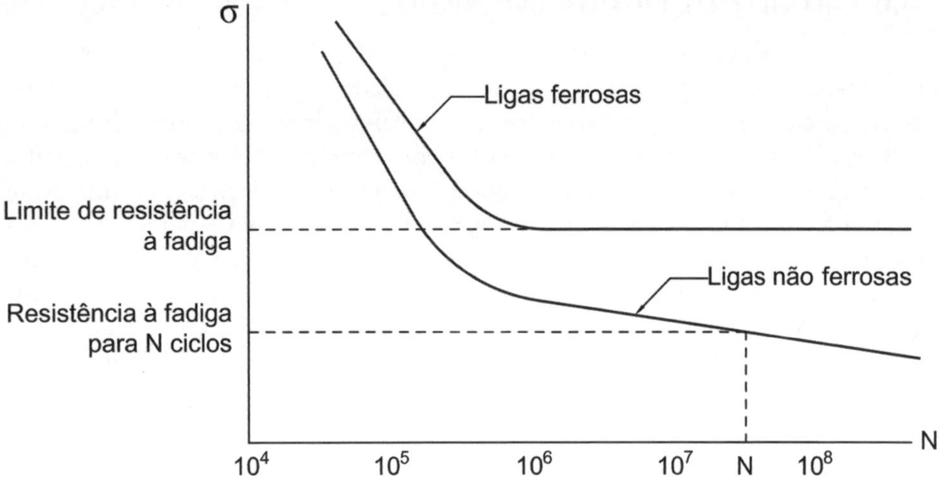

Figura 6.10 – Curvas S-N típicas para materiais ferrosos e materiais não ferrosos (adaptado de Collins, 2006).

A falha para os materiais não ferrosos, como resultado da aplicação de uma tensão cíclica, será apenas uma questão de um número de ciclos suficiente, motivo pelo qual se faz referência, nessas circunstâncias, a um valor de resistência sempre associado a um determinado número de ciclos.

Dados experimentais demonstram que os limites de fadiga dos materiais metálicos, em geral, apresentam uma relação direta com as tensões de ruptura correspondentes. A Tabela 6.1 demonstra algumas dessas relações.

Tabela 6.1 – Limites de fadiga (Se) típicos de alguns materiais

Material	Se	Se
Aços-carbono em geral	0,50 x σ_{rup} (para σ_{rup} < 1400 MPa)	700 MPa (para $\sigma_{rup} \geq$ 1400 MPa)
Aços fundidos	0,45 x σ_{rup} (para σ_{rup} < 600 MPa)	270 MPa (para $\sigma_{rup} \geq$ 600 MPa
Ferros fundidos	0,35 x σ_{rup} (para σ_{rup} < 520 MPa)	180 MPa (para $\sigma_{rup} \geq$ 520 MPa
Ligas de alumínio (a 5.10^8 ciclos)	0,40 x σ_{rup} (para σ_{rup} < 336 MPa)	130 MPa (para $\sigma_{rup} \geq$ 336 MPa

6.6. O LIMITE DE FADIGA CORRIGIDO

Os ensaios mecânicos em geral são sempre realizados em ambientes favoráveis, normalmente na condição de temperatura controlada, com controle de carga, corpos de prova com dimensões e acabamentos superficiais padronizados, além de uma série de outros cuidados e prerrogativas dispostas em procedimentos e normas específicas sobre o assunto. O ensaio de fadiga, além de contemplar todas essas premissas, tem ainda um forte enfoque estatístico, motivo pelo qual se podem esperar divergências bastante significativas entre o limite de fadiga obtido em ensaio (correspondente ao corpo de prova padrão) e o limite de fadiga real (correspondente à peça ou ao componente mecânico verdadeiro). Nesse contexto, considera-se a equação de Marin, a qual permite efetivar uma correção entre os limites de fadiga citados, mediante o uso de um conjunto de coeficientes de correção correspondentes. Matematicamente, a equação de Marin é dada por:

$$Se = k_a k_b k_c k_d k_e Se', \tag{6.7}$$

em que:

k_a = fator de superfície ou de acabamento superficial

k_b = fator de tamanho ou de dimensão

k_c = fator de carga ou de carregamento

k_d = fator de temperatura

k_e = fator de confiabilidade

Se' = limite de fadiga do corpo de prova padrão

Se = limite de fadiga corrigido ou do componente real

Observação: algumas bibliografias sobre o assunto apresentam a equação de Marin contemplando a divisão da Equação (6.7) pelo fator de concentração de tensões em fadiga (K_f). Trata-se apenas de um enfoque diferenciado no equacionamento do problema proposto, visto que o referido fator pode aparecer na forma de divisão do fator de fadiga corrigido (Se), como também na forma de multiplicação da tensão nominal atuante sobre o elemento em análise. No presente trabalho, optou-se pela segunda alternativa.

6.6.1. O FATOR DE SUPERFÍCIE OU DE ACABAMENTO SUPERFICIAL

Os corpos de prova metálicos padronizados, convencionalmente utilizados nos ensaios de fadiga em flexão rotativa, apresentam a condição de acabamento superficial retificado e polido, visando a minimizar ou até mesmo eliminar todas as imperfeições eventualmente oriundas dos processos de fabricação correspondentes. Conforme discutido anteriormente, tem-se, entretanto, conhecimento de que as trincas de fadiga têm início, quase que na totalidade dos casos, a partir da superfície do componente mecânico considerado, motivo pelo qual uma condição de acabamento superficial adequada faz-se conveniente nesse sentido, visto que qualquer irregularidade superficial, mesmo que mais leve, fará com que a resistência à fadiga do material possa vir a apresentar variações.

O fator de acabamento superficial é obtido experimentalmente, fornecendo correlações matemáticas empíricas associadas aos principais tipos de acabamentos superficiais adotados na prática. Os resultados podem ser encontrados dispostos em ábacos de seleção específicos ou, de forma mais precisa, por meio das relações matemáticas dispostas na Tabela 6.2.

Tabela 6.2 – Equações válidas para o cálculo do fator de acabamento superficial

Tipo de acabamento superficial	k_a	Equação
Polido	$k_a = 1,0$	
Retificado	$k_a = 1,58\sigma_{rup}^{-0,085}$	(6.8)
Laminado a frio ou usinado	$k_a = 4,51\sigma_{rup}^{-0,265}$	(6.9)
Laminado a quente	$k_a = 57,7\sigma_{rup}^{-0,718}$	(6.10)
Forjado	$k_a = 272\sigma_{rup}^{-0,995}$	(6.11)

Adaptado a partir de Budynas; Nisbett, 2006.

Sendo que, nessas circunstâncias, a tensão de ruptura do material deve ser considerada em MPa.

6.6.2. O FATOR DE TAMANHO OU DE DIMENSÃO

Os corpos de prova padrão, convencionalmente utilizados nos ensaios de fadiga em flexão rotativa, apresentam secção transversal cilíndrica com um diâmetro central na ordem de 7,62 mm. Os componentes reais a serem considerados terão, evidentemente, secções transversais e dimensões bastante diferenciadas dessa condição, motivo pelo qual se faz uso da correção mediante o chamado fator de tamanho, o qual também pode ser obtido por meio de relações matemáticas empíricas.

Previamente, faz-se necessário efetivar, para o caso de secções transversais diferenciadas da circular, uma equivalência de áreas, contemplando, assim, um diâmetro equivalente correspondente. A Tabela 6.3 fornece algumas informações nesse contexto.

Tabela 6.3 – Secções transversais típicas e o seu correspondente diâmetro equivalente

Tipo de secção transversal	d_{eq}	Equação
Retangular (b x h)	$d_{eq} = 0,808\sqrt{hb}$	(6.12)
Quadrada (b x b)	$d_{eq} = 0,808b$	(6.13)
Cilíndrica não rotativa	$d_{eq} = 0,370d$	(6.14)

Adaptado a partir de Budynas; Nisbett, 2006.

Na sequência e de posse do diâmetro equivalente, caso seja esse o caso, define-se o fator de tamanho por uma das relações disponíveis na Tabela 6.4.

Tabela 6.4 – Equações válidas para o fator de tamanho

Limites	k_b	Equação
2,79 mm ≤ d ≤ 51 mm	$k_b = \left(\frac{d}{7,62}\right)^{-0,107}$	(6.15)
51 mm ≤ d ≤ 254 mm	$k_b = (1,51d)^{-0,157}$	(6.16)
Carregamentos axiais	$k_b = 1,0$	

Adaptado a partir de Budynas; Nisbett, 2006.

Nessas equações, o diâmetro da secção transversal deve ser considerado em mm.

6.6.3. O FATOR DE CARGA OU DE CARREGAMENTO

O ensaio tomado por referência corresponde a uma condição de flexão rotativa. Na prática, porém, as solicitações atuantes sobre o componente em análise podem apresentar as mais variadas situações, motivando a necessidade em se efetivarem correções também nesse contexto. Para esse caso, as informações disponíveis nas bibliografias de referência são um pouco mais restritas, fornecendo apenas valores diretos para alguns dos tipos de solicitações convencionais, o que pode ser observado a partir da Tabela 6.5.

Tabela 6.5 – Fator de carga

Tipo de carregamento	k_c
Flexão	1,000
Cargas axiais e materiais com $\sigma_{rup} \leq 1520$ MPa	0,923
Cargas axiais e materiais com $\sigma_{rup} > 1520$ MPa	1,000
Torção pura ou cisalhamento	0,590
Flexo-torção	1,000

Adaptado a partir de Gonzálvez *et al.*, 2003.

Observação: considerar o fator de carga correspondente ao carregamento de torção pura apenas em situações em que o componente em análise esteja submetido exclusivamente a cargas de torção. Tal condição se deve à correção realizada entre as tensões de ruptura normal e de cisalhamento (≅ 0,67) do material em análise.

6.6.4. O FATOR DE TEMPERATURA

Visando a corrigir o limite de fadiga para os casos de aplicações em temperaturas mais elevadas (acima de 37 °C, em média), faz-se a utilização do fator de temperatura. Relações experimentais empíricas fornecem resultados, conforme listados na Tabela 6.6.

Tabela 6.6 – Fator de temperatura

Temperatura (°C)	k_d
20	1,000
50	1,010
100	1,020
150	1,025
200	1,020
250	1,000
300	0,975
350	0,927
400	0,922
450	0,840
500	0,766
550	0,670
600	0,546

Adaptado a partir de Gonzálvez *et al.*, 2003.

Observação: sugere-se, se necessário, considerar uma interpolação linear para valores de temperatura intermediários aos disponíveis na Tabela 6.6.

6.6.5. O FATOR DE CONFIABILIDADE

Conceitos de confiabilidade são e devem ser considerados em projetos quando se disponha de informações mais detalhadas acerca do histórico das taxas de falhas correspondentes a cada componente ou elemento em análise. Na prática e na área da engenharia mecânica, poucos são, ainda, os avanços nesse sentido, em decorrência, principalmente, da grande quantidade de variáveis que podem vir a afetar os resultados correspondentes, como sobrecargas, imperfeições nos materiais, condições de acabamento, variação das características do material em função da temperatura, entre outros. O tipo de distribuição estatística correspondente a cada situação de projeto também acaba sendo um problema nesse sentido, já que as distribuições estatísticas do tipo exponencial e de Weibull acabam sendo mais representativas para os problemas envolvendo componentes mecânicos.

Na falta de dados mais específicos, sugere-se, de forma aproximada e conservadora, o uso de uma distribuição gaussiana com um desvio padrão de 8% para o limite de fadiga dos aços-carbono. Nessas circunstâncias, o fator de confiabilidade para o limite de fadiga pode ser definido por:

$$k_e = 1 - 0{,}08Z \tag{6.17}$$

A variável padronizada Z está relacionada com a confiabilidade, segundo os valores da Tabela 6.7.

Tabela 6.7 – Relação entre a variável padronizada Z e a confiabilidade esperada

Z	0,00	0,01	0,02	0,03	0,04	0,05	0,06	0,07	0,08	0,00
0,0	0,50000	0,50399	0,50798	0,51197	0,51595	0,51994	0,52322	0,5279	0,53188	0,53385
0,1	0,53983	0,54380	0,54776	0,55172	0,55567	0,55952	0,56356	0,59749	0,57142	0,57635
0,2	0,57926	0,58317	0,58706	0,59095	0,59483	0,59871	0,60257	0,60642	0,51025	0,61409
0,3	0,61791	0,62172	0,62552	0,62930	0,63307	0,63663	0,64058	0,64431	0,64803	0,65173
0,4	0,65542	0,65910	0,66276	0,66640	0,67003	0,67364	0,67724	0,68082	0,68439	0,68793
0,5	0,69146	0,69497	0,69847	0,70194	0,70540	0,70884	0,71266	0,71566	0,71904	0,72240
0,6	0,72575	0,72907	0,73237	0,73566	0,73891	0,74215	0,74537	0,74857	0,75175	0,75490
0,7	0,75804	0,76115	0,76424	0,76730	0,77035	0,77337	0,77637	0,77235	0,78230	0,78524
0,8	0,78814	0,79103	0,79389	0,79673	0,79965	0,80234	0,80511	0,80785	0,81057	0,81327
0,9	0,81594	0,81659	0,82121	0,82381	0,82539	0,82894	0,83147	0,83396	0,83646	0,83891
1,0	0,84134	0,84375	0,84514	0,84849	0,85083	0,85314	0,85543	0,85769	0,85993	0,86214
1,1	0,86433	0,86650	0,86864	0,87076	0,87286	0,87493	0,87698	0,87900	0,88100	0,88298
1,2	0,88493	0,88686	0,88877	0,89065	0,89261	0,89435	0,89617	0,89795	0,89973	0,90147
1,3	0,90320	0,90490	0,90598	0,90824	0,90988	0,91149	0,91308	0,91466	0,91621	0,91774
1,4	0,91224	0,92073	0,92220	0,92364	0,92507	0,92647	0,92785	0,92922	0,93056	0,93189
1,5	0,93319	0,93448	0,93574	0,93609	0,93822	0,93943	0,94062	0,94179	0,94295	0,94408
1,6	0,94520	0,94630	0,94738	0,94846	0,94960	0,95053	0,95154	0,95254	0,96352	0,96449
1,7	0,95543	0,95637	0,95728	0,95818	0,95907	0,95924	0,96080	0,96164	0,96246	0,96327
1,08	0,96407	0,96485	0,96562	0,96638	0,96712	0,96784	0,96856	0,96925	0,96995	0,97062
1,9	0,97128	0,97193	0,97257	0,97320	0,97381	0,97441	0,97500	0,97558	0,97615	0,97670
2,0	0,97725	0,97778	0,97831	0,97882	0,97932	0,97982	0,98030	0,98077	0,98124	0,98169
2,1	0,98214	0,98257	0,98300	0,98341	0,98382	0,98422	0,98461	0,98500	0,98537	0,98574
2,2	0,98510	0,98645	0,98579	0,98713	0,98745	0,98778	0,98809	0,98840	0,98870	0,98899
2,3	0,98928	0,98956	0,98983	0,99010	0,99036	0,99061	0,99086	0,99111	0,99134	0,99158

(continua)

Tabela 6.7 – Relação entre a variável padronizada Z e a confiabilidade esperada (continuação)

2,4	0,99180	0,99202	0,99224	0,99245	0,99266	0,99285	0,99305	0,99324	0,99343	0,99361
2,5	0,99379	0,99395	0,99413	0,99430	0,99446	0,99461	0,99477	0,99492	0,99506	0,99520
2,6	0,99534	0,99547	0,99560	0,99573	0,99585	0,99598	0,99609	0,99621	0,99632	0,99643
2,7	0,99663	0,99664	0,99674	0,99683	0,99693	0,99711	0,99720	0,99720	0,99728	0,99736
2,8	0,99744	0,99752	0,99760	0,99767	0,99774	0,99781	0,99788	0,99795	0,99801	0,99807
2,9	0,99813	0,99819	0,99825	0,99831	0,99836	0,99841	0,99846	0,99851	0,99856	0,99861
3,0	0,99865	0,99869	0,99874	0,99878	0,99882	0,99885	0,99889	0,99893	0,99895	0,99900
3,1	0,99903	0,99905	0,99910	0,99913	0,99916	0,99918	0,99921	0,99924	0,99926	0,99929
3,2	0,99931	0,99234	0,99936	0,99938	0,99940	0,99942	0,99944	0,99946	0,99948	0,99950
3,3	0,99952	0,99953	0,99955	0,99957	0,99958	0,99960	0,99961	0,99962	0,99964	0,99965
3,4	0,99966	0,99968	0,99969	0,99970	0,99971	0,99972	0,99973	0,99974	0,99975	0,99976
3,5	0,99977	0,99978	0,99978	0,99979	0,99980	0,99981	0,99981	0,99982	0,99983	0,99983
3,6	0,99984	0,99985	0,99985	0,99986	0,99986	0,99987	0,99987	0,99988	0,99988	0,99989
3,7	0,99989	0,99990	0,99990	0,99990	0,99991	0,99991	0,99991	0,99992	0,99992	0,99992
3,8	0,99993	0,99993	0,99993	0,99994	0,99994	0,99994	0,99994	0,99995	0,99995	0,99995
3,9	0,99995	0,99995	0,99996	0,99996	0,99996	0,99996	0,99996	0,99996	0,99997	0,99997
4,0	0,99997	0,99997	0,99997	0,99997	0,99997	0,99997	0,99998	0,99998	0,99998	0,99998

Adaptado de Avilés, 2015.

6.7. O PROJETO PARA A CONDIÇÃO DE FADIGA EM VIDA FINITA

Conforme apresentado, a condição de vida finita é válida até o limite de 10^6 ciclos, ou, mais especificamente, no intervalo de 10^3 a 10^6 ciclos, dado que carregamentos dinâmicos inferiores a 10^3 ciclos são, normalmente, avaliados a partir da metodologia deformação x número de ciclos.

A expressão matemática correspondente à vida finita relaciona o número de ciclos (N) com o limite de fadiga para vida finita (S_f) na forma:

$$S_f = a_1 N^{b_1} \tag{6.18}$$

sendo que o expoente "b_1", nesse caso adimensional, é definido na forma:

$$b_1 = -\frac{1}{3}\log\left(\frac{f\sigma_{rup}}{Se}\right), \tag{6.19}$$

e o parâmetro "a_1", com unidade correspondente à unidade de tensão, por:

$$a_1 = \frac{\left(f\sigma_{rup}\right)^2}{Se} \tag{6.20}$$

O fator de carga (f) tem por objetivo corrigir o valor da tensão de ruptura do material e pode ser obtido a partir da Figura 6.11.

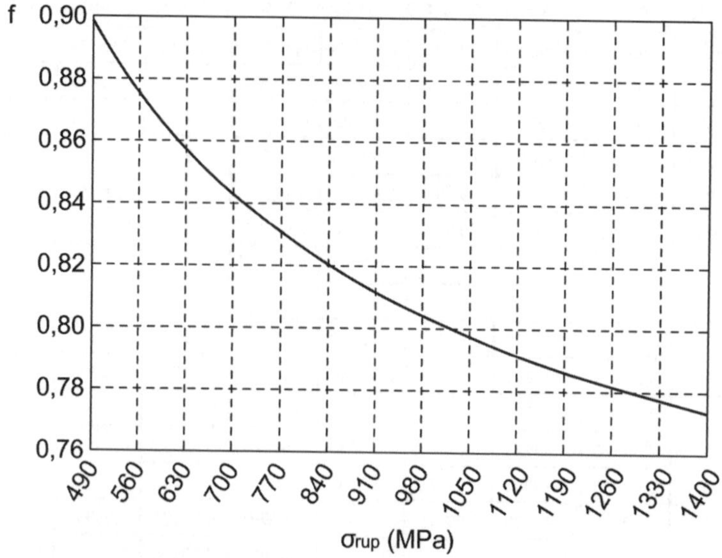

Figura 6.11 – Fator de carga em função do limite de ruptura do material.
Adaptado a partir de Budynas; Nisbett, 2006.

Observação: algumas bibliografias sobre o tema adotam, como solução alternativa, um valor fixo (f = 0,9) para o fator de carga, desprezando-se com isso a eventual variação do mesmo com o limite de ruptura do material. Isso deve ser considerado, porém e apenas, se claramente evidenciado no problema em análise.

A condição de projeto para vida finita necessita contemplar, ainda, um coeficiente de segurança em fadiga, o qual, nessas circunstâncias, pode ser definido pela divisão entre o limite de fadiga em vida finita (S_f) e a tensão alternada (σ_a) atuante sobre o componente em análise. Matematicamente:

$$n_f = \frac{S_f}{\sigma_a} \tag{6.21}$$

Caso, ainda, a tensão alternada considerada seja do tipo tangencial (ou de cisalhamento), o cálculo de S_f deverá ser, evidentemente, realizado a partir do limite de ruptura em cisalhamento (τ_{rup}), a qual deve ser previamente corrigida a partir da tensão normal de ruptura na forma:

$$\tau_{rup} = 0,67\sigma_{rup} \tag{6.22}$$

Observação: caso, ainda, a tensão média atuante seja diferente de zero, uma tensão alternada equivalente deverá ser considerada quando da aplicação da Equação (6.21). Essa tensão alternada equivalente pode ser obtida a partir da seguinte relação:

$$\sigma_a^{equ} = \frac{\sigma_a}{1 - \dfrac{\sigma_m}{\sigma_{rup}}} \tag{6.23}$$

6.8. O PROJETO PARA A CONDIÇÃO DE FADIGA EM VIDA INFINITA

Nas situações nas quais os carregamentos atuam num número de ciclos superior a 10^6, os ciclos são caracterizados na condição de vida infinita. Nessas circunstâncias, existem critérios de projeto específicos e distintos que permitem correlacionar regiões de aceitação para cada combinação das solicitações atuantes (tensões alternadas x tensões médias). A seguir, na Tabela 6.8, reproduz-se a formulação matemática para os consagrados critérios de Goodman, Gerber e ASME-Elíptico.

Tabela 6.8 – Equações de projeto em fadiga de Goodman, Gerber e ASME-Elíptico

Critério	Curva de falha	Região de projeto	Equação
Goodman	$\frac{\sigma_a}{Se} + \frac{\sigma_m}{\sigma_{rup}} = 1$	$\frac{\sigma_a}{Se/n_f} + \frac{\sigma_m}{\sigma_{rup}/n_f} \leq 1$	(6.24)
Gerber	$\frac{\sigma_a}{Se} + \left(\frac{\sigma_m}{\sigma_{rup}}\right)^2 = 1$	$\frac{\sigma_a}{Se/n_f} + \left(\frac{\sigma_m}{\sigma_{rup}/n_f}\right)^2 \leq 1$	(6.25)
ASME-Elíptico	$\left(\frac{\sigma_a}{Se}\right)^2 + \left(\frac{\sigma_m}{\sigma_{esc}}\right)^2 = 1$	$\left(\frac{\sigma_a}{Se/n_f}\right)^2 + \left(\frac{\sigma_m}{\sigma_{esc}/n_f}\right)^2 \leq 1$	(6.26)

Observação: caso as tensões atuantes no componente em análise sejam do tipo cisalhantes, equações similares às propostas na Tabela 6.8 podem ser consideradas. Como exemplo, para o caso do critério de Goodman, obter-se-ia:

$$\frac{\tau_a}{Se} + \frac{\tau_m}{\tau_{rup}} = 1$$

Reproduzindo-se essas formulações matemáticas num par de eixos ortogonais que contemplem as tensões alternadas x tensões médias, chega-se às regiões de "aceitação" para cada um desses critérios. Dessa forma, eventuais combinações de carregamentos que venham a recair dentro dessas regiões de "aceitação" correspondem a uma condição favorável de projeto. Contrariamente, pontos que eventualmente venham a ficar localizados fora de cada região de "aceitação" indicam condições desfavoráveis de projeto, ou mais especificamente, condições de falha segundo o critério considerado.

A Figura 6.12 representa essa proposição.

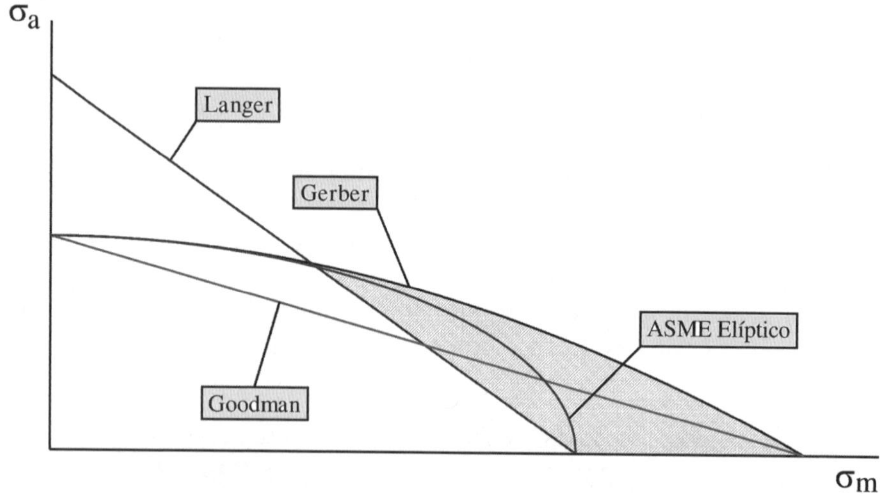

Figura 6.12 – Regiões de aceitação segundo os critérios de Gerber, Goodman e ASME-Elíptico.

6.9. O FATOR DE CONCENTRAÇÃO DE TENSÃO EM FADIGA

As equações convencionais da mecânica dos sólidos, utilizadas para quantificar tensões normais e tensões tangenciais decorrentes dos esforços de tração, compressão e cisalhamento ou dos momentos fletores e torcedores, consideram que o componente em análise não possui qualquer tipo de irregularidade ou descontinuidade geométrica, sendo, assim, totalmente homogêneo.

A presença de descontinuidades diversas, como mudanças de secção transversal, furos, entalhes, canais de chavetas, entre outros, ocasiona um aumento considerável no valor das tensões nominais atuantes nas vizinhanças adjacentes do concentrador de tensões. Para a condição de carregamentos estáticos, conforme discutido nos Capítulos antecedentes, utiliza-se a majoração da tensão nominal a partir dos fatores teóricos de concentração de tensões (K_t). Em carregamentos dinâmicos, situação similar deve ser considerada, agora mediante a utilização do chamado fator de concentração em tensões em fadiga (K_f) na forma:

$$\sigma_{max} = K_f \sigma_o \qquad \text{ou} \qquad \tau_{max} = K_{fs} \tau_o, \tag{6.27}$$

em que o subíndice "s" representa que o fator de concentração de tensões é aplicado para a condição de tensões cisalhantes.

O fator de concentração de tensões em fadiga pode ser obtido em função de (K_t) e da sensibilidade ao entalhe (q) do material mediante uma das seguintes Equações:

$$K_f = 1 + q(K_t - 1) \tag{6.28}$$

$$K_{fs} = 1 + q_s(K_{ts} - 1) \tag{6.29}$$

O fator de sensibilidade ao entalhe (q) corresponde a um índice proposto por Peterson (1974), visando a corrigir a condição de os fatores de concentração reais serem, na prática, bem menores do que os correspondentes valores teóricos.

Testes de fadiga em aços de granulação grossa (recozidos) mostram baixos valores da sensibilidade ao entalhe, enquanto os aços de granulação fina (temperados e revenidos) têm altos valores para esse fator. Na prática, essa divisão (entre os aços de granulação grossa e fina) é realizada, normalmente, a partir da dureza Brinell dos aços considerados, ou, mais especificamente, num valor equivalente a 200 HB.

As Figuras 6.13 e 6.14 traduzem a relação do fator de sensibilidade ao entalhe com o limite de ruptura de alguns materiais, tanto para a condição de tensões normais (q) como para a condição de tensões tangenciais (q_s).

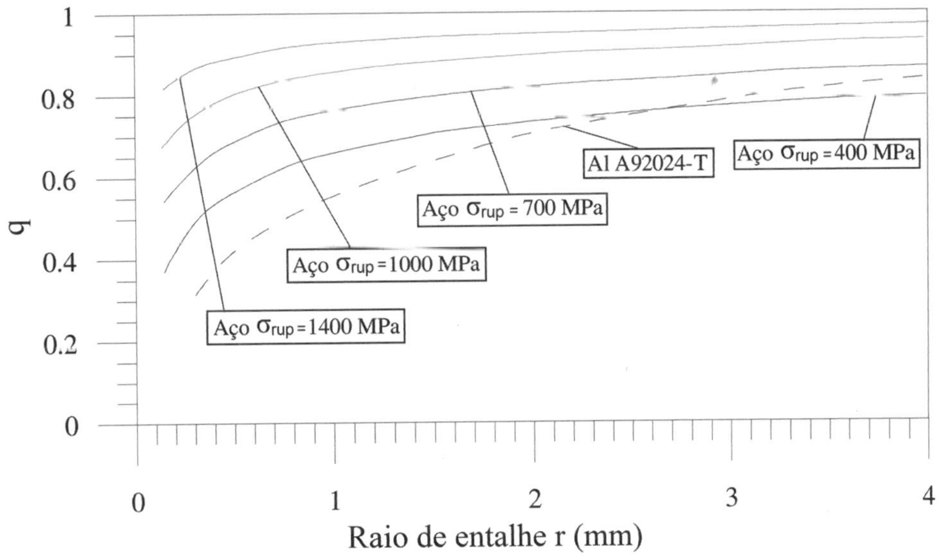

Figura 6.13 – Fator de sensibilidade ao entalhe para tensões normais. Adaptado a partir de Sines; Waisman, 1969.

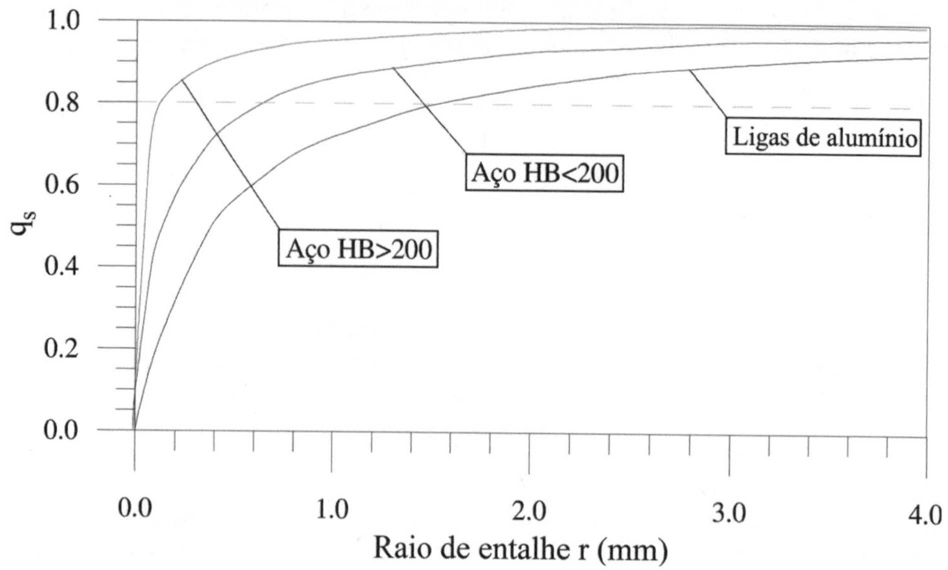

Figura 6.14 – Fator de sensibilidade ao entalhe para tensões tangenciais. Adaptado a partir de Sines & Waisman, 1969.

Observação: caso o raio do entalhe seja superior a 4 mm, tomando-se por referência as Figuras 6.13 e 6.14, tomar os valores de (q) e (q_s) correspondentes à condição-limite dessas figuras (r = 4 mm, no caso).

Recomenda-se, a favor da segurança, quando os valores do fator de sensibilidade ao entalhe não puderem ser obtidos ou claramente evidenciados, que ele seja adotado com valor igual à unidade (q = 1, q_s = 1), redundando na condição $K_f = K_t$ ou $K_{fs} = K_{ts}$.

6.10. PROBLEMAS RESOLVIDOS

1 – Determine o máximo momento fletor alternado que o eixo ilustrado em figura poderá suportar, supondo uma expectativa de vida de 15.000 ciclos. A barra é usinada a partir de um aço-carbono com limite de ruptura de 1.720 MPa. As dimensões, na figura, valem: d = 40 mm, D = 60 mm e r = 6 mm. Suponha ainda um fator de carga (f) = 0,9 e considere a tabela indicada na sequência para a definição do fator K_t.

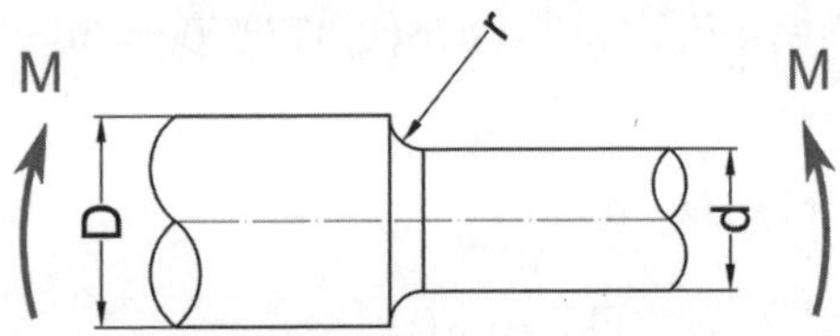

D/d	r/d 0,01	0,05	0,10	0,15	0,20	0,25	0,30
1,01	1,790	1,349	1,245	1,199	1,171	1,152	1,138
1,05	2,630	1,697	1,474	1,376	1,317	1,276	1,247
1,10	3,154	1,897	1,577	1,467	1,388	1,355	1,295
1,50	4,237	2,279	1,815	1,610	1,487	1,404	1,342
2,00	4,424	2,388	1,843	1,624	1,494	1,405	1,339
6,00	4,495	2,360	1,854	1,630	1,496	1,405	1,337

Figura 6.15 – Problema resolvido 1.

Solução:

$$\frac{r}{d} = \frac{6}{40} \cong 0{,}15$$

$$\frac{D}{d} = \frac{60}{40} = 1{,}50$$

Resultando num fator de concentração teórico de tensões (K_t) = 1,610. Da Figura 6.13, q = 0,95, logo:

$$K_f = 1 + q(K_t - 1) = 1 + 0{,}95(1{,}610 - 1) = 1{,}579$$

Fatores de correção da equação de Marin:

$$k_a = 4{,}51\sigma_{rup}^{-0{,}265} = 4{,}51(1720)^{-0{,}265} = 0{,}626$$

$$k_b = \left(\frac{d}{7{,}62}\right)^{-0{,}107} = \left(\frac{40}{7{,}62}\right)^{-0{,}107} = 0{,}837$$

$$k_c = k_d = k_e = 1$$

$$Se' = 700\ MPa$$

$$Se = k_a k_b k_c k_d k_e Se' = 0,626(0,837)\,700 = 366,77\,MPa$$

Limite de fadiga para vida finita:

$$a_1 = \frac{(f\sigma_{rup})^2}{Se} = \frac{(0,9(1720))^2}{366,77} = 6533,53\,MPa$$

$$b_1 = -\frac{1}{3}\log\frac{f\sigma_{rup}}{Se} = -\frac{1}{3}\log\frac{0,9(1720)}{366,77} = -0,2085$$

$$S_f = a_1 N^{b_1} = 6533,53(15000)^{-0,2085} = 879,90\,MPa$$

Tensão de flexão numa secção circular maciça:

$$\sigma_a = k_f\,\frac{32M_a}{\pi d^3} = 1,579\frac{32M_a}{\pi(0,04)^3} = 2,513.10^5\,M_a$$

Resultando, na igualdade das equações, em:

$$S_f = \sigma_a \Rightarrow 879,90.10^6 = 2,513.10^5\,M_a \Rightarrow M_a = 3501,4\,Nm$$

2 – O estado de tensão em um ponto crítico da superfície de um componente mecânico é ilustrado em tabela. Supondo que esse componente seja confeccionado com material cujo limite de ruptura vale 105 kpsi e limite de escoamento 60 kpsi, determine o fator de segurança para vida infinita segundo o critério de Goodman. Considere sensibilidade ao entalhe de 0,85 para tensão normal e 0,80 para tensão tangencial, bem como, coeficientes de concentração de tensões para cargas estáticas de 2,0 e 1,6, para tensões normal e tangencial, respectivamente. O limite de fadiga corrigido vale 35,4 kpsi.

Tensão	Mínima	Máxima
σ_x	5 kpsi	15 kpsi
σ_y	-10 kpsi	10 kpsi
τ_{xy}	0 kpsi	10 kpsi

Solução:

$$K_f = 1 + q(K_t - 1) = 1 + 0,85(2-1) = 1,85$$

$$K_{fs} = 1 + q_s\left(K_{ts} - 1\right) = 1 + 0,80\left(1,6 - 1\right) = 1,48$$

Utilizando-se a tabela de tensões anterior, faz-se a identificação das tensões média e alternada correspondentes, ou seja:

Tensão	Mínima	Máxima	Média	Alternada
σ_x	5	15	10	5
σ_y	–10	10	0	10
τ_{xy}	0	10	5	5

Com os fatores de concentração de tensões em fadiga, chega-se a:

Tensão	Média	Alternada
σ_x	10 x 1,85 = 18,5	5 x 1,85 = 9,25
σ_y	0	10 x 1,85 = 18,5
τ_{xy}	5 x 1,48 = 7,4	5 x 1,48 = 7,4

Pela tensão equivalente de Mises:

$$\sigma' = \sqrt{\sigma_x{}^2 - \sigma_x\sigma_y + \sigma_y{}^2 + 3\tau_{xy}{}^2}$$

$$\sigma_m' = \sqrt{18,5^2 - 18,5\left(0\right) + 0^2 + 3(7,4)^2} = 22,5\,kpsi$$

$$\sigma_a' = \sqrt{9,25^2 - 9,25\left(18,5\right) + 18,5^2 + 3(7,4)^2} = 20,51\,kpsi$$

Critério de Goodman:

$$\frac{\sigma_a}{Se} + \frac{\sigma_m}{\sigma_{rup}} = \frac{1}{n_f}$$

$$\frac{20,51}{35,4} + \frac{22,5}{105} = \frac{1}{n_f} \Rightarrow n_f \cong 1,26$$

3 – O limite de resistência à fadiga corrigido de uma peça de aço-carbono vale 112 MPa, enquanto seu limite de ruptura vale 385 MPa. Supondo f = 0,9, qual a resistência à fadiga para essa peça nas seguintes condições:

Solução:

$$a_1 = \frac{\left(f\sigma_{rup}\right)^2}{Se} = \frac{\left(0,9\left(385\right)\right)^2}{112} = 1071,98\,MPa$$

$$b_1 = -\frac{1}{3}\log\frac{f\sigma_{rup}}{Se} = -\frac{1}{3}\log\frac{0,9\left(385\right)}{112} = -0,1635$$

a) para 70.10^3 ciclos, condição de vida finita. Logo:

$$S_f = a_1 N^{b_1} = 1071,98(70000)^{-0,1635} = 172,98\,MPa;$$

b) para 70.10^6 ciclos, condição de vida infinita. Logo:

$$Se = 112\,MPa\,.$$

4 – Determinado componente mecânico é usinado a partir de uma liga de alumínio e submetido a um momento fletor flutuante entre 0 e M_{max}. Determine o valor desse momento máximo que poderá ser aplicado visando a uma expectativa de vida de 30.500 ciclos, segundo o critério de Goodman.

Dados: limite de fadiga = 158 MPa (para 5.10^8 ciclos), limite de ruptura = 572 MPa, fator de tamanho ≅ 1, espessura da peça = 1 cm.

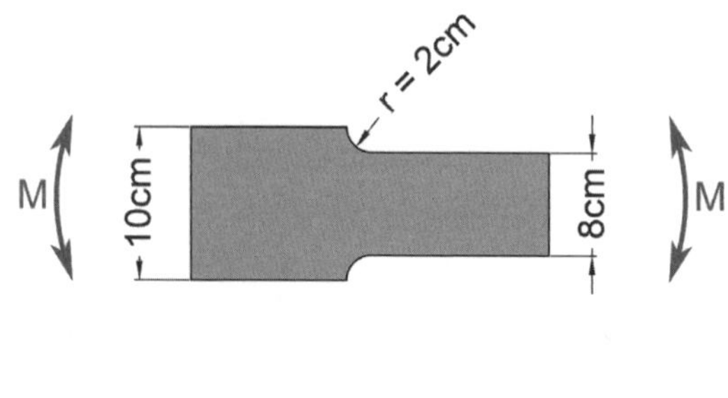

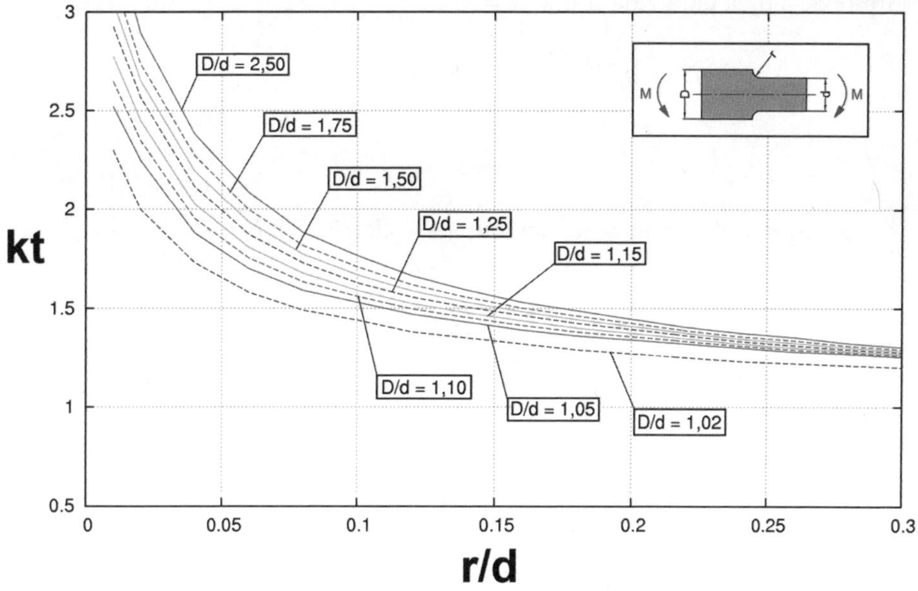

Figura 6.16 – Problema resolvido 4.

Solução:

$$\frac{r}{d} = \frac{5}{80} \cong 0,063$$

$$\frac{D}{d} = \frac{10}{8} = 1,25$$

Resultando num fator de concentração teórico de tensões (K_t) ≅ 2,0.

Da Figura 6.13, q = 0,8, logo:

$$K_f = 1 + q(K_t - 1) = 1 + 0,80(2 - 1) = 1,8$$

Fatores de correção da equação de Marin:

$$k_a = 4,51\sigma_{rup}^{-0,265} = 4,51(572)^{-0,265} = 0,838$$

$$k_b = k_c = k_d = k_e = 1$$

$$Se = k_a k_b k_c k_d k_e Se' = 0,838(158) = 132,47\,MPa$$

Limite de fadiga para vida finita (S_f = Se):

$$S_f = a_1 N^{b_1} \Rightarrow N = 1,\ S_f = \sigma_{rup} \Rightarrow a_1 = \sigma_{rup}$$

$$S_f = a_1 N^{b_1} \Rightarrow \frac{S_f}{a_1} = N^{b_1} \Rightarrow \log\left(\frac{S_f}{a_1}\right) = \log N^{b_1} \Rightarrow b_1 = \frac{\log\left(\frac{S_f}{a_1}\right)}{\log N}$$

$$b_1 = \frac{\log\left(\frac{132}{572}\right)}{\log(5.10^8)} = -0,073$$

Resultando em:

$$S_f = a_1 N^{b_1} = 572(30500)^{-0,073} = 269,2\,MPa$$

Critério de Goodman:

$$\frac{\sigma_a}{Se} + \frac{\sigma_m}{\sigma_{rup}} = 1$$

Como no presente problema, tem-se a condição que: $\sigma_m = \sigma_a$

$$\frac{\sigma_a}{269,2} + \frac{\sigma_a}{572} = 1 \Rightarrow \sigma_a = 183,06\,MPa$$

Momento alternado limite:

$$\sigma_a = K_f \frac{M_a\left(\frac{h}{2}\right)}{\frac{bh^3}{12}} = K_f \frac{6M_a}{bh^2}$$

$$183,06 = 1,8\frac{6M_a}{10(80)^2} \Rightarrow M_a = 1084,8\,Nm$$

5 – Uma barra cilíndrica de 40 mm de diâmetro, usinada a partir de um aço-carbono AISI 1045 laminado a frio (limite de ruptura = 630 MPa e limite de escoamento = 530 MPa) é submetida a uma carga axial flutuante de 0 a 100 kN. Para um fator de concentração de tensões em fadiga de 1,85, determine o coeficiente de segurança em fadiga segundo o critério de Goodman.

Solução:

Fatores de correção da equação de Marin:

$$k_a = 4,51\sigma_{rup}^{-0,265} = 4,51(630)^{-0,265} = 0,817$$

$$k_b = 1 \quad (axial)$$

$$k_c = 0,85\,(axial)$$

$$k_d = k_e = 1$$

$$Se' = 0,5\sigma_{rup} = 315\,MPa$$

$$Se = k_a k_b k_c k_d k_e Se' = 0,817(1)(0,85)(315) = 218,75\,MPa$$

Tensões normais máxima e mínima:

$$\sigma_{max} = k_{fs}\frac{P_{max}}{A} = 1,85\frac{100.10^3}{\frac{\pi(0,04)^2}{4}} = 147,22\,MPa$$

$$\sigma_{min} = 0$$

Tensões normais média e alternada:

$$\sigma_m = \frac{\sigma_{max} + \sigma_{min}}{2} = 147,22\,MPa$$

$$\sigma_a = \frac{\sigma_{max} - \sigma_{min}}{2} = 73,61\,MPa$$

Critério de Goodman:

$$\frac{\sigma_a}{Se/n_f} + \frac{\sigma_m}{\sigma_{rup}/n_f} \leq 1$$

$$\frac{73,61}{218,75/n_f} + \frac{147,22}{630/n_f} = 1$$

$$n_f = 1,75$$

6 – Estime a curva S-N para um corpo de prova de aço-carbono com um limite de ruptura de 792 MPa.

Solução:

A curva S-N apresenta variações entre a tensão e o número de ciclos no trecho correspondente à vida finita, no qual são conhecidas as relações:

$$N = 10^3 \Rightarrow \sigma = 0,9\sigma_{rup} = 0,9(792) = 712,8\,MPa$$

$$N = 10^6 \Rightarrow \sigma = 0,5\sigma_{rup} = 0,5(792) = 396\,MPa$$

Utilizando-se agora a equação de Basquin, torna-se possível montar o seguinte sistema de equações:

$$\sigma = CN^m$$

$$712,8 = C(1000)^m \Rightarrow C = \frac{712,8}{(1000)^m}$$

$$396 = C\left(10^6\right)^m \Rightarrow C = \frac{396}{\left(10^6\right)^m}$$

cuja igualdade resulta em:

$$\therefore \frac{712,8}{(1000)^m} = \frac{396}{\left(10^6\right)^m} \Rightarrow m = -0,0851$$

e logo:

$$C = \frac{712,8}{(1000)^m} = \frac{712,8}{(1000)^{-0,085}} = 1283,12$$

Resultando, ao final, em:

$$\sigma = 1283,12N^{-0,0851}\,(MPa)$$

7 – Avalie como ocorre a variação no limite de fadiga de um corpo de prova em aço-carbono (limite de ruptura de 420 MPa) nas condições: laminado a quente, laminado a frio e forjado. Suponha uma confiabilidade estimada de 92% e uma temperatura de trabalho de 220 °C.

Solução:

Para uma confiabilidade de 92%, tem-se:

$Z \cong 1{,}41$ (Tabela 6.7)

$$k_e = 1 - 0{,}08Z = 1 - 0{,}08(1{,}41) = 0{,}8872$$

Para uma temperatura de 220 °C, tem-se: $k_d \cong 1{,}012$ – por interpolação (Tabela 6.6).

Equação de Marin:

$$Se = k_a k_b k_c k_d k_e Se' = k_a(1)(1)(1{,}012)(0{,}8872)(0{,}5(420)) = 188{,}54 k_a$$

Resultando em:

Tipo de acabamento superficial	k_a	Se (MPa)
Laminado a frio	$k_a = 4{,}51(420)^{-0{,}265} = 0{,}91$	$Se = 188{,}54(0{,}91) = 171{,}57$
Laminado a quente	$k_a = 57{,}7(420)^{-0{,}718} = 0{,}75$	$Se = 188{,}54(0{,}75) = 141{,}40$
Forjado	$k_a = 272(420)^{-0{,}995} = 0{,}67$	$Se = 188{,}54(0{,}67) = 126{,}32$

8 – Uma barra de aço-carbono com limite de fadiga corrigido de 276 MPa, limite de escoamento = 413 MPa e limite de ruptura = 551 MPa é submetida aos seguintes ciclos de carregamentos combinados:

a) tensão estável em torção de 98 MPa e tensão alternada em flexão de 162 MPa;

b) tensão alternada em torção de 203 MPa;

c) tensão alternada em torção de 103 MPa e tensão estável em flexão de 162 MPa.

Determine, segundo o critério ASME-Elíptico, os coeficientes de segurança correspondentes.

Solução:

Como existem casos de tensões combinadas (normal e tangencial), torna-se necessário encontrar, primeiramente, uma tensão equivalente. Nesse caso, por Mises:

a)

$$\sigma_m = \sqrt{3}\tau_m = \sqrt{3}(98) = 169,74\,MPa$$

$$\left(\frac{\sigma_a}{Se/n_f}\right)^2 + \left(\frac{\sigma_m}{\sigma_{rup}/n_f}\right)^2 \leq 1$$

$$\left(\frac{162}{276/n_f}\right)^2 + \left(\frac{169,74}{551/n_f}\right)^2 = 1 \Rightarrow n_f = 1,51$$

b)

$$\sigma_a = \sqrt{3}\tau_a = \sqrt{3}(203) = 351,6\,MPa$$

$$\left(\frac{\sigma_a}{Se/n_f}\right)^2 + \left(\frac{\sigma_m}{\sigma_{rup}/n_f}\right)^2 \leq 1$$

$$\left(\frac{351,6}{276/n_f}\right)^2 + (0)^2 = 1 \Rightarrow n_f = 0,78$$

→ Condição de projeto não válida!

c)

$$\sigma_a = \sqrt{3}\tau_a = \sqrt{3}(103) = 178,4\,MPa$$

$$\left(\frac{\sigma_a}{Se/n_f}\right)^2 + \left(\frac{\sigma_m}{\sigma_{rup}/n_f}\right)^2 \leq 1$$

$$\left(\frac{178,4}{276/n_f}\right)^2 + \left(\frac{162}{551/n_f}\right)^2 = 1 \Rightarrow n_f = 1,41$$

6.11. PROBLEMAS PROPOSTOS

1 – Uma haste de diâmetro 0,75 in é usinada a partir de um tarugo de aço-carbono 1045 recozido com limite de ruptura de 752 MPa. Ela é solicitada por uma força axial que oscila entre (-10000N e +30000N). Sabendo-se que a referida haste apresenta um fator de concentração de tensões "K_t" = 2,1, determine o número de ciclos até a condição de falha. Considere um raio de entalhe de 0,16 in e uma expectativa de 95,0% em confiabilidade. Suponha um fator de carga "f" = 0,9.

Resposta:

K_f = 1,935; σ_{max} = 203,7 MPa; σ_{min} = -67,9 MPa; σ_m = 67,9 MPa; σ_a = 135,8 MPa; k_a = 0,78; k_b = 1,0; k_c = 0,923; k_e = 0,868; Se = 234,96 MPa; a_1 = 1949,5 MPa; b_1 = -0,1532; σ_a^{equ} = 149,28 MPa; N ≅ $19{,}23.10^6$ ciclos (vida infinita!).

2 – A viga de secção transversal retangular ilustrada em figura é submetida a uma força axial flutuante. A força axial flutua entre (+5) kN e (+15) kN. Encontre o diâmetro máximo permissível para o furo transversal esquematizado na condição de vida de operação infinita, segundo o critério de Goodman, em um ambiente de trabalho de 100 °C. O material da viga é um aço-carbono laminado a frio, com limite de escoamento de 490 MPa e limite de ruptura de 590 MPa. O acabamento superficial do furo é usinado. Suponha uma confiabilidade de 99% e um fator de segurança em fadiga de 1,2. Despreze, na solução, o efeito da concentração de tensão decorrente do furo.

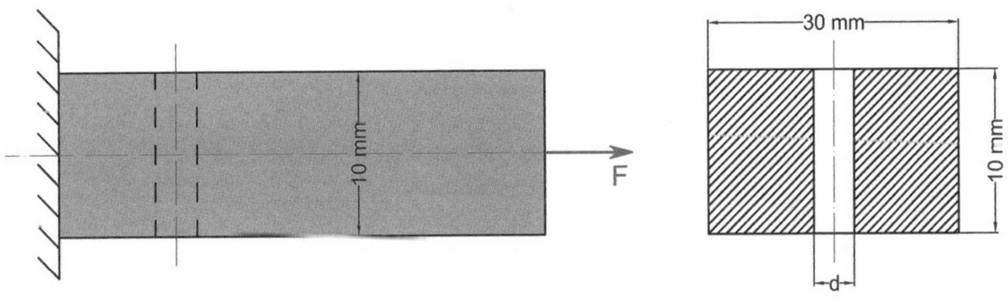

Figura 6.17 – Problema proposto 2.

Resposta:

k_a = 0,83; k_b = 1,0; k_c = 0,923; k_d = 1,020; k_e = 0,814; Se = 187,64 MPa; d ≅ 24,76 mm.

3 – Uma viga de secção transversal retangular é submetida a um carregamento cíclico de (–q) a (+q) em flexão, conforme a figura. Determine o máximo comprimento "L" possível, de tal forma que a viga suporte com segurança 5.10^5 ciclos. Dados: q = 200 N/m, acabamento superficial – laminado a quente, confiabilidade estimada

= 90%, temperatura ambiente, limite de ruptura do material = 1.000 MPa, b = 10 mm e h = 18 mm.

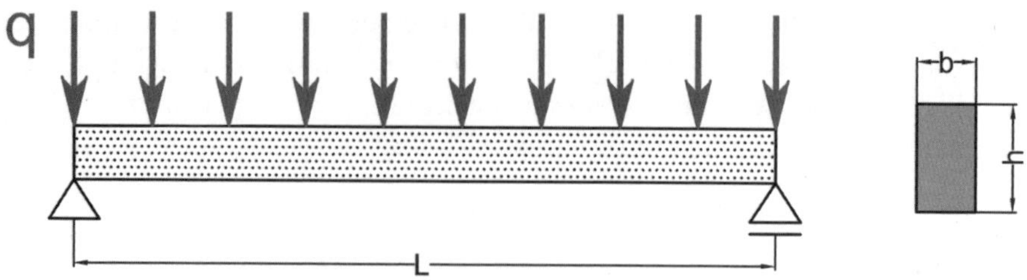

Figura 6.18 – Problema proposto 3.

Resposta:

$k_a = 0{,}404$; $d_{eq} = 10{,}84$ mm; $k_b = 0{,}96$; $k_c = 1{,}0$; $k_e = 0{,}897$; Se = 173,95 MPa; $f \cong 0{,}8$; $b_1 = -0{,}2209$; $a_1 = 3679{,}2$ MPa; $S_f = 203{,}20$ MPa; $L_{max} \cong 0{,}354$ m.

4 – A figura representa o esboço de uma peça de máquina sujeita à ação de uma força variável entre F = 0 e F = 112 N, a qual submete a peça a uma condição de flexão alternada. O material é aço-carbono 1050, estirado a frio e com acabamento usinado. Com base numa confiabilidade de 50%, vida infinita, determine para a secção transversal mais crítica (pontos A ou B), o coeficiente de segurança para o critério de Goodman.

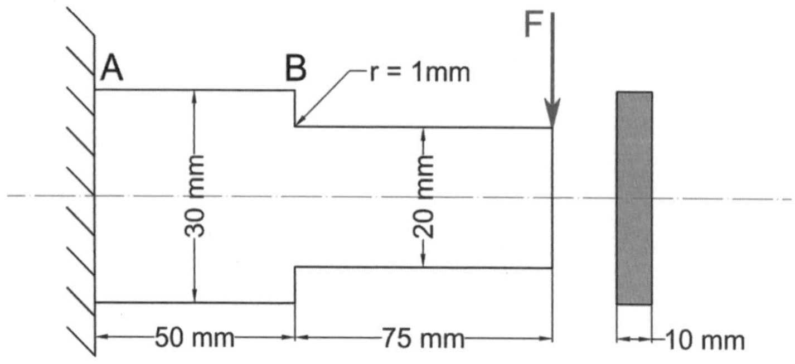

Figura 6.19 – Problema proposto 4.

Resposta:

Ponto A: $\sigma_m = \sigma_a = 4{,}67$ MPa.

Ponto B (ponto mais crítico): $K_t \cong 2{,}30$; $q \cong 0{,}76$; $K_f \cong 2{,}0$; $\sigma_m = \sigma_a = 12{,}60$ MPa

$k_a = 0{,}798$; $d_{eq} = 11{,}43$ mm; $k_b = 0{,}96$; $k_c = 1{,}0$; Se = 264,30 MPa; CS $\cong$ 15,2.

5 – O eixo ilustrado é submetido a um momento fletor alternado de (± 1.200) Nm. Determine o coeficiente de segurança por fadiga mediante os critérios de Gerber e ASME-Elíptico. O eixo é usinado a partir de um aço-carbono com limite de ruptura de 1380 MPa. As dimensões da figura valem: d = 40 mm, D = 60 mm e r = 6 mm. Considere a tabela para a definição do fator de concentração de tensões K_t.

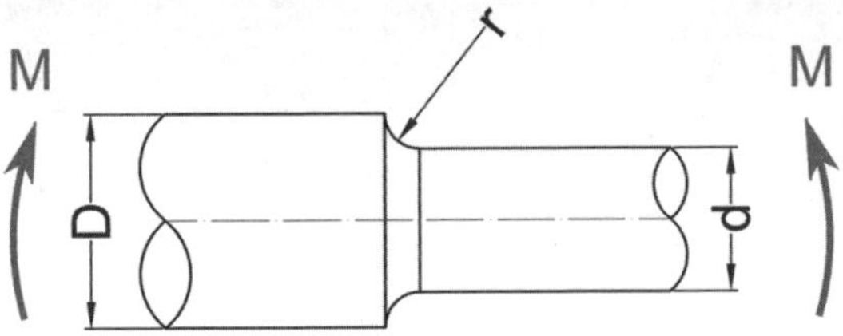

	r/d						
D/d	0,01	0,05	0,10	0,15	0,20	0,25	0,30
1,01	1,790	1,349	1,245	1,199	1,171	1,152	1,138
1,05	2,630	1,697	1,474	1,376	1,317	1,276	1,247
1,10	3,154	1,897	1,577	1,467	1,388	1,355	1,295
1,50	4,237	2,279	1,815	1,610	1,487	1,404	1,342
2,00	4,424	2,388	1,843	1,624	1,494	1,405	1,339
6,00	4,495	2,360	1,854	1,630	1,496	1,405	1,337

Figura 6.20 – Problema proposto 5.

Resposta:

$K_t \cong 1{,}61$; $q \cong 0{,}96$; $K_f \cong 1{,}586$; $k_a = 0{,}664$; $k_b = 0{,}837$; $k_c = 1{,}0$; $Se = 383{,}48$ MPa; $\sigma_a - 191{,}0$ MPa; $\sigma_m = 0$ MPa; $CS_{Gerber} \cong CS_{ASME} = 2{,}0$.

6 – A viga em balanço ilustrada é de aço-carbono 1030 laminado a frio (limite de ruptura de 520 MPa), tem secçao circular maciça e está submetida a um carregamento cíclico senoidal que varia entre (–F) e (+3F). Determine o máximo valor possível para a carga F, considerando condição de vida infinita em fadiga pelo critério de Goodman. Suponha que o ponto correspondente à variação de secção transversal seja o ponto crítico. Considere, ainda, uma confiabilidade estimada de 99%, um coeficiente de segurança em fadiga = 2 e $K_f = 1{,}55$.

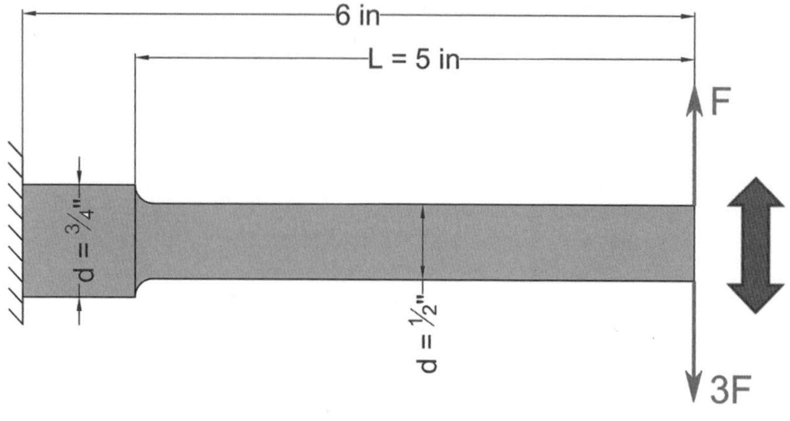

Figura 6.21 – Problema proposto 6.

Resposta:

$k_a = 0{,}86$; $k_b = 0{,}95$; $k_c = 1{,}0$; $k_e = 0{,}814$; Se = 172,91 MPa;

$\sigma_a = 1{,}96.10^6F$; $\sigma_m = 0{,}98.10^6F$; $F \cong 37{,}82$ N.

7 – Uma peça de secção transversal circular maciça é submetida a um carregamento cíclico em tração/compressão (entre 800 MPa e –300 MPa). Sabendo que a referida peça é confeccionada com um material com limite de ruptura de 1.310 MPa e apresenta um limite de fadiga totalmente corrigido de 543 MPa, determine:

a) o coeficiente de segurança em fadiga para a condição de 23.000 ciclos, supondo f = 0,9;

b) o máximo número de ciclos que se pode atingir, em vida finita, supondo f = 0,9;

c) o coeficiente de segurança, para vida infinita, pelo critério Gerber.

Resposta:

a) $\sigma_m = 250$ MPa; $\sigma_a = 550$ MPa; $\sigma_a^{equ} = 679{,}72$ MPa; $a_1 = 2559{,}93$ MPa; $b_1 = -0{,}1122$; $S_f = 829{,}55$ MPa; CS = 1,22.

b) $S_f = \sigma_a^{equ} = 679{,}72$ MPa; $N \cong 135766$ ciclos.

c) $n_f < 1$ (não atende à condição de vida infinita).

8 – Um componente da máquina é submetido a um esforço de flexão que flutua entre 300 MPa em tração e 150 MPa em compressão de forma cíclica. Usando o critério de Goodman, calcule o mínimo limite de ruptura necessário para o material. Tome um fator de segurança de 1,5 e suponha um limite de fadiga totalmente corrigido de 0,45 x limite de ruptura.

Resposta:

$\sigma_m = 75$ MPa; $\sigma_a = 225$ MPa; $\sigma_{rup} = 862{,}5$ MPa.

9 – Uma broca de furadeira de 8 mm de diâmetro é utilizada na condição de torção pura. Se ela apresenta acabamento superficial retificado, determine a sua resistência à fadiga. Suponha uma temperatura de trabalho de 200 °C e um limite de resistência à ruptura de 1.400 MPa.

Resposta:

$k_a = 0{,}854$; $k_b = 0{,}995$; $k_c = 0{,}590$; $k_d = 1{,}020$; Se = 357,96 MPa.

10 – Determine a resistência à fadiga de um corpo de prova retificado em aço-carbono, supondo que ele será submetido a uma vida de 22.000 ciclos de reversão em tensão de flexão. Na sequência, determine a expectativa de vida quando ele for submetido a uma amplitude de tensão de 265 MPa. Dados: limite de ruptura = 465 MPa.

Resposta:

$k_a = 0{,}937$; $k_b = k_c = k_d = k_e = 1{,}0$; Se = 217,85 MPa; $S_f = 312{,}52$ MPa; N $\cong$ 126011 ciclos.

11 – Uma barra de secção transversal quadrada e comprimento 1,2 m encontra-se em balanço a partir de uma das suas extremidades. Supondo a existência de uma carga transversal completamente reversiva de ±1,4 kN na extremidade livre, determine a dimensão necessária para essa secção quadrada. Suponha um aço-carbono laminado a frio, com limite de ruptura de 580 MPa, uma confiabilidade de 90%, um fator de segurança de 1,4 e uma expectativa de vida de 2.10^4 ciclos. Despreze o efeito de eventuais pontos de concentração de tensões e adote um fator de carga f = 0,85. Para início dos cálculos, considere um fator de tamanho - $k_b = 1{,}0$.

Resposta:

$k_a = 0{,}835$; $k_e = 0{,}8976$; Se = 217,35 MPa; $S_f = 345{,}49$ MPa; $\sigma_a = 246{,}78$ MPa; $L_{inicial} \cong 34{,}40$ mm.

$k_b = 0{,}871$; Se = 189,31 MPa; $S_f = 325{,}38$ MPa; $\sigma_a = 232{,}42$ MPa; L $\cong$ 35,13 mm.

12 – Repita o problema proposto 11, supondo vida infinita pelo critério de Goodman, bem como uma carga transversal reversiva que oscila entre (+1,4 kN e –1,2 kN). Mantenha todas as demais informações do problema original.

Resposta:

$k_a = 0,835$; $k_e = 0,8976$; Se = 217,35 MPa; $\sigma_a = 9360/L^3$; $\sigma_m = 720/L^3$; $L_{inicial} \cong 39,58$ mm.

$k_b = 0,858$; Se = 186,48 MPa; L ≅ 41,6 mm.

13 – A barra ilustrada em figura é submetida a uma carga axial flutuante entre (+2,4 kN e +12 kN). Pelo critério de Gerber, determine o coeficiente de segurança em fadiga. O material da barra é aço-carbono laminado a quente, com limite de ruptura de 712 MPa. Despreze o efeito da concentração de tensão no furo.

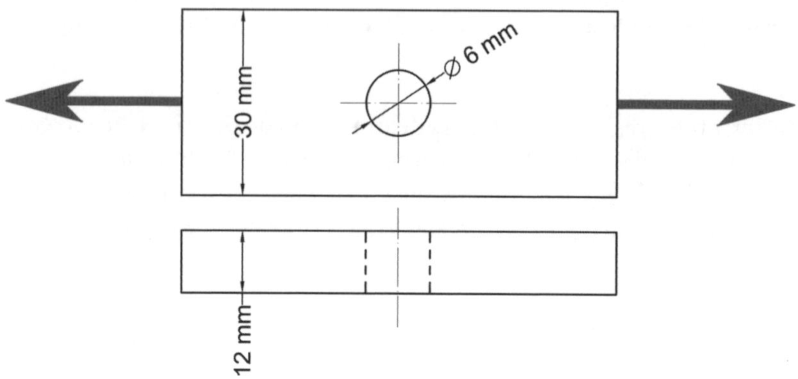

Figura 6.22 – Problema proposto 13.

Resposta:

$k_a = 0,517$; $d_{eq} = 15,33$ mm; $k_b = 0,928$; $k_c = 0,923$; Se = 157,65 MPa;

$\sigma_a = 16,67$ MPa; $\sigma_m = 50,0$ MPa; $n_f \cong 8,6$.

14 – Uma barra circular é submetida a uma carga axial completamente reversa de 150 kN. Determine o tamanho da barra para a vida infinita, se esta for confeccionada em aço-carbono com limite de ruptura de 800 MPa. Assuma um fator de superfície como 0,80, um fator de tamanho 0,85, um fator de confiabilidade de 0,90 e um fator para concentração de tensão de 1,12. Adote, ainda, um fator de segurança de 1,2 e o critério de Goodman.

Resposta:

$k_c = 0,923$; Se = 225,95 MPa; $\sigma_a = 168.10^3/A$; $\sigma_m = 0$; d ≅ 33,7 mm.

NOMENCLATURA

ε	Deformação específica
σ	Tensão normal
σ_a	Tensão alternada
σ_a^{equ}	Tensão alternada equivalente
σ_e	Limite de escoamento do material
σ_m	Tensão média
σ_{max}	Tensão normal máxima
σ_{min}	Tensão normal mínima
σ_o	Tensão normal nominal
σ_{rup}	Limite de ruptura do material
τ	Tensão tangencial ou cisalhante
τ_o	Tensão tangencial nominal
τ_{rup}	Limite de ruptura em cisalhamento do material
$\Delta\sigma$	Intervalo de tensão
a_1	Constante da equação da vida finita
A	Razão de amplitude
b_1	Expoente da equação da vida finita
C	Constante do material
d	Diâmetro de uma secção transversal circular
d_{eq}	Diâmetro equivalente
f	Fator de carga
k_a	Fator de superfície ou de acabamento superficial
k_b	Fator de tamanho ou de dimensão
k_c	Fator de carga ou de carregamento
k_d	Fator de temperatura
k_e	Fator de confiabilidade
K_f	Fator de concentração de tensão em fadiga
K_{fs}	Fator de concentração de tensão em fadiga na condição de cisalhamento
K_t	Fator teórico de concentração de tensões
K_{ts}	Fator teórico de concentração de tensões em cisalhamento

m	Expoente característico do material
n_f	Coeficiente de segurança em fadiga
N	Número de ciclos
q	Sensibilidade ao entalhe
q_s	Sensibilidade ao entalhe em cisalhamento
r	Raio do entalhe
R	Razão de amplitude de tensões
Se	Limite de fadiga corrigido
Se'	Limite de fadiga do corpo de prova
S_f	Limite de fadiga para vida finita
Z	Variável estatística padronizada

REFERÊNCIAS

AVILÉS, Rafael. **Métodos de Cálculo de Fatiga para Ingeniería**. Espanha: Paraninfo, 2015.

BUDYNAS, Richard.; NISBETT, Keith. **Shigley's Mechanical Engineering Design**. 8ª ed., Inc: McGraw Hill Companies, Inc, 2006.

CASTRO, Jaime. MEGGIOLARO, Marco Antonio. **Fadiga**. vol. 1 Iniciação de Trincas. Rio de Janeiro: PUC-Rio, 2009.

COLLIS, Jack. **Projetos Mecânicos de Elementos de Máquinas**. Rio de Janeiro: LTC, 2006.

FAIRES, Virgil. **Elementos Orgânicos de Máquinas.** Rio de Janeiro: LTC, 1979.

GONZÁLVEZ, Antonio Besa; MARAVILLA, Eugenio Giner; GARCÍA, Juan Rodenas; CARO, José Tarancon; CHULIÁ, Francisco Valero. **Componentes de Máquinas** – Fatiga de alto ciclo. Madrid: Prentice Hall, 2003.

JUVINALL, Robert.; MARSHEK, Kurt. **Fundamentos do Projeto de Componentes de Máquinas**. 4ª ed. LTC, 2008.

PETERSON, Rudolph Earl. **Stress Concentration Factors**. Inc: John Wiley & Sons, 1974.

SHIGLEY, Joseph Edward. **Elementos de Máquinas.** v. 1, 3ª ed. Rio de Janeiro: LTC, 1984.

SINES, George.; WAISMANN, Joseph Lewis. **Metal Fatigue.** New York, McGraw Hill, 1969.

CAPÍTULO 7

Fadiga de baixo ciclo e dano acumulativo em fadiga

7.1. O PROJETO PARA FADIGA DE BAIXO CICLO

Conforme discutido no Capítulo 6, as deformações induzidas em decorrência de solicitações cíclicas podem ser predominantemente elásticas e também plásticas. Para o caso específico de cargas cíclicas com amplitudes elevadas, obtêm-se ciclos de deformação plásticos na sua maioria e, por consequência, expectativas de vida baixas, caracterizando o regime de fadiga de baixo ciclo.

A fadiga de baixo ciclo é caracterizada pelo fato de que o dano ao material é acumulativo e progressivo, podendo levar à falha do componente em um número relativamente baixo de ciclos de carga. A forma como o dano se acumula no material depende da tensão alternada aplicada, do número de ciclos de carga e da faixa de temperatura envolvida, dentre outros fatores.

7.2. O MODELO DE RAMBERG-OSGOOD

O modelo de Ramberg-Osgood considera que a deformação total sofrida por determinado componente submetido a cargas externas pode ser dividida em duas parcelas distintas: uma elástica e outra plástica. A parte elástica é linear e segue a lei de Hooke, enquanto a parcela plástica é modelada segundo uma relação parabólica. Matematicamente, pode-se considerar:

$$\varepsilon = \varepsilon_{el} + \varepsilon_{pl} = \frac{\sigma}{E} + \left(\frac{\sigma}{K'}\right)^{1/n}, \qquad (7.1)$$

onde:

K' = coeficiente de encruamento cíclico;

n = expoente de encruamento cíclico.

A Figura 7.1 ilustra a representação do modelo de Ramberg-Osgood.

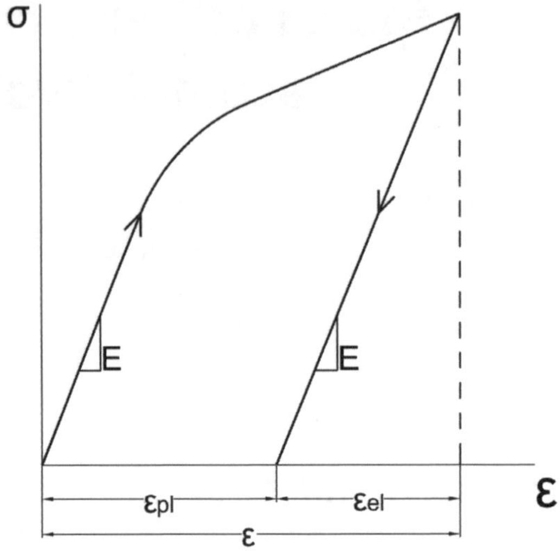

Figura 7.1 – Componentes elástica e plástica da deformação total.

7.3. CURVA DEFORMAÇÃO X NÚMERO DE CICLOS

Coffin e Manson propuseram, em 1954, a caracterização da vida em fadiga baseada na amplitude de deformação plástica, mediante a relação:

$$\frac{\Delta\varepsilon_p}{2} = \varepsilon_F\text{'}(2N)^c \tag{7.2}$$

ε_F' corresponde ao coeficiente de ductibilidade à fadiga (experimentalmente, em muitos casos, equivale à deformação real ou verdadeira em fratura, a qual corresponde ao ponto de ruptura no ensaio convencional de tração simples), e "c" corresponde ao expoente de ductibilidade em fadiga, o qual varia entre (–0,4) e (–0,7) para a maioria dos metais.

Escrevendo a deformação total, na forma de amplitudes das parcelas elástica e plástica, tem-se:

$$\frac{\Delta\varepsilon}{2} = \frac{\Delta\varepsilon_e}{2} + \frac{\Delta\varepsilon_p}{2}, \tag{7.3}$$

sendo a parcela elástica explicitada por:

$$\frac{\Delta\varepsilon_e}{2} = \frac{1}{E}\frac{\Delta\sigma}{2} = \frac{\sigma_a}{E} \tag{7.4}$$

Considerando-se, ainda, a equação de Basquin, correspondente a:

$$\frac{\Delta\sigma}{2} = \sigma_f\text{'}(2N)^b \tag{7.5}$$

σ_f' corresponde ao coeficiente de resistência à fadiga, e "b" corresponde ao expoente de resistência à fadiga (expoente de Basquin), o qual varia entre (–0,05) e (–0,12) para a maioria dos metais.

A substituição da relação (7.5) na Equação (7.4) resulta em:

$$\frac{\Delta\varepsilon_e}{2} = \frac{\sigma_f\text{'}}{E}(2N)^b \tag{7.6}$$

Permitindo-se, por fim, escrever:

$$\frac{\Delta\varepsilon}{2} = \varepsilon_a = \frac{\sigma_f\text{'}}{E}(2N)^b + \varepsilon_F\text{'}(2N)^c \tag{7.7}$$

A Figura 7.2 ilustra o gráfico resultante (em escala log-log) da Equação (7.7), relacionando a amplitude total de deformação com o número de ciclos.

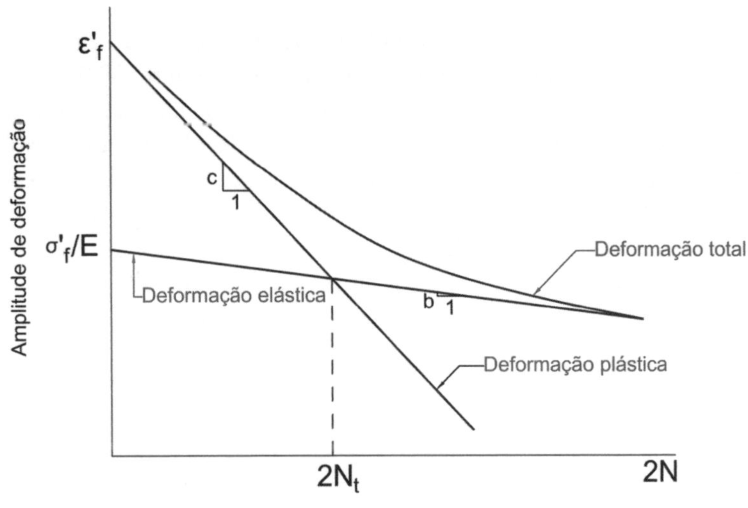

Figura 7.2 – Amplitude de deformação x número de ciclos – curva ε-N.

Embora a maioria das estruturas e dos componentes de engenharia seja projetada de forma que as tensões nominais permaneçam na região elástica, pontos de concentração de tensão causam, geralmente, deformações plásticas nas imediações desses pontos. Segundo Budynas e Nisbett (2006), porém, a curva deformação x número de ciclos corresponde a uma curva de pouca utilidade para o projetista envolvido, dado que não existe, ainda, um procedimento claro para a determinação da deformação total no fundo de um entalhe. A ferramenta matemática dos elementos finitos vem, entretanto, apresentando resultados satisfatórios nesse campo de estudo.

A Tabela 7.1 traduz valores dos coeficientes e parâmetros utilizados na Equação (7.7) para alguns materiais típicos de engenharia.

Tabela 7.1 – Coeficientes e parâmetros das equações de Coffin-Manson e Basquin

Material	ε_F'	σ_f' (MPa)	b	c
Aço-carbono 1010 LQ	0,15	580	–0,09	–0,43
Aço-carbono 1010 LF	0,30	515	–0,059	–0,51
Aço-carbono 1045 Q&T, 225 Brinell	1,00	1225	–0,095	–0,66
Aço-carbono 1045 Q&T, 410 Brinell	0,60	1860	–0,073	–0,70
Aço-carbono 1045 Q&T, 225 Brinell	1,00	1225	–0,095	–0,66
Alumínio 2014-T6	0,42	848	–0,106	–0,65
Alumínio 2024-T4	0,21	1014	–0,110	–0,52

LQ = laminado a quente

LF = laminado a frio

Q&T = temperado e revenido

7.3.1. O NÚMERO DE CICLOS DE TRANSIÇÃO

Na Figura 7.2, é possível observar o número de ciclos onde as curvas de deformação plástica e elástica se interseccionam, designado por número de ciclos de transição (N_t). Abaixo desse número, tem-se a vida em fadiga sendo afetada predominantemente pela deformação plástica (vida dominada pela ductibilidade), com grandes amplitudes de deformação, ou, mais especificamente, fadiga de baixo ciclo. Ao contrário, acima desse mesmo número de ciclos, tem-se a vida em fadiga sendo afetada pela deformação elástica (vida dominada pela resistência à fratura), apresentando, agora, pequenas amplitudes de deformação, ou, ainda, a fadiga de alto ciclo. A indicação ($2N_t$) representa as duas reversões que ocorrem a cada ciclo.

Matematicamente, o valor de N_t pode ser definido a partir da igualdade entre as Equações (7.2) e (7.6), na forma:

$$\varepsilon_F'(2N)^c = \frac{\sigma_f'}{E}(2N)^b \Rightarrow (2N_t) = \left(\frac{\varepsilon_F' E}{\sigma_f'}\right)^{\left(\frac{1}{b-c}\right)} \tag{7.8}$$

7.4. CURVA TENSÃO X DEFORMAÇÃO CÍCLICA

Ligas de engenharia submetidas a carregamentos cíclicos apresentam comportamento mecânico diferenciado da condição dos carregamentos monoatômicos convencionais, dado que a aplicação das tensões ou deformações cíclicas geram deformações plásticas, muito vezes até imperceptíveis. Com carregamentos sucessivos, essas deformações plásticas levam a um rearranjo estrutural do material, com uma consequente alteração nas propriedades mecânicas deste.

Como essa reorganização da estrutura do material é bastante sensível ao nível das deformações plásticas, sugerem-se ensaios nos quais se faça a aplicação de solicitações cíclicas entre valores fixos de deformação no lugar das tensões. No transcorrer dessa deformação cíclica, desenvolve-se um laço de histerese decorrente da parcela de deformação plástica presente, conforme pode ser observado na Figura 7.3.

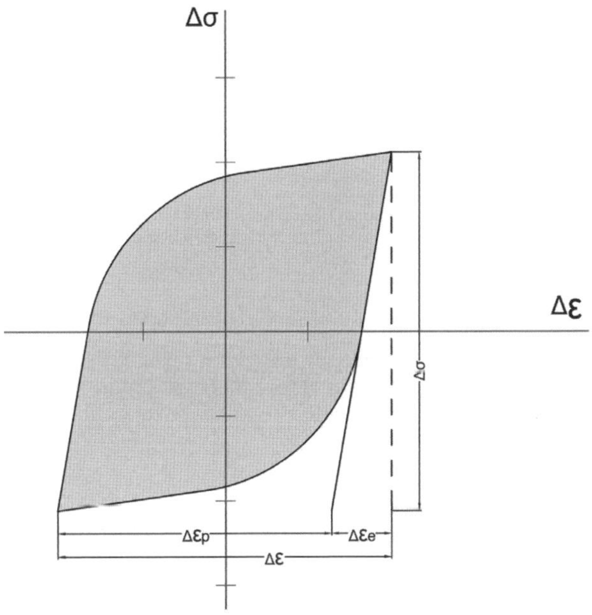

Figura 7.3 – Exemplo de laço de histerese típico de ensaio com amplitude de deformação cíclica constante.

Durante o ensaio, a curva é traçada para cada ciclo de carga, representando a variação da deformação e da carga ao longo do tempo. O laço de histerese apresentado na Figura 7.3 ilustra um ciclo completo de carregamento. A repetição de demais ciclos completos de carregamento em níveis distintos de deformação permite a obtenção de uma família de laços de histerese estabilizados e, consequentemente, a curva tensão-deformação cíclica do material, conforme ilustrado na Figura 7.4.

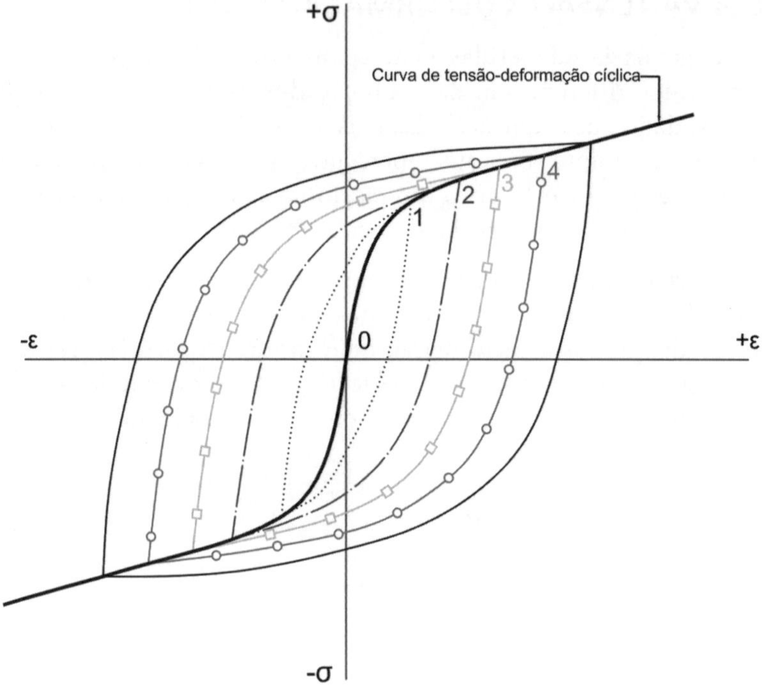

Figura 7.4 – Laços de histerese estabilizados e curva tensão deformação cíclica correspondente.

Cada laço de histerese, mediante a sua área interna, representa a energia de deformação plástica por ciclo de carga, a qual é dividida entre a parcela de energia dissipada sob a forma de calor e a energia absorvida e utilizada pelo material na modificação da sua estrutura de discordâncias, conforme comentado anteriormente.

7.4.1. ENDURECIMENTO E AMOLECIMENTO CÍCLICOS

O amolecimento e o endurecimento cíclicos são dois fenômenos relacionados à resposta dos materiais metálicos a carregamentos cíclicos, mesmo em condições em que o carregamento aplicado seja mantido constante. O amolecimento cíclico é caracterizado pela diminuição da resistência do material ao longo do tempo, como consequência da ocorrência de microdefeitos gerados na sua estrutura e das alterações na sua estrutura cristalina (recristalização), os quais reduzem a resistência do material. Contrariamente, o endurecimento cíclico é caracterizado pelo aumento da resistência do material ao longo do tempo, como decorrência do acúmulo de microdefeitos, os quais aumentam a resistência do material.

A Figura 7.5 ilustra as condições correspondentes ao endurecimento e amolecimento de materiais submetidos a ensaios cíclicos sob intervalos de deformações constantes ($\Delta\varepsilon$). Tal prerrogativa é adotada em decorrência da estabilidade desse tipo de ensaio quando comparado com os ensaios controlados pelo intervalo de tensões ($\Delta\sigma$).

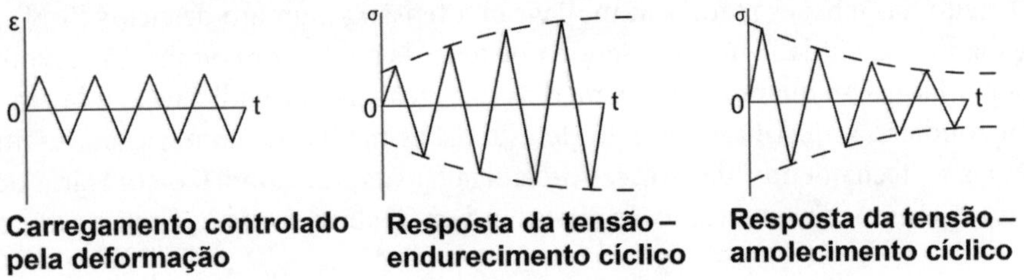

Figura 7.5 – Efeitos do endurecimento e amolecimento cíclico do material.

A curva tensão-deformação cíclica da grande maioria dos materiais de engenharia pode ser aproximada, de forma geral, a partir da adaptação da expressão de Ramberg-Osgood na forma:

$$\frac{\Delta\epsilon}{2} = \frac{\Delta\sigma}{2E} + \frac{1}{2}\left(\frac{\Delta\sigma}{K'}\right)^{\left(\frac{1}{n}\right)}, \tag{7.9}$$

sendo que o expoente de encruamento cíclico varia entre (0,1) e (0,2) para a maioria dos metais.

Em geral, metais com elevado expoente de encruamento cíclico (n > 0,15) experimentam endurecimento cíclico, enquanto os que possuem um expoente menor (n < 0,15) apresentam amaciamento cíclico. Outra forma prática de análise nesse contexto corresponde à comparação da relação entre o limite de ruptura à tração e o limite de escoamento do material na forma:

a) endurecimento cíclico

$$\frac{\sigma_{rup}}{\sigma_{esc}} > 1,4 \tag{7.10.a}$$

a) amaciamento cíclico

$$\frac{\sigma_{rup}}{\sigma_{esc}} < 1,2, \tag{7.10.b}$$

sendo que relações compreendidas entre 1,2 e 1,4 caracterizam a condição de o material manter-se estável.

7.5. A INFLUÊNCIA DAS TENSÕES E DEFORMAÇÕES MÉDIAS

As considerações realizadas até o presente item correspondem a situações nas quais as tensões e deformações impostas se invertem totalmente ($\sigma_m = 0$ e $\varepsilon_m = 0$) no transcorrer das solicitações. Muitas situações práticas, entretanto, contemplam esses valores médios, motivando, assim, uma avaliação mais detalhada nesse sentido.

O efeito das tensões médias num diagrama tensão x número de ciclos (S-N) pode ser avaliado a partir da Figura 7.6, sendo que tensões médias de compressão favorecem a vida em fadiga, enquanto tensões médias de tração são prejudiciais à vida em fadiga. Tal condição se justifica pelo fato de as tensões médias de compressão terem por tendência o "fechamento" das trincas de fadiga existentes. Condição contrária ocorre com as tensões médias de tração, as quais tendem a "abrir" essas respectivas trincas.

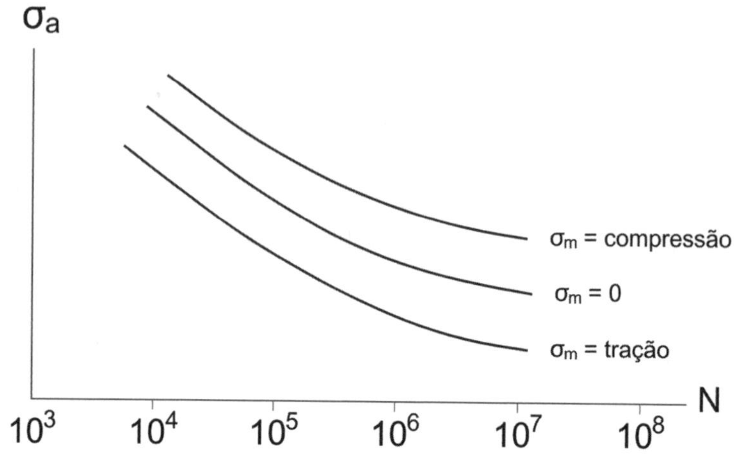

Figura 7.6 – Efeito das tensões médias num diagrama S-N.

Para o caso do efeito das tensões médias no diagrama deformação x número de ciclos (ε-N), conforme Figura 7.7, diversos modelos estão disponíveis, dentre os quais se destacam os métodos de Morrow e Morrow modificado, cujas expressões matemáticas são definidas na sequência.

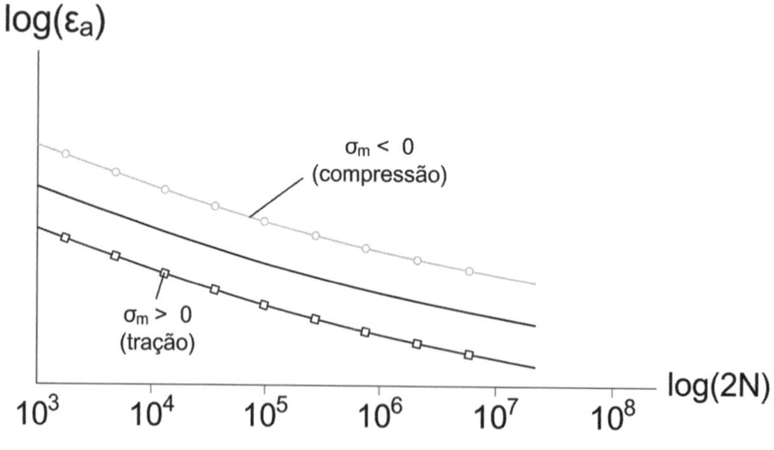

Figura 7.7 – Efeito das tensões médias num diagrama ε-N.

- Morrow:

$$\frac{\Delta\epsilon}{2} = \varepsilon_a = \frac{\sigma_f\text{'} - \sigma_m}{E}(2N)^b + \varepsilon_F\text{'}(2N)^c \tag{7.11}$$

- Morrow modificado:

$$\frac{\Delta\epsilon}{2} = \varepsilon_a = \frac{\sigma_f\text{'} - \sigma_m}{E}(2N)^b + \varepsilon_F\text{'}\left(\frac{\sigma_f\text{'} - \sigma_m}{\sigma_f\text{'}}\right)^{c/b}(2N)^c \tag{7.12}$$

Observe que o método de Morrow considera a influência da tensão média apenas na parcela elástica da deformação, enquanto o método de Morrow modificado considera a influência da tensão média em ambas as parcelas de deformação, elástica e plástica.

Visando, ainda, corrigir a influência das tensões médias eventualmente presentes na condição do carregamento, torna-se possível adotar solução alternativa no contexto de considerar um número de ciclos equivalente para o qual se considera a influência dessa parcela de tensões. Dessa forma, torna-se possível a aplicação da Equação (7.7) de forma direta para a solução do problema. O problema resolvido 6 demonstra essa alternativa de solução.

$$N_{eq} = N\left(1 - \frac{\sigma_m}{\sigma_f\text{'}}\right)^{-1/b} \tag{7.13}$$

7.6. DANO ACUMULATIVO EM FADIGA – LEI DE PALMGREN-MINER

Em situações reais e no geral, os carregamentos de fadiga contemplam esforços de tensão variáveis com ciclos de amplitudes distintas e com variações aleatórias, caracterizando a conceituação do dano acumulativo em fadiga.

Eventuais períodos nos quais a tensão flutuante de fadiga seja removida não levam a nenhum tipo de melhora ou recuperação dos efeitos da solicitação cíclica, motivo pelo qual o dano gerado é acumulativo e irreversível, caracterizando, assim, a perda parcial da funcionalidade do componente ou sistema mecânico em análise a cada nível de solicitação diferenciada.

O dano acumulativo em fadiga pode ser avaliado a partir da regra de Palmgren-Miner, a qual corresponde a um método empírico utilizado para prever a vida útil de um componente submetido a carregamentos cíclicos. Essa regra é baseada na proposta de que a vida útil de um material é determinada pela soma das frações de vida consumidas por cada ciclo de carregamento.

Dessa forma, a regra de Palmgren-Miner, válida para avaliar os danos acumulativos em estruturas ou componentes, torna-se uma simples e importante ferramenta que permite quantificar esse fenômeno a partir da soma linear do dano de cada ciclo de tensão. A Figura 7.8 ilustra essa condição de forma esquemática.

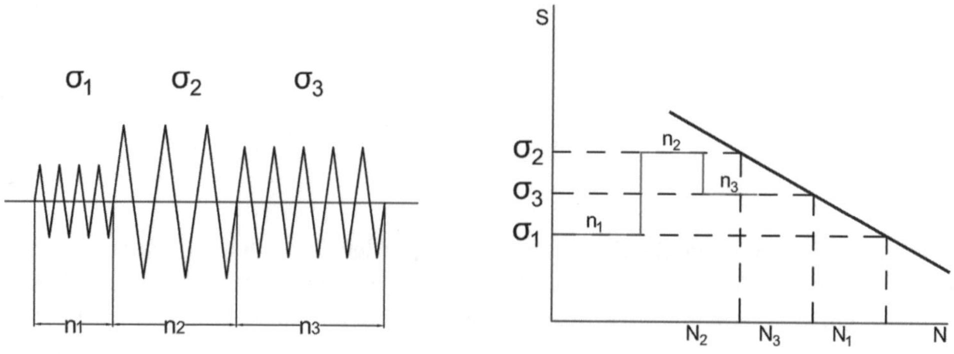

Figura 7.8 – Representação esquemática do dano acumulativo.

Matematicamente e supondo que o dano esteja compreendido no limite (0 < D < 1), pode-se considerar que:

$$D = \frac{n_1}{N_1} + \frac{n_2}{N_2} + ... + \frac{n_k}{N_k} = 1, \tag{7.14}$$

Em que:

D = dano acumulativo (D = 0 para condição da peça virgem, sem quaisquer carregamentos, e D = 1 para condição de falha por fadiga);

N_k = número de ciclos que a peça duraria num único patamar de solicitação;

n_k = número de ciclos associado ao *enésimo* carregamento cíclico.

A regra de Palmgren-Miner, devido *à* sua condição de linearidade, implica que os danos gerados nos diferentes níveis de amplitude de tensão são independentes entre si, não importando a ordem em que eles venham a ser aplicados sobre o componente em análise. Isso, na prática, não é verdadeiro, dado que o histórico do carregamento apresenta influência na vida útil do componente. A vida de um componente será menor, por exemplo, se os ciclos de baixa carga forem aplicados antecipadamente aos ciclos de maior carga, devido à chamada interação de cargas (*load interaction*) que o material acaba apresentando. Para um aprofundamento no assunto, sugere-se uma consulta às bibliografias de referência correspondentes.

Por fim, vale ressaltar que a regra de Palmgren-Miner, apesar de ser uma ferramenta útil para se avaliar a resistência à fadiga de materiais e componentes sujeitos a carregamentos cíclicos, é baseada numa série de simplificações e pressuposições; portanto, pode não ser precisa em todas as situações.

7.7. PROBLEMAS RESOLVIDOS

1 - Considere um corpo de prova de determinado material, o qual é submetido a um ensaio de deformação cíclica totalmente reverso de range $\Delta\varepsilon = 0{,}04$. Determine os níveis de tensão e deformação envolvidos no ensaio.

Dados: E = 206 GPa, n = 0,202, K' = 1204 MPa.

Solução:

$$\varepsilon = \frac{\Delta\varepsilon}{2} = 0{,}02$$

$$\varepsilon_1 = \frac{\sigma_1}{E} + \left(\frac{\sigma_1}{K'}\right)^{1/n} \Rightarrow 0{,}02 = \frac{\sigma_1}{206.10^9} + \left(\frac{\sigma_1}{1204.10^6}\right)^{1/0{,}202} \Rightarrow \sigma_1 \cong 531\ MPa$$

$$\frac{\Delta\varepsilon}{2} = \frac{\Delta\sigma}{2E} + \left(\frac{\Delta\sigma}{2K'}\right)^{1/n}$$

$$\frac{0{,}04}{2} = \frac{\Delta\sigma}{2\left(206.10^9\right)} + \left(\frac{\Delta\sigma}{2\left(1204.10^6\right)}\right)^{1/0{,}202} \Rightarrow \Delta\sigma \cong 1062\ MPa$$

Resultando em:

$$\Delta\sigma = \sigma_1 - \sigma_2 \Rightarrow 1062 = 531 - \sigma_2 \qquad \sigma_2 = -531\ MPa$$

$$\Delta\varepsilon = \varepsilon_1 - \varepsilon_2 \Rightarrow 0{,}04 = 0{,}02 - \varepsilon_2 \qquad \varepsilon_2 = -0{,}02$$

2 - Considere um material hipotético que apresente uma curva tensão-número de ciclos na forma:

$$\log N = 14\left(1 - \frac{S}{\sigma}\right)$$

O material foi submetido a $n_1 = 10^5$ ciclos de carga no nível $S_1 = 0{,}6\sigma$. Deseja-se estimar quantos ciclos (n_2) ele poderá resistir se o nível de carregamento for aumentado para $S_2 = 0{,}7\sigma$.

Solução:

$$\log N_1 = 14\left(1-\frac{S_1}{\sigma}\right)$$

$$\log N_1 = 14\left(1-\frac{0,6\sigma}{\sigma}\right) \Rightarrow N_1 = 3,98.10^5$$

$$\log N_2 = 14\left(1-\frac{S_2}{\sigma}\right)$$

$$\log N_2 = 14\left(1-\frac{0,7\sigma}{\sigma}\right) \Rightarrow N_2 = 1,58.10^4$$

Por Palmgren-Miner:

$$D = \frac{n_1}{N_1} + \frac{n_2}{N_2} + ... + \frac{n_k}{N_k} = 1$$

$$\Rightarrow \frac{10^5}{3,98.10^5} + \frac{n_2}{1,58.10^4} = 1 \Rightarrow n_2 = 1,18.10^4 \; ciclos$$

3 – Considere uma estrutura sujeita ao seguinte espectro de cargas:

Intervalo	Tensões (MPa)	Número de ciclos
1	100	$1,0.10^5$
2	80	$2,5.10^5$
3	60	$5,0.10^5$
4	40	$1,0.10^6$
5	20	$2,0.10^6$

Se a relação entre o número de ciclos para falha e o nível de tensões (curva S-N) é dado por (com as tensões dadas em MPa):

$$N\sigma^3 = 0,63.10^{12},$$

pergunta-se se existe vida residual para a referida estrutura.

Solução:

$$N_1\sigma_1^{\ 3} = 0{,}63.10^{12} \Rightarrow N_1 = 6{,}3.10^5$$

$$N_2\sigma_2^{\ 3} = 0{,}63.10^{12} \Rightarrow N_2 = 1{,}23.10^6$$

$$N_3\sigma_3^{\ 3} = 0{,}63.10^{12} \Rightarrow N_3 = 2{,}92.10^6$$

$$N_4\sigma_4^{\ 3} = 0{,}63.10^{12} \Rightarrow N_4 = 9{,}84.10^6$$

$$N_5\sigma_5^{\ 3} = 0{,}63.10^{12} \Rightarrow N_5 = 7{,}87.10^7$$

Por Palmgren-Miner:

$$D = \frac{n_1}{N_1} + \frac{n_2}{N_2} + ... + \frac{n_k}{N_k} = 1$$

$$\Rightarrow \frac{10^5}{6{,}3.10^5} + \frac{2{,}5.10^5}{1{,}23.10^6} + \frac{5{,}0.10^5}{2{,}92.10^6} + \frac{10^6}{9{,}84.10^6} + \frac{2{,}0.10^6}{7{,}87.10^7} = 0{,}660$$

Como o resultado ficou abaixo da unidade (D < 1), pode-se afirmar que existe vida residual para a referida estrutura.

4 – Uma força completamente axial de 16.000 lbf é aplicada em tração numa chapa de secção transversal (0,35 x 1,43) in. Uma medição experimental permite obter o valor de 348,8 psi para o produto: ($\Delta\sigma.\Delta\varepsilon$). Supondo um material com propriedades K' = 155.000 psi, E = 30.10^6 psi, n = 0,15, ε_F' = 0,48, b = –0,091, c = –0,60 e σ_f' = 290.000 psi, determine o número de ciclos estimado para se iniciar uma trinca de fadiga.

Solução:

Multiplicando-se o segundo termo da Equação (7.9) pelo termo ($\Delta\varepsilon/\Delta\varepsilon$):

$$\frac{\Delta\varepsilon}{2} = \frac{\Delta\sigma}{2E}\left(\frac{\Delta\varepsilon}{\Delta\varepsilon}\right) + \left(\frac{\Delta\sigma}{2K'}\left(\frac{\Delta\varepsilon}{\Delta\varepsilon}\right)\right)^{\left(\frac{1}{n}\right)}$$

$$\frac{\Delta\varepsilon}{2} = \frac{348{,}8}{2\left(30.10^6\right)}\left(\frac{1}{\Delta\varepsilon}\right) + \left(\frac{348{,}8}{2(155000)}\left(\frac{1}{\Delta\varepsilon}\right)\right)^{\left(\frac{1}{0{,}15}\right)}$$

$$\Delta\varepsilon = \sqrt{1,16.10^{-5} + 4,52.10^{-20}\,\Delta\varepsilon^{-5,67}}$$

$$\Delta\varepsilon = 3,75.10^{-3}\ in/in,$$

resultando em:

$$\frac{\Delta\varepsilon}{2} = \frac{\sigma_f\,'}{E}(2N)^b + \varepsilon_F\,'(2N)^c$$

$$\frac{3,75.10^{-3}}{2} = \frac{290000}{30.10^6}(2N)^{-0,091} + 0,48(2N)^{-0,60}$$

$$N \cong 3,2.10^7\ ciclos$$

5 – A curva S-N para uma liga metálica é caracterizada pela relação de Basquin:

$$\sigma_a = CN^b,$$

em que "C" é uma constante de material; σ_a é a tensão alternada, "N" é o número de ciclos até a condição de falha e "b" é o expoente Basquin, com valor de (–0,09) para o presente caso. Quando a amplitude de tensão é igual ao limite de escoamento do material nessa liga, a sua vida em fadiga é de 1.100 ciclos.

Se uma amostra dessa liga gasta 70% de sua vida sujeita a níveis alternados de tensão iguais ao seu limite de escoamento, 20% em níveis alternados correspondentes a 1,1 do seu limite de escoamento e os últimos 10% a 1,2 do seu limite de escoamento, estime a vida em fadiga da mesma, utilizando a regra do dano linear de Palmgren-Miner.

Solução:

$$\sigma_a = CN^b \Rightarrow N = \left(\frac{\sigma_{esc}}{C}\right)^{1/b} = 1.100$$

Por Palmgren-Miner:

$$D = \frac{n_1}{N_1} + \frac{n_2}{N_2} + ... + \frac{n_k}{N_k} = 1$$

$$\frac{0,7N}{\left(\frac{\sigma_{esc}}{C}\right)^{1/b}} + \frac{0,2N}{\left(\frac{1,1.\sigma_{esc}}{C}\right)^{1/b}} + \frac{0,1N}{\left(\frac{1,2.\sigma_{esc}}{C}\right)^{1/b}} = 1$$

$$N = \frac{\left(\frac{\sigma_{esc}}{C}\right)^{1/b}}{\left(\frac{0,7}{1} + \frac{0,2}{(1,1)^{1/b}} + \frac{0,1}{(1,2)^{1/b}}\right)}$$

$$N = \frac{1100}{\left(\frac{0,7}{1} + \frac{0,2}{(1,1)^{1/-0,09}} + \frac{0,1}{(1,2)^{1/-0,09}}\right)} \cong 540\,ciclos$$

6 - Uma liga de alumínio com as seguintes propriedades: $\sigma_f' = 927\,MPa$, $\varepsilon_F' = 0,409$, b = –0,113, c = –0,713, E = 73,1 GPa, K' = 662 MPa e n = 0,070 é submetida a um range de deformação de 0,016. Estime a sua expectativa de vida, caso ela sofra a influência de tensões médias adicionais na ordem de:

a) (+70) MPa;

b) (–70) MPa.

Solução:

Considerando-se inicialmente a condição nominal de solicitações, ou seja, sem a presença de tensões médias, obtém-se:

$$\frac{\Delta\varepsilon}{2} = \frac{\sigma_f'}{E}(2N)^b + \varepsilon_F'(2N)^c$$

$$\frac{0,016}{2} = \frac{927.10^6}{73,1.10^9}(2N)^{-0,113} + 0,409(2N)^{-0,713} \Rightarrow N = 679\,ciclos$$

a) para uma tensão média de (+70) MPa

$$N_{ef} = N\left(1 - \frac{\sigma_m}{\sigma_f'}\right)^{-1/b}$$

$$N_{ef} = 679\left(1 - \frac{70}{927}\right)^{1/0,113} \cong 339\ ciclos$$

b) para uma tensão média de (–70) MPa

$$N_{ef} = N\left(1 - \frac{\sigma_m}{\sigma_f'}\right)^{-1/b}$$

$$N_{ef} = 679\left(1 + \frac{70}{927}\right)^{1/0,113} \cong 1.293\ ciclos$$

Conforme esperado, tensões médias em tração são prejudiciais à condição de vida em fadiga, caracterizando situação final correspondente a um menor número de ciclos em termos de expectativa de vida. Contrariamente, tensões médias em compressão são favoráveis, caracterizando uma vida em fadiga maior em termos do número de ciclos.

7 - Para a liga metálica do problema resolvido 6, determine o número de ciclos de transição, ou seja, o número de ciclos a partir do qual se considera a condição de fadiga de alto ciclo. Para essa solução, despreze o efeito das tensões médias correspondentes.

Solução:

$$(2N_t) = \left(\frac{\varepsilon_F\text{'}E}{\sigma_f\text{'}}\right)^{\left(\frac{1}{b-c}\right)}$$

$$(2N_t) = \left(\frac{0,409.73,1.10^9}{927.10^6}\right)^{\left(\frac{1}{-0,113+0,713}\right)}$$

$$N_t = 163,4\ ciclos$$

7.8. PROBLEMAS PROPOSTOS

1 - Determinado aço-carbono possui uma curva S-N dada por:

$\sigma = 3207N^{-0,201}$ (MPa)

Qual o número de ciclos que esse material poderá suportar sob um carregamento de 300 MPa de amplitude, caso ele tenha sido anteriormente solicitado, por um período de 5.000 ciclos, num carregamento de 500 MPa de amplitude?

Resposta:

68.122 ciclos.

2 - Determinado material, quando ensaiado, apresenta os seguintes resultados:

Range de tensões aplicado (MPa)	Número de ciclos até a falha
600	1.10^4
500	2.10^4
400	5.10^4
300	3.10^5
250	3.10^6
200	8.10^7

Em carga, uma espécie do mesmo é submetida a 1.10^7 ciclos num range de tensões de 200 MPa. Estime o número de ciclos remanescente se a referida espécie passar a ser solicitada num range de 500 MPa.

Resposta:

17.500 ciclos.

3 – Para uma curva tensão-deformação cíclica, tem-se:

$\Delta\sigma = 150$ MPa e $\Delta\varepsilon = 1{,}29.10^{-3}$

Determine:

a) as parcelas elástica e plástica da deformação;

b) o número de ciclos até a condição de falha.

Dados: $E = 22.10^4$ MPa, $c = -0{,}6$, $\varepsilon_f' = 0{,}30$.

Resposta:

a) $\Delta\varepsilon_{el} = 6{,}82.10^{-4}$, $\Delta\varepsilon_{pl} = 6{,}082.10^{-4}$.

b) $N \cong 48.884$ ciclos.

4 – Determinado componente de máquina será submetido aos seguintes carregamentos sequenciais: a) $\pm$ 336 MPa por 4.000 ciclos; b) $\pm$ 296 MPa por 5.200 ciclos; e c) $\pm$ 244 MPa até o final da vida do componente. Quantos ciclos de operação podem ser estimados para esse último nível de tensão? Dados: limite de ruptura do material = 550 MPa, limite de fadiga completamente corrigido = 202 MPa, $f \cong 0{,}88$.

Resposta:

$a_1 = 1159{,}68$ MPa, $b_1 = -0{,}1265$, $n_3 = 150458{,}5$ ciclos.

5 – Repita o problema proposto 4, supondo que, no terceiro ciclo de carregamento, as tensões atuantes sejam correspondentes a: σ_{max} = 420 MPa e σ_{min} = 140 MPa. Todos os demais dados do problema devem ser mantidos.

Resposta:

σ_a^{eq} = 285,18 MPa, n_3 = 43.854 ciclos.

6 – O diagrama ilustrado apresenta um ciclo de histerese estabilizado de um material submetido a uma carga sequencial de dois níveis de tensão distintos. Determine o número de ciclos estimado para a falha por fadiga supondo o método de Morrow.

Considere: σ_f' = 900 MPa, b = –0,095, c = –0,47, E = 200 GPa, ε_f'= 0,26.

Resposta:

Para o looping maior: $4{,}9.10^4$ ciclos (condição mais crítica – resposta do problema).

Para o looping menor: $1{,}9.10^7$ ciclos.

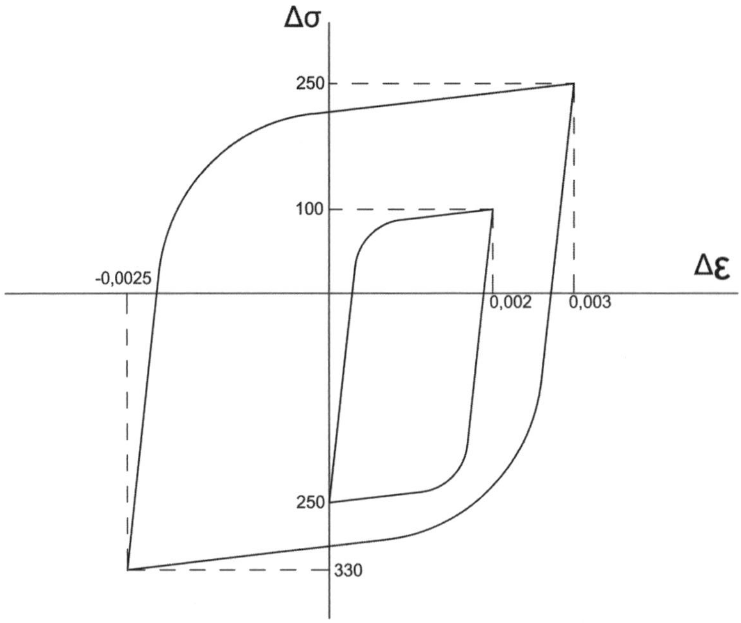

Figura 7.9 – Problema proposto 6.

7 - Determinada ponte metálica estrutural foi projetada para suportar a passagem concomitante de automóveis, caminhões e trens. Um levantamento realizado junto aos carregamentos determinou as seguintes relações:

Tipo de veículo	Vida em fadiga	Veículos/dia
Automóveis	1.10^8	5.000
Caminhões	2.10^6	100
Trens	1.10^5	30

Pergunta-se:

a) qual o dano acumulado na estrutura da ponte ao longo de três anos?

b) Posteriormente aos três anos do item (a), qual a vida remanescente da estrutura caso se interrompa a passagem de trens?

Resposta:

a) dano acumulado = 0,438.

b) vida remanescente ≅ 15,4 anos.

8 – Utilizando o enfoque deformação x número de ciclos, calcule o fator de segurança para a condição de vida infinita de um eixo submetido a um carregamento cíclico com R = –1. A tensão alternada atuante é de 500 MPa.

Considere: σ_f' = 1198 MPa, σ_{rup} = 827 MPa b = –0,095, K' = 1337 MPa, n = 0,168, c = –0,563, ε_f'= 0,522, E = 193,3 GPa.

Resposta:

Para condição da tensão alternada atuante: $\varepsilon_a = 5{,}46.10^{-3}$.

Para condição dc vida infinita: $\varepsilon_a = 1{,}71.10^{-3}$.

Fator de segurança ≅ 0,31 → não atende à condição de vida infinita.

9 – Determinado componente de máquina, com secção transversal retangular (b = 10 x h = 80 mm), é submetido a um momento fletor puramente reverso entre (± M) nas suas extremidades. Utilizando o enfoque deformação x número de ciclos, determine o máximo momento fletor (em módulo) que poderá ser aplicado considerando-se uma expectativa de vida de 50.000 ciclos.

Considere: σ_f' = 1315 MPa, b = –0,126, c = -0,52, ε_f'= 0,19, E = 70.000 MPa, K' = 827 MPa, n = 0,146, $I_{LN} = bh^3/12$.

Resposta:

$\varepsilon_a = 4{,}88.10^{-3}$, σ_a ≅ 289 MPa, M_{max} = 3082,7 Nm.

10 – Determinado material é submetido a dois ciclos de carga entre 0 e 300 MPa, e, na sequência, a outros dois ciclos de carga entre 100 e 250 MPa. Negligenciando as parcelas correspondentes às tensões médias, determine o número de sequências para a condição de falha. A curva S-N do referido material é dada por (em MPa):

$$\sigma = 430 - 55(\log N).$$

Resposta:

$D = 1{,}692.10^{-5}$, resultando em $\cong$ 59.102 sequências.

11 – Determinado aço-carbono apresenta as seguintes propriedades: $\sigma_f' = 300$ kpsi, $b = -0{,}10$, $c = -0{,}60$, $\varepsilon_f' = 0{,}10$, $E = 30.10^3$ kpsi. Determine o número de ciclos de transição e a correspondente amplitude total de deformação ($\Delta\varepsilon/2$).

Resposta:

$$N_t = 50 \text{ ciclos}, (\Delta\varepsilon/2) = 0{,}0126.$$

NOMENCLATURA

ε	Deformação total
ε_a	Deformação alternada
ε_{el}	Deformação elástica
ε_F'	Coeficiente de ductibilidade à fadiga
ε_{pl}	Deformação plástica
σ	Tensão normal
σ_a	Tensão alternada
σ_{esc}	Limite de escoamento do material
σ_f'	Coeficiente de resistência à fadiga
σ_m	Tensão média
σ_{max}	Tensão máxima
σ_{min}	Tensão mínima
σ_{rup}	Limite de ruptura do material
$\Delta\varepsilon$	Intervalo de deformação
$\Delta\varepsilon_{el}$	Intervalo de deformação elástica
$\Delta\varepsilon_{pl}$	Intervalo de deformação plástica

$\Delta\sigma$	Intervalo de tensão
b	Expoente de resistência à fadiga
c	Expoente de ductibilidade à fadiga
D	Dano acumulativo em fadiga
E	Módulo de elasticidade longitudinal do material
n	Expoente de encruamento cíclico
n_k	Número de ciclos associado ao enésimo carregamento cíclico
N	Número de ciclos
N_{ef}	Número de ciclos efetivo
N_t	Número de ciclos de transição
N_k	Número de ciclos que a peça duraria num único patamar de solicitação
K'	Coeficiente de encruamento cíclico

REFERÊNCIAS

AVILÉS, Rafael. **Métodos de Cálculo de Fatiga para Ingeniería**. Espanha: Paraninfo, 2015.

BUDYNAS, Richard Gordon; NISBETT, Keith. **Shigley's Mechanical Engineering Design**. 8ª ed. Inc: McGraw Hill Companies, 2006.

CASTRO, Jaime MEGGIOLARO, Marco Antonio. **Fadiga** – vol. I – Iniciação de Trincas. Rio de Janeiro: PUC-Rio, 2009.

COLLIS, Jack. **Projetos Mecânicos de Elementos de Máquinas**. Rio de Janeiro: LTC, 2006.

JUVINALL, Robert.; MARSHEK, Kurt. **Fundamentos do Projeto de Componentes de Máquinas.** 4ª ed., LTC, 2008.

CAPÍTULO 8

Mecânica da fratura elástica linear

8.1. INTRODUÇÃO

Numa conceituação totalmente diferenciada das condições convencionais de projetos, nos quais se avaliam as solicitações atuantes sobre o elemento ou o componente mecânico, seja na condição de carregamentos estáticos ou dinâmicos, com o objetivo principal em definirem-se as dimensões mínimas necessárias para que a peça atenda às condições de segurança correspondentes, a ferramenta da mecânica da fratura encontra-se disponível no contexto de quantificar a expectativa de vida remanescente de uma peça, na qual se identifique alguma eventual microtrinca (fissura) existente quando o componente já se encontra em carga ou em funcionamento. Os conceitos da mecânica da fratura também podem ser aplicados no contexto da definição de um máximo carregamento que poderá ser aplicado no componente em análise, a partir da identificação de uma fissura (microtrinca) existente.

Essas fissuras, na grande maioria dos casos, são inerentes aos processos de fabricação, usinagem, tratamentos complementares e soldagens (poros e descontinuidades) aos quais os materiais são submetidos durante o seu processamento, ocasionando uma distribuição heterogênea das tensões internas quando o material é submetido a cargas de tração (situação comum e mais crítica nesse contexto).

Segundo Rosa (2002), o uso cada vez mais generalizado da mecânica da fratura se deve ao fato de que ela permite quantificar de maneira bastante precisa os níveis admissíveis em que um componente com trincas pode operar sem que venha a falhar. Esse aspecto é extremamente importante em peças de elevado custo de fabricação e que estão sujeitas à ocorrência de eventuais defeitos, os quais são quase impossíveis de ser totalmente eliminados em decorrência de uma série de fatores que envolvem os atuais processos de fabricação.

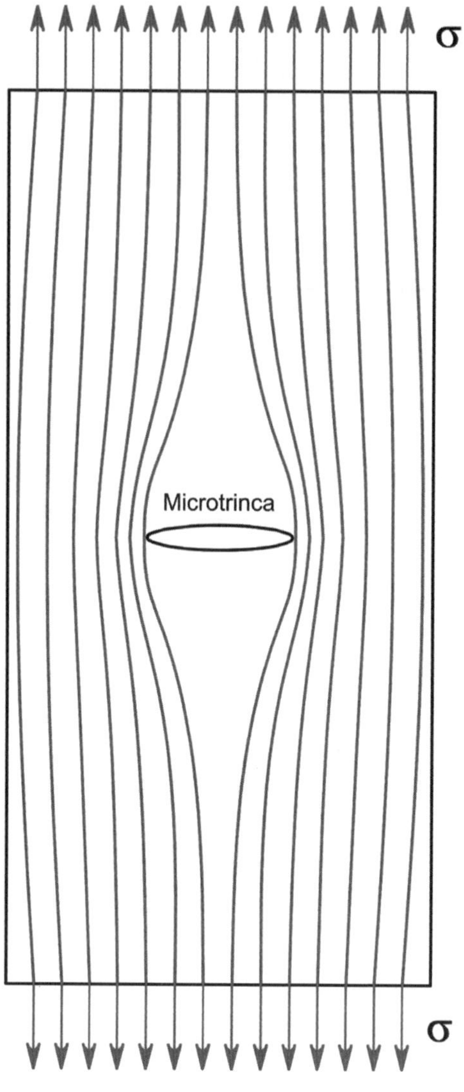

Figura 8.1 – Distribuição heterogênea e localizada de tensões decorrentes de fissura existente no interior do material.

A prerrogativa para a aplicação dos conceitos da mecânica da fratura decorre da necessidade quanto à identificação e o posterior monitoramento da trinca ou fissura considerada. Isso pode ser realizado, em alguns casos, mediante uma simples inspeção visual do componente, sendo, porém, que, para a grande maioria dos casos, torna-se necessária a aplicação das técnicas convencionais de inspeção disponíveis, dentre as quais se podem destacar: líquido penetrante, partículas magnéticas, ultrassom e radiografia (raios X), entre outras.

8.2. A ORIGEM DA MECÂNICA DA FRATURA

Os primeiros relatos no estudo da mecânica da fratura são de Leonardo da Vinci, ao realizar estudos qualitativos em arames de aço, demonstrando que a resistência era inversamente proporcional ao comprimento deles (na realidade, o aumento de volume de material possibilita uma probabilidade de aumento na quantidade de defeitos eventualmente existentes). Séculos depois, históricos sobre a Mecânica da Fratura são decorrentes do ano de 1912, ocasião em que Inglis publicou os resultados referentes aos estudos de uma chapa carregada em tração, contemplando uma trinca na sua parte central. A referida trinca foi simulada a partir de uma elipse com dimensões (2a > 2b), sendo "a" o semieixo da elipse perpendicular à carga, e "b", o semieixo da elipse na direção do carregamento, conforme esquematizado pela Figura 8.2. As demais dimensões da chapa eram bastante superiores às dimensões da trinca (tratada como uma elipse), caracterizando, assim, uma condição hipotética e conceitual de uma chapa com dimensões tendendo para o infinito.

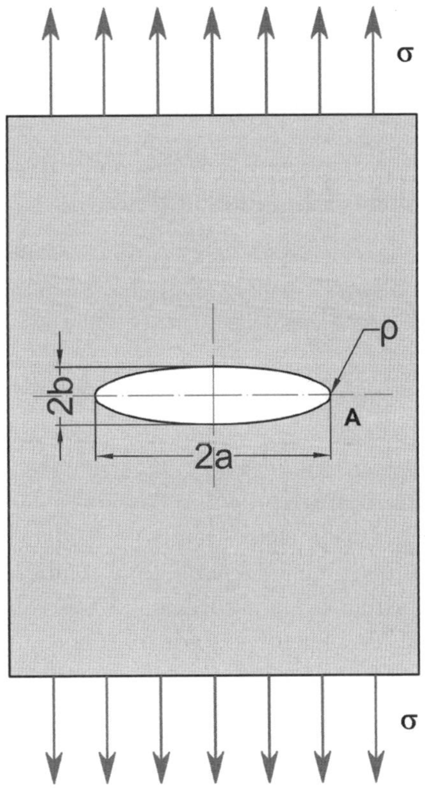

Figura 8.2 – Chapa "infinita" e com trinca central carregada em tração.

Nesse trabalho, Inglis detalhou que a máxima tensão normal atuante nas proximidades da ponta da trinca em forma de elipse (ponto A) vale:

$$\sigma_{max} = \sigma_o \left(1 + 2\frac{a}{b}\right) \tag{8.1}$$

Da geometria analítica, tem-se que o raio (ρ) da extremidade da elipse pode ser definido por:

$$\rho = \frac{b^2}{a} \tag{8.2}$$

Como, ainda, da mecânica dos sólidos, tem-se o conhecimento de que qualquer tensão nominal (σo) atuante em determinado componente com algum tipo de entalhe será majorada a partir de um fator de concentração de tensões (K_t), na forma:

$$\sigma_{max} = K_t \sigma_o \tag{8.3}$$

pode-se, enfim, concluir que:

$$K_t = 1 + 2\sqrt{\frac{a}{\rho}} \tag{8.4}$$

Extrapolando a condição de que o raio (ρ) na ponta da elipse é muito pequeno ($\rho \rightarrow 0$), Inglis chegou finalmente à seguinte conclusão:

$$K_t \Rightarrow \infty; \tag{8.5}$$

e, consequentemente:

$$\sigma_{max} \Rightarrow \infty \tag{8.6}$$

A tensão atuante na ponta da elipse (trinca) é evidentemente superior à tensão nominal correspondente, mas muito inferior a uma condição de infinito, motivo pelo qual se concluiu que problemas dessa natureza não poderiam ser avaliados mediante os conceitos convencionais de concentração de tensões.

O trabalho de Inglis, como consequência dessas conclusões, pouco colaborou diretamente para o assunto em pauta, sendo, entretanto, considerado como precursor na área da mecânica da fratura.

8.3. O TRABALHO DE GRIFFITH

Em meados de 1924, Griffith, aproveitando os resultados anteriores de Inglis e dos demais pesquisadores que trabalharam no assunto durante esse período, publicou um estudo alternativo para o problema da propagação de trincas em componentes carregados. Nesse estudo, Griffith derivou um critério para o crescimento de trincas, usando uma abordagem baseada totalmente em conceitos energéticos.

Griffith demonstrou, a partir da 1ª lei da termodinâmica, que, quando uma trinca preexistente num sólido submetido a cargas externas cresce, ocorre uma diminuição na energia potencial armazenada no sistema. Essa parcela será equilibrada pelo respectivo aumento na energia de superfície (energia superficial), ocorrida justamente como consequência da propagação sofrida pela trinca. Apresentou-se, dessa forma, uma conceituação vinculada ao balanço energético para a avaliação da propagação de trincas preexistentes em componentes carregados.

Matematicamente, a proposta foi apresentada a partir do crescimento diferencial de uma trinca de tamanho inicial (2a) para dimensão final [2(a+da)], presente numa chapa "infinita" submetida a um carregamento em tração.

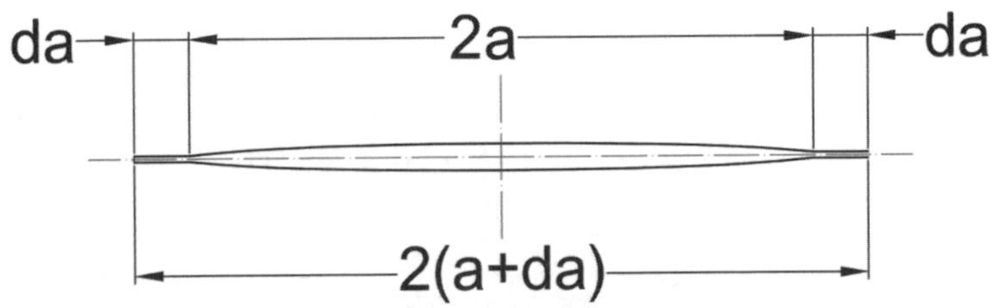

Figura 8.3 – Trinca com dimensão inicial (2a) sendo solicitada até atingir a dimensão final [2(a+da)].

$$U_t = U_o + U_a + U_S \tag{8.7}$$

Sendo: U_o = energia da placa sem trinca;

U_a = energia potencial fornecida pela deformação interna;

U_S = energia de superfície (ou energia superficial).

com:

$$U_a = -\frac{\pi a^2 \sigma^2}{E} \tag{8.8}$$

$$U_S = 2(2a)\gamma_S \tag{8.9}$$

γ_S = energia superficial por unidade de superfície. Trata-se de uma propriedade característica de cada material, a qual pode ser interpretada a partir da condição de que átomos que se encontram na superfície de qualquer sólido apresentam um número de átomos vizinhos relativamente inferior ao que ocorre com os átomos localizados no interior da estrutura.

A variação da energia total do sistema em relação ao tamanho da trinca resulta em:

$$\frac{dU_t}{da} = \frac{dU_o}{da} + \frac{dU_a}{da} + \frac{dU_S}{da} = 0 \tag{8.10}$$

$$\frac{dU_t}{da} = -\frac{2\pi a\sigma^2}{E} + 4\gamma_s = 0 \tag{8.11}$$

e, ao final, na seguinte igualdade:

$$\frac{2\pi a\sigma^2}{E} = 4\gamma_s \tag{8.12}$$

Griffith demonstrou com isso três possibilidades distintas para se avaliar essa igualdade:

$$\frac{2\pi a\sigma^2}{E} > 4\gamma_s \Rightarrow \textit{sistema instável}$$

$$\frac{2\pi a\sigma^2}{E} = 4\gamma_s \Rightarrow \textit{condição crítica}$$

$$\frac{2\pi a\sigma^2}{E} < 4\gamma_s \Rightarrow \textit{sistema estável} \tag{8.13}$$

Ou seja, caso a parcela da variação da energia potencial de deformação seja superior à parcela de variação da energia superficial, haverá propagação da trinca (sistema instável). Do contrário, não haverá propagação, e a trinca permanecerá estável. É evidente que, na igualdade numérica desses dois termos, tem-se a condição-limite ou crítica (eminência de propagação da trinca).

Algumas conclusões podem ser obtidas a partir da chamada condição-limite, seja no contexto do tamanho crítico da trinca (a_{crit}), seja no contexto da chamada tensão crítica (σ_{crit}), em termos de propagação da trinca. Adaptando-se, dessa forma, a Equação (8.12), torna-se possível obter:

$$a_{crit} = \frac{2E\gamma_s}{\pi\sigma^2} \tag{8.14}$$

$$\sigma_{crit} = \sqrt{\frac{2\gamma_s E}{\pi a}} \tag{8.15}$$

Observação: a Equação (8.15) é válida para a condição de EPT. Caso se tenha uma condição de EPD, considerar alternativamente:

$$\sigma_{crit} = \sqrt{\frac{2\gamma_s E}{\pi a\left(1-\upsilon^2\right)}} \tag{8.16}$$

A Figura 8.4 apresenta a variação do tamanho da trinca como função:

a) da energia potencial de deformação – tendo como resultado uma parábola de segundo grau; e

b) da energia superficial – tendo como resultado uma equação de primeiro grau, ou, mais especificamente, uma reta.

A sobreposição dessas duas curvas é também ilustrada na correspondente Figura, destacando-se a condição na qual ocorrerá a instabilidade da trinca a partir do seu tamanho crítico.

Observe, ainda, que, por convenção, trincas internas são identificadas por um comprimento total (2a), enquanto, para trincas de extremidade, o comprimento é definido apenas por “a”.

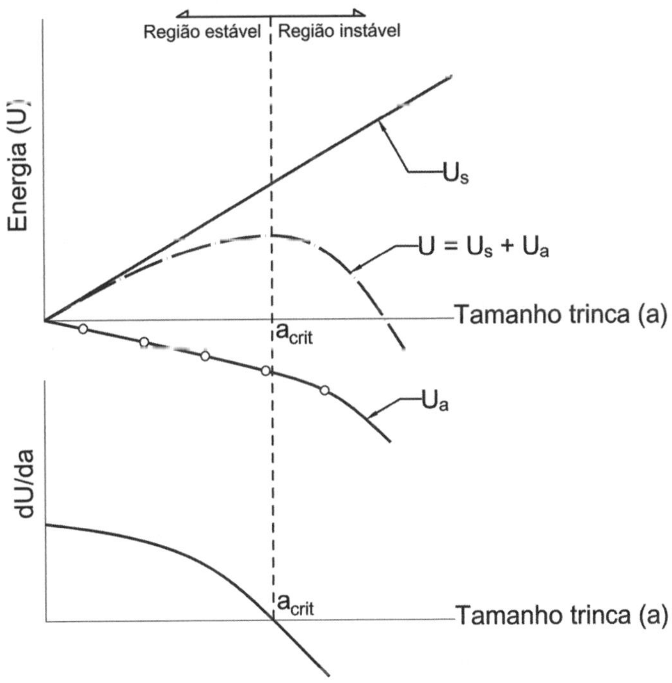

Figura 8.4 – Variação do tamanho da trinca com a energia potencial de deformação e com a energia superficial.

8.3.1. LIMITAÇÕES DA PROPOSTA DE GRIFFITH

Os resultados dos trabalhos de Griffith mostraram-se bastante eficientes, mas não suficientemente adequados para caracterizar a falha de todos os tipos de materiais. Isso decorre do fato de que a fissura existente no sólido deve ser relativamente aguda nos seus extremos, objetivando criar um nível de concentração de tensões que seja suficiente para superar as forças de atração moleculares locais existentes. Isso fez com que a formulação de Griffith fosse, comprovadamente, válida para materiais frágeis.

Dessa forma, os resultados de Griffith demonstraram-se satisfatórios para o caso de materiais cerâmicos e vidros, por exemplo, não sendo totalmente válidos para o caso dos metais, no qual a energia necessária para a fratura é bastante superior às suas energias superficiais correspondentes.

Visando a corrigir essa distorção e possibilitar a aplicação dos resultados de Griffith para os metais e demais materiais dúcteis, Irwin propôs, em 1948, a adição de um termo complementar à equação original de Griffith, na forma:

$$\sigma_{crit} = \sqrt{\frac{2E(\gamma_S + \gamma_P)}{\pi a}}, \quad (8.17)$$

em que: γ_P = trabalho plástico por unidade de superfície, o qual é normalmente bastante superior à energia superficial por unidade de superfície (γ_S) do material e corresponde a uma espécie de fator de correção para a zona plástica criada nas proximidades da ponta da trinca, propriedade característica dos materiais dúcteis.

8.3.2. TAXA DE LIBERAÇÃO DE ENERGIA

Ao prosseguir seus estudos sobre o assunto, Irwin chegou, no ano de 1956, a uma solução equivalente ao postulado de Griffith, mediante o conceito da taxa de liberação de energia (G). Trata-se de uma conceituação mais conveniente para resolver problemas envolvendo os metais de uma forma geral.

A taxa de liberação de energia é um conceito importante que descreve a quantidade de energia necessária para propagar uma trinca em um material, sendo definida como a taxa de variação da energia potencial elástica armazenada no material, por unidade de comprimento da trinca, à medida que a trinca se propaga. Trata-se de uma medida da capacidade do material em resistir à propagação de trincas, sendo que, quanto maior for o seu valor, mais facilmente a trinca virá a propagar-se, o que indica que o material é, assim, menos resistente à fratura.

Por outro lado, um material com uma taxa de liberação de energia menor será mais resistente à fratura, dado que será necessária uma maior quantidade de energia para propagar a trinca. A taxa de liberação de energia é geralmente expressa em unidades de energia por unidade de área, como J/m^2.

Matematicamente, Irwin propôs que a taxa de liberação de energia fosse computada a partir da derivada da energia consumida em relação à área da secção transversal correspondente à propagação da fissura na forma:

$$G = \frac{dU_R}{dA} \tag{8.18}$$

A partir dessa definição, considera-se a energia elástica de duas situações distintas: a) uma chapa retangular com dimensões (W x B), submetida a um carregamento de tração e isenta de trincas; e b) a mesma chapa retangular anterior, também solicitada em tração, mas com uma trinca central de comprimento (2a).

Para a chapa isenta de trincas, pode-se considerar:

$$U_a = \frac{1}{2} P\delta \tag{8.19.a}$$

com:

$$P = \sigma A \text{ e } \varepsilon = \frac{\delta}{L_o},$$

resultando em:

$$U_a = \frac{1}{2} P\delta = \frac{1}{2}(\sigma A)\varepsilon L_o = \frac{1}{2}(\sigma BW)\left(\frac{\sigma}{E}\right)L_o - \frac{\sigma^2}{2E} BWL_o \tag{8.19.b}$$

Visto que a área de secção transversal da chapa vale (BW), e, pela lei de Hooke: $\varepsilon = \sigma/E$.

Na sequência, para a chapa com uma trinca central de dimensão (2a), tem-se:

$$U_a = \frac{\sigma^2}{2E} BWL_o + \frac{\pi\sigma^2 a^2 B}{E} \tag{8.20}$$

Observe que a energia elástica correspondente à segunda chapa contempla, além da parcela original de energia, uma componente adicional decorrente da própria fissura central agora existente.

A taxa de liberação de energia correspondente a esse caso pode ser tomada a partir da derivada da Equação (8.20) em relação à área de secção transversal da fissura (dA = 2da x B), na forma:

$$G = \frac{dU_R}{dA} = \frac{1}{2B}\frac{d}{da}\left(\frac{\sigma^2}{2E} BWLo + \frac{\pi\sigma^2 a^2 B}{E}\right) = \frac{1}{2B}\left(2\frac{\pi\sigma^2 a}{E} B\right) = \frac{\pi\sigma^2 a}{E} \tag{8.21}$$

A Equação (8.21) foi deduzida a partir da condição de um estado plano de tensões (EPT). Tratando-se de um estado plano de deformações (EPD), considere uma correção adicional na forma:

$$G = \left(1 - \upsilon^2\right)\frac{\pi\sigma^2 a}{E} \tag{8.22}$$

Para se demonstrar a condição de que a taxa de liberação de energia contempla apenas a eventual variação de uma fissura preexistente, considera-se, na sequência, a chapa carregada da Figura 8.5, numa condição de carga (tensão) supostamente constante, a qual ocasiona uma variação infinitesimal no tamanho da trinca de (2a) para 2(a+da):

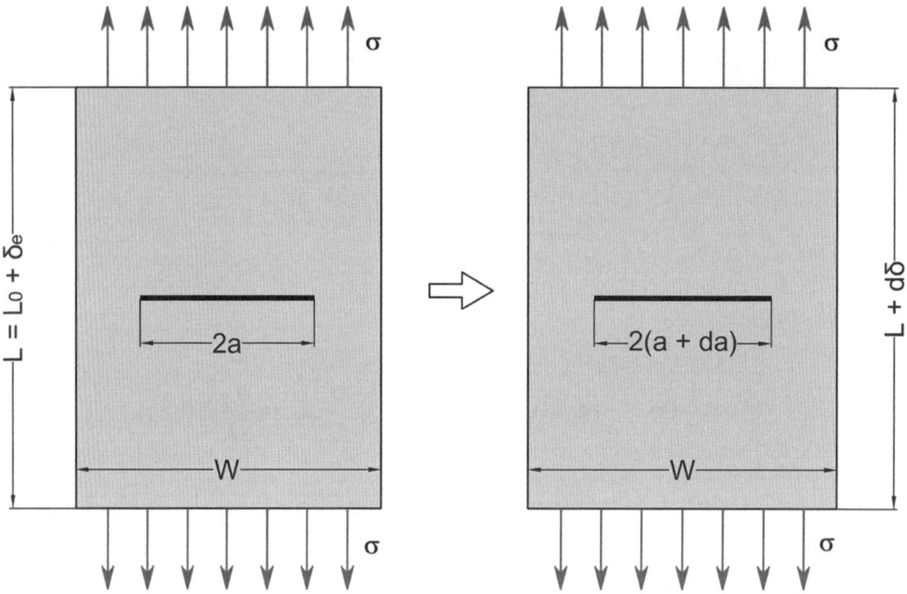

Figura 8.5 – Aumento do tamanho da trinca mediante condição de carga (tensão) constante.

Nessa hipótese, o trabalho (energia) fornecido ao sistema e a parcela de energia elástica absorvida valem, respectivamente:

$$dU = Pd\delta$$

$$dU_a = \frac{1}{2}Pd\delta,$$

gerando uma energia consumida pela propagação da trinca equivalente a:

$$dU_R = dU - dU_a = \frac{1}{2}Pd\delta,$$

permitindo-se, enfim, comprovar que:

$$dU_R = dU_a;$$

ou seja, a variação de energia ocorrida no sistema decorre, exclusivamente, da variação da energia necessária para propagar a trinca.

8.3.3. RESISTÊNCIA À FRATURA DO MATERIAL

Uma segunda alternativa também aplicável nesse tipo de análise é considerar a resistência à fratura do material (R), a qual corresponde a uma medida da capacidade desse material em suportar a propagação de trincas e fissuras que possam vir a levá-lo a uma falha catastrófica, cuja relação com a energia superficial por unidade de superfície é definida por:

$$R = 2\gamma_S \tag{8.23}$$

Ao efetivar-se a igualdade (R = G) entre as Equações (8.21) e (8.23), torna-se possível comprovar a expressão apresentada para a tensão crítica de Griffith. Sugere-se ao leitor essa verificação.

8.3.4. CURVA R E SUA INSTABILIDADE

Conforme discutido, a propagação da trinca ocorrerá a partir da condição-limite em que R = G (tensão crítica da Griffith). Essa propagação, entretanto, pode ocorrer de forma estável ou instável, dependendo de como a taxa de liberação de energia varia com o crescimento da trinca.

Tal condição pode ser avaliada a partir da chamada curva R do material, que é uma representação gráfica utilizada em mecânica da fratura para descrever a relação entre a resistência à fratura de um material e a extensão da trinca. Essa curva é construída a partir de testes experimentais de fratura, em que uma trinca é criada em um corpo de prova e submetida a um determinado carregamento. Dois resultados podem ser obtidos nessas circunstâncias: a chamada curva R plana e a chamada curva R crescente, cujas representações esquemáticas são dadas a partir da Figura 8.6.

A curva R plana é uma curva de resistência à fratura típica de materiais frágeis. Ela é caracterizada por uma região elástica seguida de uma rápida queda na resistência e, em seguida, uma zona de propagação estável da trinca de fratura. Na região elástica, o material responde à aplicação de uma carga com deformação elástica proporcional à carga aplicada (curva tracejada da Figura 8.6a, representada por σ_2).

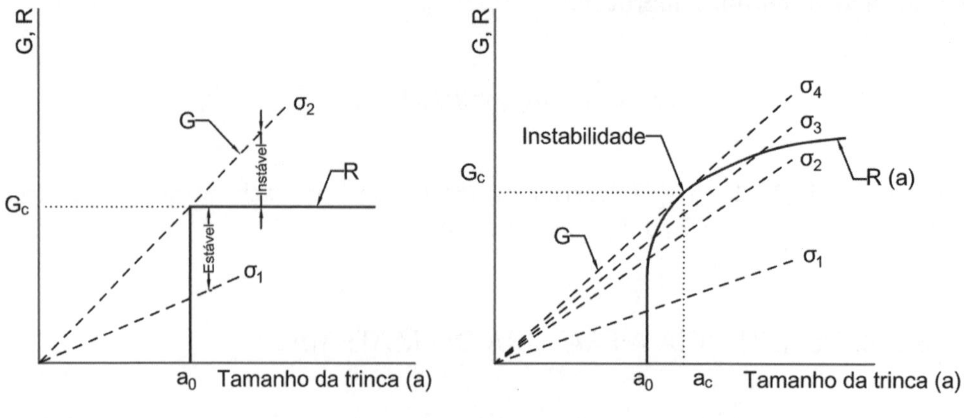

Figura 8.6 – Curva R dos materiais, sendo: a) curva R plana; b) curva R crescente.

No entanto, quando a carga atinge um valor crítico, uma trinca começa a propagar-se pelo material, resultando em uma rápida queda na resistência. Esse resultado é conhecido como *fratura frágil*, pois não existe uma razoável quantidade de deformação plástica antes da falha do material.

A zona de propagação estável da trinca de fratura é caracterizada pela propagação lenta e constante da trinca pelo material, com uma taxa de aumento relativamente baixa da deformação. A resistência à fratura nessa zona é relativamente constante (G_c), sendo dependente, principalmente, da geometria do material.

A curva com R crescente, comum a materiais dúcteis, é caracterizada por uma região elástica seguida de uma zona de deformação plástica e uma rápida queda na resistência, tendo, ao final, uma zona de propagação estável da trinca de fratura. Na região elástica, o material responde à aplicação de uma carga com deformação elástica proporcional à carga aplicada (curva da Figura 8.6b correspondente a σ_2, no caso). Quando a carga atinge um valor crítico, o material começa a deformar-se plasticamente, resultando em uma zona de deformação plástica (σ_3, na mesma figura). Isso acontece até o material atingir um valor máximo de carga; e, após, ocorre a falha do material decorrente de uma situação de instabilidade (σ_4, na figura de referência).

A queda na resistência observada é causada pela concentração de tensão na ponta da trinca, a qual se desenvolve na zona de deformação plástica. Quando a trinca atinge um comprimento crítico, ela se propaga rapidamente pelo material, resultando, assim, numa rápida queda na resistência.

Matematicamente, a condição de estabilidade da trinca pode ser avaliada da seguinte maneira:

a) propagação estável da trinca

$$G > R \quad e \quad \frac{dG}{da} < \frac{dR}{da} \tag{8.24}$$

b) propagação instável da trinca

$$G > R \quad e \quad \frac{dG}{da} > \frac{dR}{da} \tag{8.25}$$

Para materiais com curva de resistência R plana (representativa dos materiais frágeis), torna-se possível definir um valor crítico para a taxa de liberação de energia do material (G_c), enquanto, para materiais com curva de resistência crescente, como ocorre com os metais de alta ductibilidade, não se viabiliza a caracterização de um valor exato para esse mesmo parâmetro.

A Tabela 8.2 fornecerá a taxa de liberação de energia de alguns materiais distintos.

8.4. MODOS DE CARREGAMENTO DA TRINCA

Uma trinca presente num sólido genérico qualquer submetido a carregamentos externos poderá estar associada a três modos distintos de solicitação, dependendo basicamente da orientação relativa da carga aplicada e do plano da trinca, conforme esquematizado a partir da Figura 8.7.

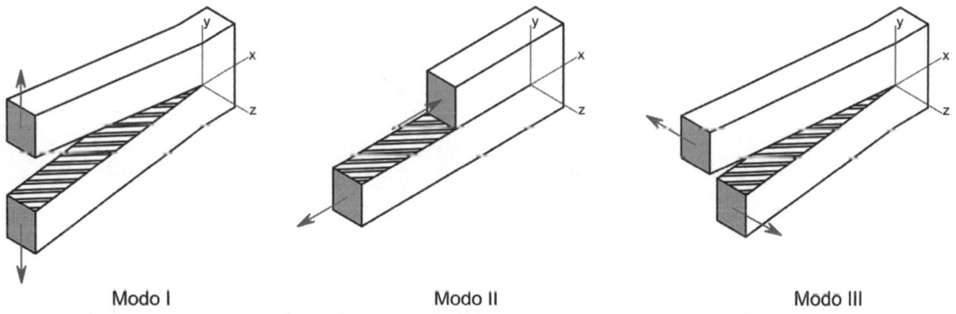

Figura 8.7 – Modos de carregamento de uma trinca.

O modo de abertura do tipo I ou, simplesmente, modo de abertura, característico de esforços normais atuantes de forma perpendicular ao plano da trinca, é tecnicamente o mais importante e representativo para os estudos da mecânica da fratura, motivo pelo qual ele é o modo de carregamento mais discutido em bibliografias específicas sobre o assunto.

O modo de abertura do tipo II, ou modo de deslizamento, característico de esforços cortantes que atuam de forma paralela ao plano da trinca, é menos frequente por envolver trincas sobre planos que formam ângulos de 90°. Por fim, o modo de abertura do tipo III, ou modo de rasgamento, também característico de esforços cortantes, mas que atuam de forma perpendicular ao plano da trinca, aparece em peças com trincas que estejam submetidas a carregamentos de torção.

8.4.1. ESTADO DE TENSÕES NAS PROXIMIDADES DA TRINCA

O estado de tensão próximo da ponta da trinca é definido pelo modo de carregamento e pela intensidade da carga, podendo ser representado a partir da seguinte formulação matemática geral:

$$\sigma = \frac{K}{\sqrt{2\pi r}} f(\theta), \tag{8.26}$$

Sendo K o chamado fator de intensificação (ou de intensidade) de tensões. As variáveis "r" e "θ" correspondem às coordenadas polares do ponto onde se identificam as tensões atuantes nas proximidades da extremidade da trinca, conforme esquematizado pela Figura 8.8.

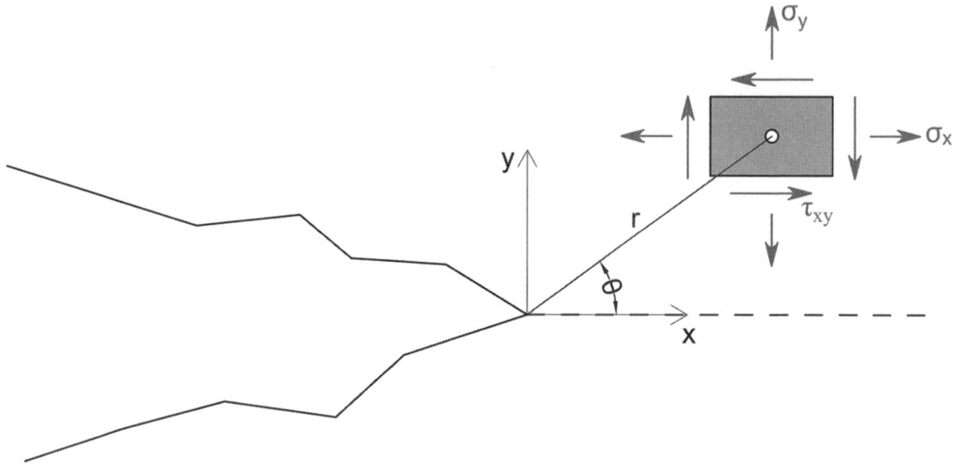

Figura 8.8 – Coordenadas polares de um elemento de tensão nas proximidades da ponta da trinca.

As expressões finais para a determinação das tensões nas proximidades da extremidade da trinca, válidas para os três modos de abertura apresentados, foram definidas por Westergaard a partir dos conceitos da teoria da elasticidade e correspondem a:

a) modo de abertura do tipo I

$$\begin{bmatrix} \sigma_x \\ \sigma_y \\ \tau_{xy} \end{bmatrix} = \frac{K_I}{\sqrt{2\pi r}} \cos\frac{\theta}{2} \begin{bmatrix} 1 - sen\frac{\theta}{2} sen\frac{3\theta}{2} + \ldots \\ 1 + sen\frac{\theta}{2} sen\frac{3\theta}{2} + \ldots \\ sen\frac{\theta}{2} \cos\frac{3\theta}{2} + \ldots \end{bmatrix} \tag{8.26a}$$

$$\sigma_z = \begin{matrix} 0 & \Rightarrow EPT \\ \upsilon(\sigma_x + \sigma_y) & \Rightarrow EPD \end{matrix} \tag{8.26b}$$

b) Modo de abertura do tipo II

$$\begin{bmatrix} \sigma_x \\ \sigma_y \\ \tau_{xy} \end{bmatrix} = \frac{K_{II}}{\sqrt{2\pi r}} \begin{bmatrix} -sen\frac{\theta}{2}\left(2\cos\frac{\theta}{2}\cos\frac{3\theta}{2}\right)+... \\ sen\frac{\theta}{2}\cos\frac{\theta}{2}\cos\frac{3\theta}{2}+... \\ \cos\frac{\theta}{2}\left(1-sen\frac{\theta}{2}\,sen\frac{3\theta}{2}\right)+... \end{bmatrix} \tag{8.27a}$$

$$\sigma_z = \begin{matrix} 0 & \Rightarrow EPT \\ \upsilon(\sigma_x + \sigma_y) & \Rightarrow EPD \end{matrix} \tag{8.27b}$$

c) Modo de abertura do tipo III

$$\begin{bmatrix} \tau_{xz} \\ \tau_{yz} \end{bmatrix} = \frac{K_{III}}{\sqrt{2\pi r}} \begin{bmatrix} -sen\frac{\theta}{2}+... \\ \cos\frac{\theta}{2}+... \end{bmatrix} \tag{8.28a}$$

$$\sigma_x = \sigma_y = \sigma_z = \tau_{xy} = 0 \tag{8.28b}$$

Matematicamente, pelas equações de Westergaard, tornar-se-ia possível atingir tensões elevadas caso o raio "r" se aproximasse de zero, o que não ocorre na prática, dado que, nesse momento, a ponta da trinca sofre deformação plástica. Para essa condição, as referidas equações passam, evidentemente, a perder sua validade.

Observação: as equações descritas para o cálculo da distribuição de tensões nas proximidades da trinca são válidas desde que r << a, fornecendo resultados aceitáveis sem comprometer os resultados finais para valores de "r" até 10% do tamanho da trinca (r ≅ 0,1a).

8.4.2. O FATOR DE INTENSIFICAÇÃO DE TENSÕES

Conforme pode ser observado nas Equações de (8.26) a (8.28), o fator de intensificação de tensões – K – assume índices que variam de I a III, em decorrência de o mesmo estar associado aos modos de abertura dos tipos I, II ou III, respectivamente. O fator de intensificação de tensões é diretamente proporcional à tensão atuante e caracteriza completamente as condições tensionais nas proximidades do fundo da fissura em materiais elásticos lineares. Pode, ainda, ser compreendido como uma medida da tensão local efetiva nas extremidades da trinca.

Matematicamente, o fator de intensificação de tensões é dado por:

$$K = f\left(\frac{a}{W}\right)\sigma\sqrt{\pi a}, \tag{8.29}$$

sendo que o termo f(a/W) corresponde a uma função que tem por objetivo corrigir a geometria da peça ou do componente em análise, a qual pode ser obtida a partir de funções gráficas correspondentes ou a partir de polinômios matemáticos desenvolvidos por diversos autores distintos, experimentalmente em função da relação (a/W). Alguns exemplos dessa proposição podem ser verificados na Tabela 8.1.

Não se deve confundir o fator de concentração de tensões (K_t) com o fator de intensificação de tensões (K), dado que esse segundo parâmetro define o estado de tensão numa região próxima ao extremo da trinca, e não apenas num ponto mais solicitado, o que corresponde ao conceito do fator de concentração de tensões.

Tabela 8.1 – Fatores de intensificação de tensão para diversas geometrias comuns

Trinca central passante em placa finita

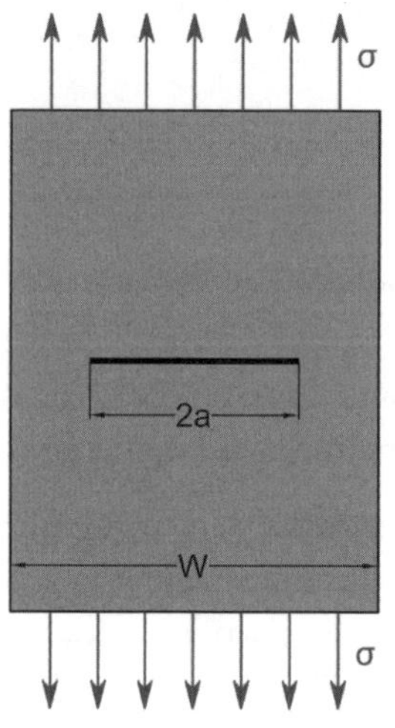

$$K_I = f\left(\frac{a}{W}\right)\sigma\sqrt{\pi a}$$

$$f\left(\frac{a}{W}\right) = \sqrt{\sec\frac{\pi a}{2W}}\left(1 - 0{,}025\left(\frac{a}{W}\right)^2 + 0{,}06\left(\frac{a}{W}\right)^4\right)$$

Corpo de prova compacto de flexão

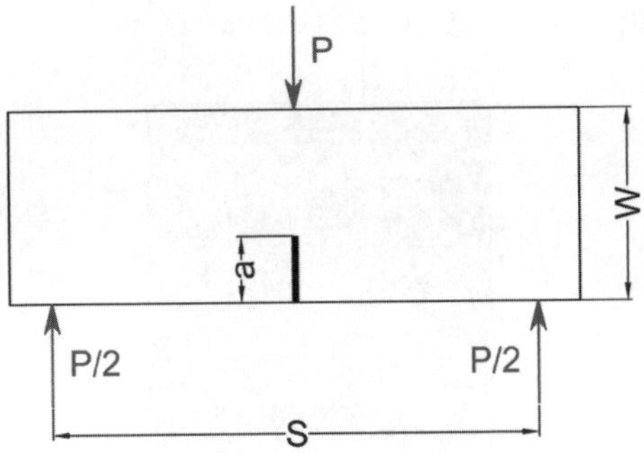

$$K_I = \left(\frac{PS}{BW^{3/2}} \right) f\left(\frac{a}{W} \right)$$

$$f\left(\frac{a}{W} \right) = 3\left(\frac{a}{W} \right)^{1/2} \left(\frac{1,99 - \frac{a}{W}\left(1 - \frac{a}{W}\right)\left(2,15 - 3,93\frac{a}{W} + 2,7\left(\frac{a}{W}\right)^2\right)}{2\left(1 + 2\frac{a}{W}\right)\left(1 - \frac{a}{W}\right)^{3/2}} \right)$$

Corpo de prova compacto de tração (CT)

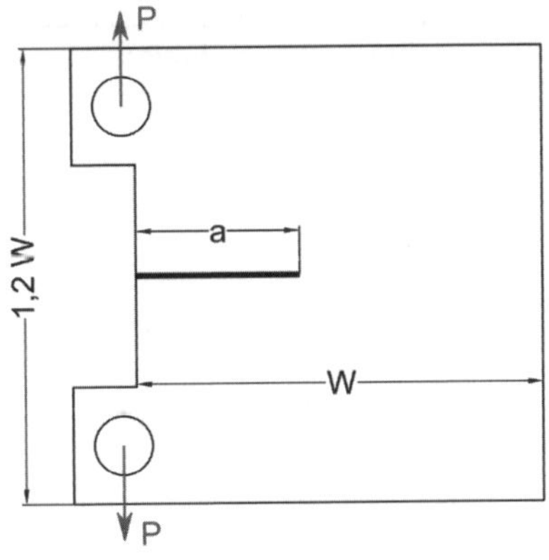

$$K_I = \left(\frac{P}{BW^{1/2}} \right) f\left(\frac{a}{W} \right)$$

$$f\left(\frac{a}{W} \right) = \left(2 + \frac{a}{W} \right) \left(\frac{0,886 + 4,64\frac{a}{W} - 13,32\left(\frac{a}{W}\right)^2 + 14,72\left(\frac{a}{W}\right)^3 - 5,6\left(\frac{a}{W}\right)^4}{\left(1 - \frac{a}{W}\right)^{3/2}} \right)$$

Trinca lateral passante em placa finita

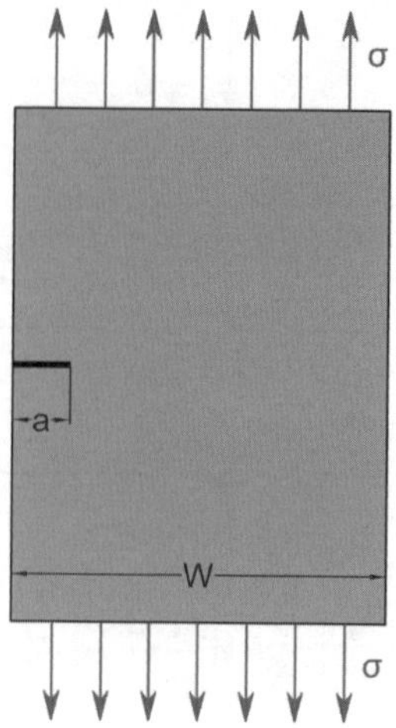

$$K_I = f\left(\frac{a}{W}\right)\sigma\sqrt{\pi a}$$

$$f\left(\frac{a}{W}\right) = \frac{1}{\left(1-\frac{a}{W}\right)^{1,5}}\left(0,857+0,265\left(\left(\frac{a}{W}\right)+\left(1-\frac{a}{W}\right)^{6}\right)\right)$$

Trinca interna elíptica

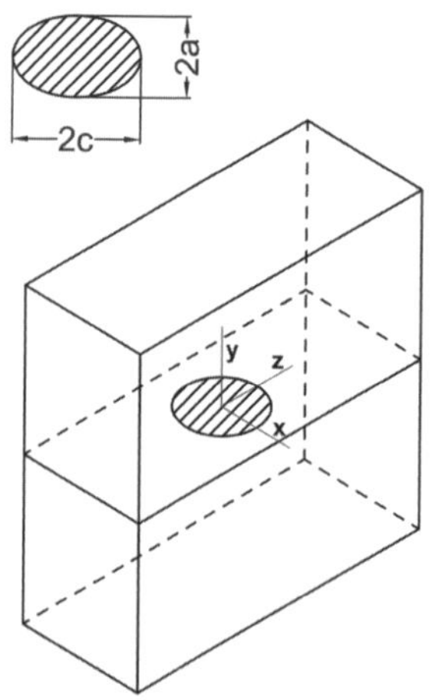

$$K_I = f\left(\frac{a}{W}\right)\sigma\sqrt{\pi a}$$

$$f\left(a/W\right) = \frac{1}{\phi}$$

Trinca superficial semielíptica

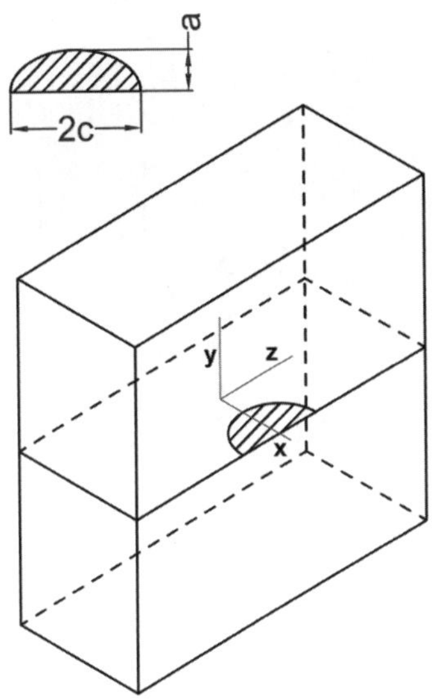

$$K_I = f\left(\frac{a}{W}\right)\sigma\sqrt{\pi a}$$

$$f\left(\frac{a}{W}\right) = 1{,}12\frac{1}{\phi}$$

Trinca superficial de um quarto de elipse

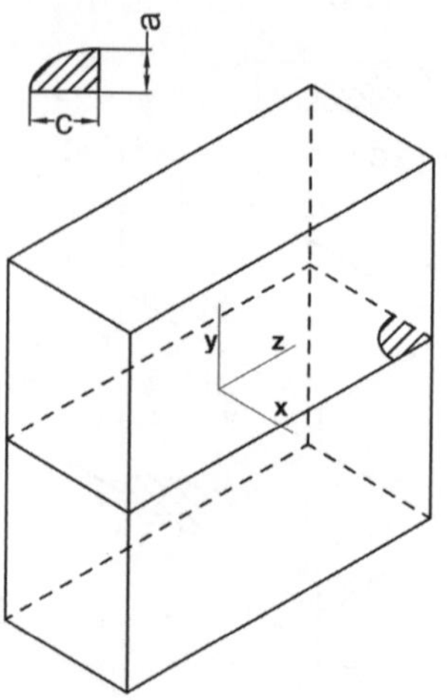

$$K_I = f\left(\frac{a}{W}\right)\sigma\sqrt{\pi a}$$

$$f\left(\frac{a}{W}\right) = 1{,}12^2\frac{1}{\phi}$$

a/c	0,0	0,1	0,2	0,3	0,4	0,5	0,6	0,7	0,8	0,9	1,0
ϕ	1,0	1,02	1,05	1,10	1,15	1,21	1,28	1,35	1,42	1,49	1,57

8.4.3. RELAÇÃO DO FATOR DE INTENSIFICAÇÃO DE TENSÕES COM A TAXA DE LIBERAÇÃO DE ENERGIA

Retomando as Equações da taxa de liberação de energia (8.21) e do fator de intensificação de tensões (8.29), na condição de uma chapa "infinita" com fissura central em tração, para a qual f(a/W) = 1, pode-se também comprovar as seguintes relações:

a) para EPT

$$G = \frac{K_I^{\,2}}{E} \tag{8.30}$$

b) para EPD

$$G = \frac{K_I^{\,2}\left(1-\upsilon^2\right)}{E} \tag{8.31}$$

8.5. A TENACIDADE À FRATURA

A partir de um carregamento por fadiga, alguma eventual trinca inicial crescerá muito lentamente até que se atinja uma dimensão crítica, instante em que haverá a fratura total do componente. Tal situação dependerá do tipo de carregamento, da geometria da peça, do próprio material e do ambiente. Nesse instante, pode-se considerar que o fator de intensificação de tensões do material estará também atingindo um valor crítico, normalmente designado como fator de intensificação de tensões crítico (K_{IC}).

Esse limite crítico, chamado de tenacidade à fratura, corresponde a uma propriedade que mede a resistência de um material à fratura frágil quando uma fissura estiver presente. Tal propriedade, também medida em J/m^2, depende do modo de abertura da trinca, do processamento do material, da temperatura e do estado de tensão no local da trinca. A tenacidade à fratura de cada material pode ser obtida de forma experimental a partir de ensaios padronizados segundo normas específicas, conforme discutido no Capítulo 11 deste livro.

A Tabela 8.2 traduz alguns valores usuais para as propriedades: taxa de liberação de energia crítica e tenacidade à fratura de alguns materiais.

Tabela 8.2 – Taxa de liberação de energia crítica e tenacidade à fratura para alguns materiais

Material	G_c (kJ/m^2)	K_{IC} (MPa m$^{1/2}$)
Ligas de alumínio	6 – 35	20 – 50
Aço-carbono	100 – 300	140 – 250
Polietileno	6,0 – 7,0	1,0 – 2,0
Vidro	0,01	0,7 – 08,
Concreto armado	0,2 – 4,0	10 – 15
Ferro fundido	0,2 – 3,0	6,0 – 20

Adaptada a partir de Castro; Meggiolaro, 2009.

8.6. LIMITAÇÕES DA MECÂNICA DA FRATURA ELÁSTICA LINEAR

De uma forma geral, a mecânica da fratura elástica linear, ou simplesmente MFEL, tem aplicação válida para os mecanismos de fratura de materiais frágeis ou quase frágeis. A MFEL também poderá ser utilizada para materiais dúcteis, desde que a região de plastificação localizada nas proximidades da ponta da trinca seja restrita a um pequeno volume de deformação, quando comparado com as dimensões da peça.

Visando contemplar as situações nas quais a região de plastificação seja elevada, consideram-se os conceitos da mecânica da fratura elasto-plástica, objeto do Capítulo 9 deste livro.

8.6.1. CONCEITO DO TAMANHO DE TRINCA EFETIVA

Conforme descrito, Irwin propôs uma alteração na tensão crítica de Griffith (Equação 8.17), visando corrigir eventuais distorções da referida Equação na sua utilização para materiais dúcteis em geral. Dentro dessa mesma premissa e objetivando ampliar as fronteiras da MFEL para materiais não tão frágeis, torna-se possível realizar uma estimativa para o comprimento da zona plastificada nas proximidades da ponta da trinca, a partir do conceito do tamanho de trinca efetiva (a_{efet}).

Materiais elastoplásticos, devido à presença de regiões não lineares nas proximidades das extremidades da trinca, apresentam um escoamento num pequeno volume do material, fazendo com que ocorra uma redistribuição de tensões no local. Essa condição contribui para o aumento da tenacidade do material (maior consumo de energia antes da ruptura), com um correspondente comprometimento da análise elástica até então realizada.

Supondo um comportamento elastoplástico ideal, conforme esquematizado pela Figura 8.9, é possível estimar um comprimento para a região plastificada mediante um critério de escoamento. Trata-se do conceito do chamado raio de plastificação (r_p). Para tanto, considera-se a Equação (8.26a), impondo $\theta = 0°$ num estado plano de tensão (EPT), e ainda na condição de igualdade entre a tensão atuante (σ_y) e o limite de escoamento do material, na forma:

$$\sigma_y = \frac{K_I}{\sqrt{2\pi r}} \cos\frac{\theta}{2}\left(1 + sen\frac{\theta}{2} sen\frac{3\theta}{2}\right) \Rightarrow \sigma_{esc} = \frac{K_I}{\sqrt{2\pi r_p}}$$

$$r_p = \frac{1}{2\pi}\left(\frac{K_I}{\sigma_{esc}}\right)^2 \qquad (8.32)$$

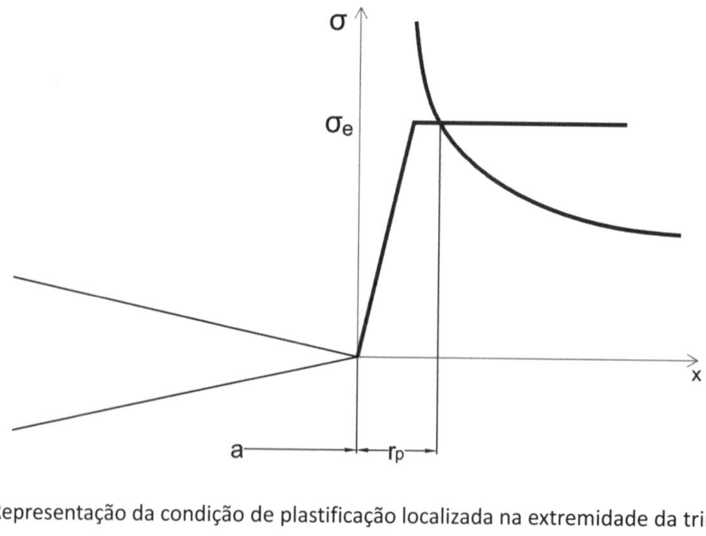

Figura 8.9 – Representação da condição de plastificação localizada na extremidade da trinca.

A Equação (8.32) é válida para EPT. Quando se tratar de EPD, considere alternativamente:

$$r_p = \frac{1}{6\pi}\left(\frac{K_I}{\sigma_{esc}}\right)^2 \tag{8.33}$$

Ao final, o comprimento da trinca deverá, então, ser corrigido na forma:

$$a_{efet} = a + r_p \tag{8.34}$$

8.6.2 – EPT OU EPD?

Em diversos momentos do presente Capítulo, faz-se menção à condição de estado plano de tensão (EPT) e de estado plano de deformação (EPD), motivo pelo qual o leitor pode se questionar: quando considerar uma ou outra condição? Nessas circunstâncias e numa forma aproximada, a espessura da peça pode ser tomada como referência para a definição do estado de tensão a ser considerado. Peças de pequena espessura caracterizam um EPT, enquanto peças de grande espessura caracterizam um EPD. É evidente que peças de espessuras intermediárias estão associadas a um estado misto de tensões, conforme esquematizado pela Figura 8.10.

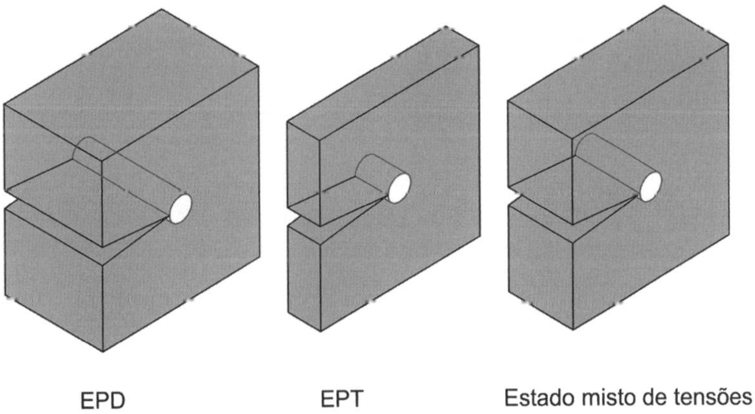

Figura 8.10 – Efeito da espessura da peça na região plastificada da extremidade da trinca.

Matematicamente, sugerem-se as seguintes relações:

$$B_{min} = 2,5\left(\frac{K_I}{\sigma_{esc}}\right)^2 \Rightarrow mínimo\ para\ EPD \tag{8.34}$$

$$B_{max} = 0,3\left(\frac{K_I}{\sigma_{esc}}\right)^2 \Rightarrow máximo\,para\,EPT \quad (8.35)$$

Situações numéricas intermediárias caracterizam a condição de estado misto de tensões, sendo que, para fins de cálculo, deve-se considerar a maior proximidade do valor calculado entre EPT e EPD. O problema resolvido 5 ilustra esse tipo de análise.

8.6.3 – PEÇAS MUITO FINAS

Situações que contemplem peças supostamente muito finas deverão ser ajustadas quanto à aplicação do fator de intensificação de tensões crítico (K_{IC}), dado que esse parâmetro apresenta variação no seu valor numérico, como função da espessura da peça. Nessas circunstâncias, o fator K_{IC} deverá ser substituído por um fator designado por K_C (B), indicativo de que a espessura da peça apresenta influência direta no valor numérico desse parâmetro.

Com esse objetivo, encontram-se nas bibliografias de referência algumas formulações empíricas correspondentes, dentre as quais se optou, para o presente trabalho, pela formulação matemática de Irwin, a qual pode ser descrita por:

$$\frac{K_C(B)}{K_{IC}} = \sqrt{1 + 0,224\left(\frac{B_{min}}{B}\right)^2}, \quad (8.36)$$

sendo que a espessura B_{min} deve ser obtida a partir da Equação (8.34), enquanto a dimensão "B" representa a espessura real da peça em análise. Graficamente, tem-se:

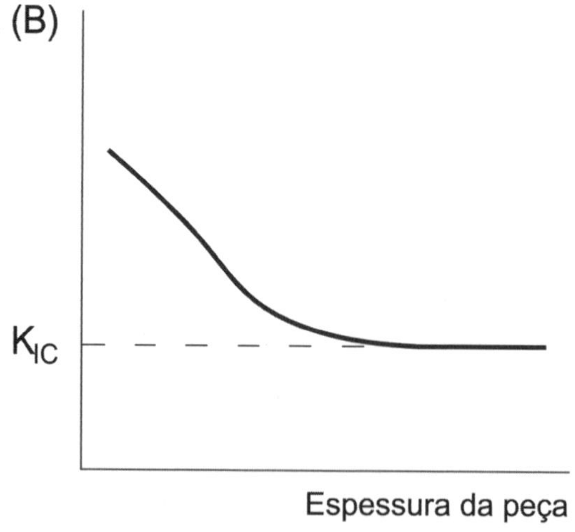

Figura 8.11 – Variação da tenacidade à fratura do material com a espessura da peça.

8.7. COEFICIENTE DE SEGURANÇA EM FRATURA FRÁGIL

De maneira similar aos coeficientes de segurança definidos a partir dos níveis de tensão envolvidos e dos limites de resistência do material considerado, torna-se possível definir um coeficiente de segurança a partir de parâmetros associados às premissas da mecânica da fratura. Evidenciou-se que o fator de intensificação de tensões (K_I) assume valores proporcionais ao nível das tensões atuantes nas proximidades da extremidade de uma trinca, enquanto o parâmetro representativo do material corresponde à tenacidade à fratura do material (K_{IC}). Dentro dessa prerrogativa, o aspecto de segurança do componente em análise pode ser contemplado a partir da relação matemática direta entre esses dois valores numéricos, na forma:

$$n = \frac{K_{IC}}{K_I} \tag{8.37}$$

8.8. PROBLEMAS RESOLVIDOS

1 – Em um furo circular de raio 10 mm de uma grande chapa, duas fendas laterais de comprimento a = 2 mm foram descobertas, conforme a figura (8.12). Determine a máxima carga à qual a chapa poderá ser submetida, considerando a MFEL com o respectivo conceito do raio de plastificação. A chapa tem espessura de 20 mm e largura de 300 mm. A tenacidade à fratura do material vale 40 MPa(m)$^{1/2}$, e o limite de escoamento vale 500 MPa. Suponha um fator de forma f(a/W) = 1,78.

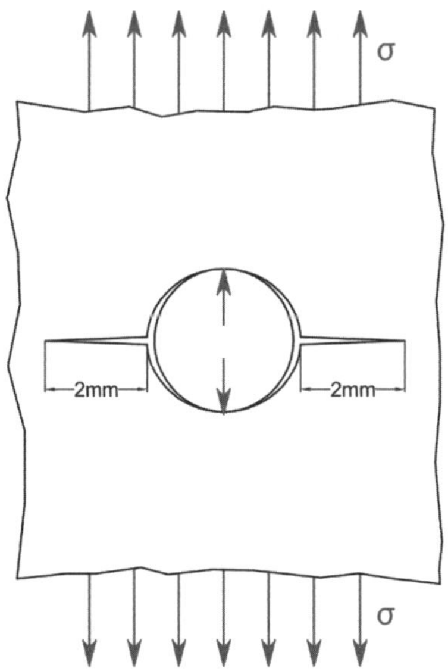

Figura 8.12 – Problema resolvido 1.

Solução:

Primeiramente, deve-se definir o estado de tensão ao qual a peça estará submetida:

$$B_{min} = 2,5\left(\frac{K_I}{\sigma_{esc}}\right)^2 = 2,5\left(\frac{40}{500}\right)^2 = 16mm \Rightarrow EPD$$

$$B_{max} = 0,3\left(\frac{K_I}{\sigma_{esc}}\right)^2 = 0,3\left(\frac{40}{500}\right)^2 = 1,92mm \Rightarrow EPT$$

Como a espessura da chapa tem 20 mm, trata-se de EPD, e o raio de plastificação corresponde a:

$$r_p = \frac{1}{6\pi}\left(\frac{K_{IC}}{\sigma_{esc}}\right)^2 = \frac{1}{6\pi}\left(\frac{40}{500}\right)^2 = 0,34mm$$

O cálculo da tensão admissível (ou limite) deve ser realizado a partir da igualdade entre o fator de intensificação de tensões e a tenacidade à fratura do material, tomando-se por referência o comprimento de trinca equivalente. Assim:

$$a_{efet} = a + r_p = 2,34mm$$

$$K = f\left(\frac{a}{W}\right)\sigma\sqrt{\pi a} \leq K_{IC}$$

$$40 = 1,78\sigma\sqrt{\pi\left(2,34.10^{-3}\right)} \Rightarrow \sigma = 262,1MPa$$

Como a tensão-limite obtida a partir dos conceitos da MFEL resultou inferior à tensão de escoamento do material, prevalece o seu valor para a continuidade do problema em termos da definição da carga-limite solicitada. Assim:

$$\sigma = \frac{P}{A} \Rightarrow 262,1 = \frac{P}{\left(300-20\right)20} \Rightarrow P \cong 1468\ kN$$

Observação: note que, pelos preceitos da MFEL, considerou-se a fissura efetiva com dimensão de 2,34 mm, sendo que a dimensão correspondente ao diâmetro do furo foi indicada apenas para o cálculo da secção transversal líquida da peça.

2 – A medição da componente de tensão tangencial atuante nas proximidades de uma trinca preexistente de uma chapa, cujo carregamento encontra-se ilustrado em figura, num ponto de raio r = 0,4 mm e ângulo θ = 25°, vale 120 MPa. Determine o valor das tensões normais correspondentes, num ponto de raio r = 0,4 mm e ângulo θ = 70°. Suponha que a trinca tenha uma dimensão (2a) = 3,9 mm e que o problema contempla uma condição de EPT.

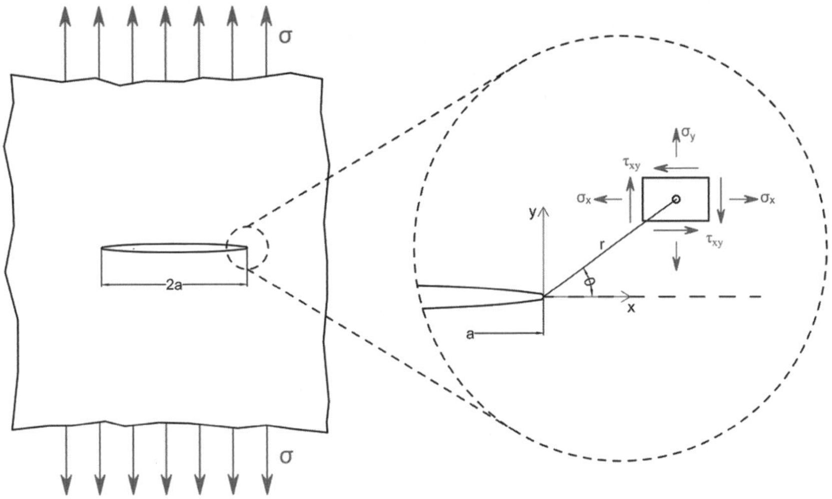

Figura 8.13 – Problema resolvido 2.

Solução:

A partir das condições iniciais do problema, torna-se possível definir o fator de intensificação de tensões do componente, mediante:

$$\begin{bmatrix} \sigma_x \\ \sigma_y \\ \tau_{xy} \end{bmatrix} = \frac{K_I}{\sqrt{2\pi r}} \cos\frac{\theta}{2} \begin{bmatrix} 1 - sen\frac{\theta}{2} sen\frac{3\theta}{2} + \ldots \\ 1 + sen\frac{\theta}{2} sen\frac{3\theta}{2} + \ldots \\ sen\frac{\theta}{2} \cos\frac{3\theta}{2} + \ldots \end{bmatrix}$$

$$\Rightarrow \tau_{xy} = \frac{K_I}{\sqrt{2\pi r}} \cos\frac{\theta}{2} sen\frac{\theta}{2} \cos\frac{3\theta}{2}$$

$$120 = \frac{K_I}{\sqrt{2\pi\left(0,4.10^{-3}\right)}} \cos\frac{25}{2} sen\frac{25}{2} \cos\frac{75}{2}$$

$$K_I = 35,88\,MPa\sqrt{m}$$

Tendo-se, assim, todos os dados necessários, torna-se possível chegar às tensões normais atuantes no ponto solicitado. Logo:

$$\sigma_x = \frac{K_I}{\sqrt{2\pi r}} \cos\frac{\theta}{2}\left(1 - sen\frac{\theta}{2} sen\frac{3\theta}{2}\right)$$

$$\sigma_x = \frac{35,88}{\sqrt{2\pi\left(0,4.10^{-3}\right)}} \cos\frac{70}{2}\left(1 - sen\frac{70}{2} sen\frac{210}{2}\right) = 261,45\,MPa$$

$$\sigma_y = \frac{K_I}{\sqrt{2\pi r}} \cos\frac{\theta}{2}\left(1 + sen\frac{\theta}{2} sen\frac{3\theta}{2}\right)$$

$$\sigma_y = \frac{35,88}{\sqrt{2\pi\left(0,4.10^{-3}\right)}} \cos\frac{70}{2}\left(1 + sen\frac{70}{2} sen\frac{210}{2}\right) = 911,1\,MPa$$

3 – Para a chapa fissurada com carregamento indicado em figura, determine (desconsiderando o efeito do raio de plastificação):

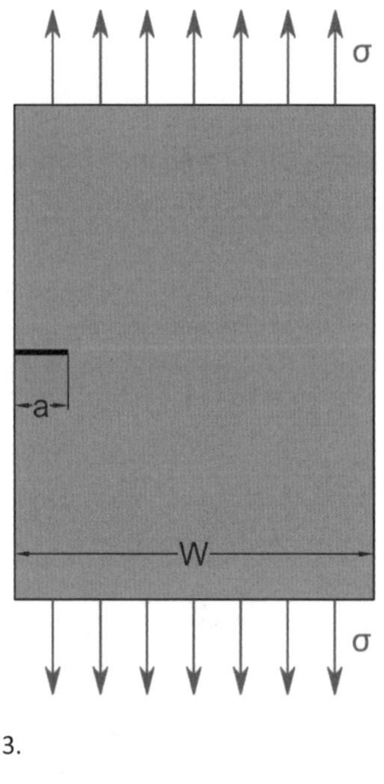

Figura 8.14 – Problema resolvido 3.

a) para uma trinca de 1 mm e tensão nominal equivalente a ($2\sigma_{esc}/3$) ocorrerá falha?

b) para uma tensão nominal equivalente a ($2\sigma_{esc}/3$), qual o tamanho crítico da trinca (suponha f(a/W) = 1,10)?

c) para uma trinca de 3 mm, quanto vale a tensão crítica correspondente?

Dados: σ_{esc} = 1470 MPa, σ_{rup} = 1820 MPa, K_{IC} = 150 MPa(m)$^{1/2}$, W = 1000 mm, suponha EPT.

Solução:

a)

$$f\left(\frac{a}{W}\right)=\frac{1}{\left(1-\frac{a}{W}\right)^{1,5}}\left(0,857+0,265\left(\left(\frac{a}{W}\right)+\left(1-\frac{a}{W}\right)^{6}\right)\right)$$

$$f\left(\frac{a}{W}\right)=\frac{1}{\left(1-\frac{1}{1000}\right)^{1,5}}\left(0,857+0,265\left(\left(\frac{1}{1000}\right)+\left(1-\frac{1}{1000}\right)^{6}\right)\right)=1,122$$

$$K_I=f\left(\frac{a}{W}\right)\sigma\sqrt{\pi a}\Rightarrow K_I=1,122\frac{2(1470)}{3}\sqrt{\pi(0,001)}\Rightarrow K_I=61,63\,MPa\sqrt{m}$$

$$n=\frac{K_{IC}}{K_I}=\frac{150}{61,63}=2,43\Rightarrow \text{não falha!}$$

b)

$$K_I=f\left(\frac{a}{W}\right)\sigma\sqrt{\pi a}\Rightarrow K_I=K_{IC}=150=1,10\frac{2(1470)}{3}\sqrt{\pi a_{crit}}\Rightarrow a_{crit}=6,16\,mm$$

c)

$$f\left(\frac{a}{W}\right)=\frac{1}{\left(1-\frac{3}{1000}\right)^{1,5}}\left(0,857+0,265\left(\left(\frac{3}{1000}\right)+\left(1-\frac{3}{1000}\right)^{6}\right)\right)=1,123$$

$$K_I=f\left(\frac{a}{W}\right)\sigma\sqrt{\pi a}\Rightarrow K_I=K_{IC}=150=1,123\sigma_{crit}\sqrt{\pi(0,003)}$$

$$\Rightarrow \sigma_{crit}=1375,86\,MPa$$

4 – Uma chapa com largura 100 mm, comprimento 200 mm e espessura 12 mm é carregada em tração na direção do seu comprimento. A chapa possui uma fissura lateral de comprimento (a) = 15,65 mm. Determine, considerando um fator de segurança de 2,5: a) a máxima carga possível que se pode aplicar sem que a placa escoe; e b) a máxima carga possível, sem que a placa apresente um crescimento incontrolável da trinca (desconsiderar o efeito do raio de plastificação).

Dados: σ_{esc} = 1100 MPa, K_{IC} = 490 MPa(in)$^{1/2}$, f(a/W) = 1,25

Solução:

a) para condição de escoamento, propõe-se considerar a secção transversal íntegra da peça, resultando em (tensão em MPa e secção transversal em mm^2):

$$F_{max} = \frac{\sigma_{esc} A}{n} = \frac{1100(100)12}{2,5} = 528\,kN$$

b) 15,65 mm = 0,62 in. Visando-se a identificar se a espessura da peça não apresentará influência na tenacidade à fratura do material, faz-se:

$$B_{min} = 2,5\left(\frac{K_I}{\sigma_{esc}}\right)^2 = 2,5\left(\frac{490}{1100}\right)^2 = 0,496\,in = 12,6\,mm$$

Logo:

$$\frac{K_C(B)}{K_{IC}} = \sqrt{1+0,224\left(\frac{B_{min}}{B}\right)^2}$$

$$\frac{K_C(B)}{490} = \sqrt{1+0,224\left(\frac{12,6}{12}\right)^2} = 547,17\,MPa\sqrt{in}$$

$$K_I = f\left(\frac{a}{W}\right)\sigma\sqrt{\pi a} \Rightarrow K_I = K_C = 547,17 = 1,25\frac{F}{(100(12))}\sqrt{\pi(0,62)}$$

$$F_{max} = \frac{376,38}{2,5} = 150,55\,kN$$

5 – Para a chapa ilustrada em figura, determine o raio de plastificação e o correspondente valor do fator de intensificação de tensões.

Dados: σ_o = 100 MPa, 2a = 200 mm, W = 200 mm, B = 15 mm, σ_{esc} = 300 MPa.

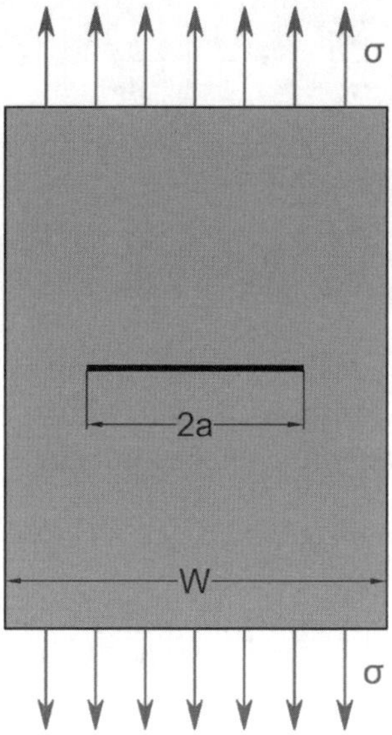

Figura 8.15 – Problema resolvido 5.

Solução:

$$f\left(\frac{a}{W}\right)=\sqrt{\sec\frac{\pi a}{2W}}\left(1-0,025\left(\frac{a}{W}\right)^2+0,06\left(\frac{a}{W}\right)^4\right)$$

$$f\left(\frac{a}{W}\right)=\sqrt{\sec\frac{\pi 100}{2(200)}}\left(1-0,025\left(\frac{100}{200}\right)^2+0,06\left(\frac{100}{200}\right)^4\right)=1,186$$

$$K_I=f\left(\frac{a}{W}\right)\sigma\sqrt{\pi a}\Rightarrow K_I=1,186(100)\sqrt{\pi(0,1)}=66,49\,MPa\sqrt{m}$$

$$B_{min}=2,5\left(\frac{K_I}{\sigma_{esc}}\right)^2=2,5\left(\frac{66,49}{300}\right)^2=122,8\,mm\Rightarrow EPD$$

$$B_{max}=0,3\left(\frac{K_I}{\sigma_{esc}}\right)^2=0,3\left(\frac{66,49}{300}\right)^2=14,74\,mm\Rightarrow EPT$$

Como a espessura da chapa tem 15 mm, tem-se um estado misto de tensões, porém, tendendo para a condição de EPT. Logo, o raio de plastificação corresponde a:

$$r_p = \frac{1}{2\pi}\left(\frac{K_{IC}}{\sigma_{esc}}\right)^2 = \frac{1}{2\pi}\left(\frac{66,49}{300}\right)^2 = 7,82\,mm$$

$$a_{efet} = a + r_p = 107,82\,mm$$

O presente cálculo deve ser realizado avaliando-se a convergência dos valores obtidos, dado, que inicialmente, estimou-se o fator f(a/W) a partir do tamanho da trinca original, pelo fato de não haver informações iniciais acerca do raio de plastificação. Logo:

$$f\left(\frac{a}{W}\right) = \sqrt{\sec\frac{\pi 107,82}{2(200)}}\left(1 - 0,025\left(\frac{107,82}{200}\right)^2 + 0,06\left(\frac{107,82}{200}\right)^4\right) = 1,226$$

$$K_I = f\left(\frac{a}{W}\right)\sigma\sqrt{\pi a} \Rightarrow K_I = 1,226(100)\sqrt{\pi(0,10782)} = 71,35\,MPa\sqrt{m}$$

Note que se torna desnecessário recalcular a condição de EPT ou EPD, em decorrência da faixa de valores inicialmente obtidos nessa verificação, logo:

$$r_p = \frac{1}{2\pi}\left(\frac{K_{IC}}{\sigma_{esc}}\right)^2 = \frac{1}{2\pi}\left(\frac{71,35}{300}\right)^2 = 9,0\,mm$$

$$a_{efet} = a + r_p = 109\,mm$$

Efetivando-se uma nova iteração:

$$f\left(\frac{a}{W}\right) = \sqrt{\sec\frac{\pi 109}{2(200)}}\left(1 - 0,025\left(\frac{109}{200}\right)^2 + 0,06\left(\frac{109}{200}\right)^4\right) = 1,233$$

$$K_I = f\left(\frac{a}{W}\right)\sigma\sqrt{\pi a} \Rightarrow K_I = 1,233(100)\sqrt{\pi(0,109)} = 72,15\,MPa\sqrt{m}$$

$$r_p = \frac{1}{2\pi}\left(\frac{K_{IC}}{\sigma_{esc}}\right)^2 = \frac{1}{2\pi}\left(\frac{72,15}{300}\right)^2 = 9,21\,mm$$

$$a_{efet} = a + r_p = 109{,}21 mm$$

Valor considerado válido como a resposta final, dado ter havido uma boa aproximação dos valores nessa segunda iteração realizada.

6 – Uma fissura central foi detectada numa chapa de largura 50 mm e espessura 25,4 mm, quando esta é carregada em tração por uma carga de 50 kN. a) Para uma trinca de comprimento 2a = 60 mm, qual o valor do fator de intensificação de tensões? b) Caso o material tenha uma tenacidade à fratura de 24 MPa $(m)^{1/2}$, qual o tamanho crítico da trinca? c) Qual o maior comprimento de trinca permitido para um coeficiente de segurança = 3,0, supondo os mesmos dados do item (b)? d) Considerando-se os dados dos itens (b) e (c), qual o fator de segurança no contexto do tamanho crítico da trinca? Desconsidere o raio de plastificação para todos os itens do problema. Tensão de escoamento do material = 210 MPa.

Solução:

a)

$$f\left(\frac{a}{W}\right) = \sqrt{\sec\frac{\pi a}{2W}}\left(1 - 0{,}025\left(\frac{a}{W}\right)^2 + 0{,}06\left(\frac{a}{W}\right)^4\right)$$

$$f\left(\frac{a}{W}\right) = \sqrt{\sec\frac{\pi 30}{2(50)}}\left(1 - 0{,}025\left(\frac{30}{50}\right)^2 + 0{,}06\left(\frac{30}{50}\right)^4\right) = 1{,}303$$

$$K_I = f\left(\frac{a}{W}\right)\sigma\sqrt{\pi a} \Rightarrow K_I = 1{,}303(100)\sqrt{\pi(0{,}03)} \cong 40\, MPa\sqrt{m}$$

b) Supondo inicialmente: $f\left(\dfrac{a}{W}\right) = 1$

$$B_{min} = 2{,}5\left(\frac{K_I}{\sigma_{esc}}\right)^2 = 2{,}5\left(\frac{24}{210}\right)^2 = 32{,}65 mm$$

Logo:

$$\frac{K_C(B)}{K_{IC}} = \sqrt{1 + 0{,}224\left(\frac{B_{min}}{B}\right)^2}$$

$$\frac{K_C(B)}{24}=\sqrt{1+0,224\left(\frac{32,65}{25,4}\right)^2}=28,10\,MPa\sqrt{in}$$

$$K_I=f\left(\frac{a}{W}\right)\sigma\sqrt{\pi a}\Rightarrow K_I=K_C=28,1=(1)(100)\sqrt{\pi a_{crit}}\Rightarrow a_{crit}=25,12\,mm,$$

cuja correção resulta em:

$$f\left(\frac{a}{W}\right)=\sqrt{\sec\frac{\pi 25,12}{2(50)}}\left(1-0,025\left(\frac{25,12}{50}\right)^2+0,06\left(\frac{25,12}{50}\right)^4\right)=1,188$$

$$K_I=f\left(\frac{a}{W}\right)\sigma\sqrt{\pi a}\Rightarrow K_I=K_{IC}=28,1=(1,188)(100)\sqrt{\pi a_{crit}}\Rightarrow a_{crit}=17,81\,mm$$

c) Supondo, inicialmente: $f\left(\frac{a}{W}\right)=1$

$$K_I=f\left(\frac{a}{W}\right)\sigma\sqrt{\pi a}\Rightarrow K_I=K_{IC}=\frac{28,1}{3}=(1)(100)\sqrt{\pi a_{crit}}\Rightarrow a_{crit}=2,79\,mm$$

Com a correção:

$$f\left(\frac{a}{W}\right)=\sqrt{\sec\frac{\pi 2,79}{2(50)}}\left(1-0,025\left(\frac{2,79}{50}\right)^2+0,06\left(\frac{2,79}{50}\right)^4\right)\cong 1,002,$$

resultando num tamanho crítico de trinca na ordem de 2,78 mm.

d)

$$n=\frac{17,81}{2,78}=6,4$$

7 – Uma fina chapa de um aço especial tem uma resistência à tração de 1950 MPa. Calcule a porcentagem de redução de força devido à presença de uma fenda central com 4 mm de comprimento e orientada de forma perpendicular à direção do carregamento. Para esse aço, o módulo de elasticidade longitudinal pode ser tomado como 200 GPa, a energia superficial como 2 J/m^2 e o trabalho plástico de cada ponta da trinca como 2·10^4 J/m^2.

Solução:

$$\sigma_{crit}=\sqrt{\frac{2E(\gamma_S+\gamma_P)}{\pi a}}$$

$$\sigma_{crit} = \sqrt{\frac{2(200).10^9\left(2+2.10^4\right)}{\pi(2)10^{-3}}} = 1128,4\,MPa$$

$$\%\ redução = \frac{1950-1128,4}{1950} = 42,1\%$$

8 - Uma placa retangular, confeccionada em acrílico, de 600 mm por 300 mm e com 6 mm de espessura é formada a partir de dois quadrados iguais, deixando entre eles, porém, uma fissura superficial de 0,3 mm. Qual é o momento de flexão necessário para romper a placa se o acrílico tiver um trabalho para fratura de 500 J/m^2?

Note que E = 2,5 GPa. Supor EPT.

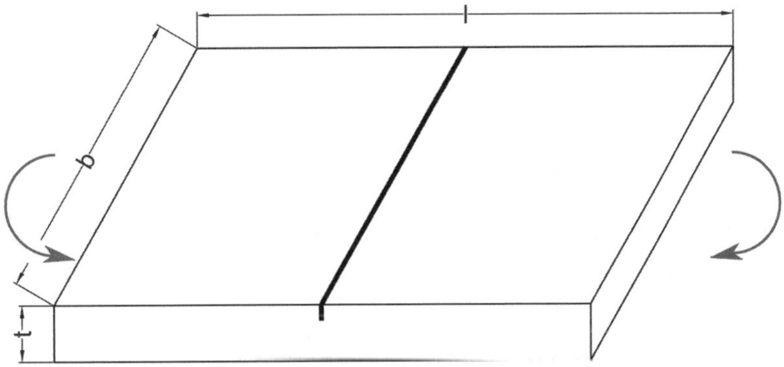

Figura 8.16 – Problema resolvido 8.

Solução:

$$G = \frac{\pi\sigma^2 a}{E} \Rightarrow \sigma_{crit} = \sqrt{\frac{G_c E}{\pi a}}$$

$$\sigma_{crit} = \sqrt{\frac{500.2,5\left(10^9\right)}{\pi(0,0003)}} = 36,4\,MPa$$

$$M = \frac{\sigma_{crit} I}{y} = \frac{\sigma_{crit}\dfrac{bt^3}{12}}{t/2}$$

$$M = \frac{36,4.10^6\,\dfrac{0,3(0,006)^3}{12}}{0,006/2} = 65,5\,Nm$$

9 – Uma grande placa de 36 mm de espessura com uma fenda de borda (a) = 32 mm de comprimento é puxada muito lentamente com controle de deslocamento. Quando o deslocamento for de 7,2 mm, a carga é registrada em 2750 N (ponto A), e a fissura começa a crescer. Quando a trinca atinge 41,7 mm, a fenda é travada, e a carga diminui para o valor de 1560 N (ponto B). Determine a taxa de liberação crítica do material.

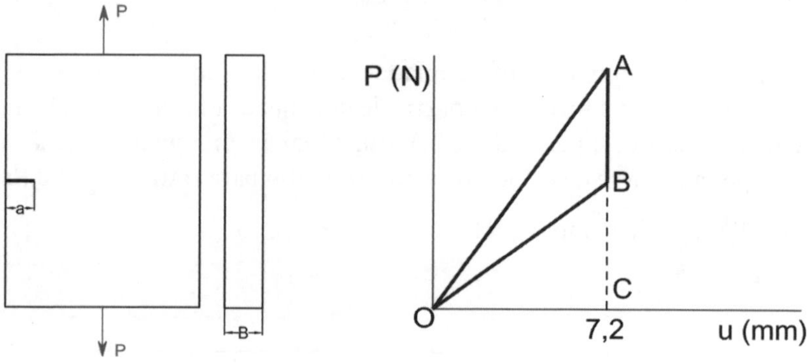

Figura 8.17 – Problema resolvido 9.

Solução:

Conceitualmente, a área do diagrama carga x deslocamento corresponde à energia dispendida na variação sofrida no tamanho da trinca. Dessa forma, pode-se considerar:

$$G_c = \frac{A_{OAB} - A_{OBC}}{B\Delta a} = \frac{1}{2}\left(\frac{0{,}0072(2750) - 0{,}0072(1560)}{0{,}036(41{,}7-32).10^{-3}}\right) = 12{,}27\,kJ/m^2$$

10 – Se a tensão crítica de fratura de uma grande chapa de aço especial que contém uma fenda central de comprimento 40 mm é de 480 MPa, calcule a tensão crítica de uma chapa similar contendo uma fenda de 100 mm. Suponha EPT.

Solução:

$$G = \frac{\pi\sigma^2 a}{E} \Rightarrow \sigma_{crit} = \sqrt{\frac{G_c E}{\pi a}}$$

$$\sigma_{crit}\sqrt{\pi a} = \sqrt{G_c E} = cte$$

$$480\sqrt{\pi 20.10^{-3}} = 120{,}32\,MPa\sqrt{m}$$

Logo:

$$\sigma_{crit} = \frac{120{,}32}{\sqrt{\pi 50.10^{-3}}} = 303{,}57\,MPa$$

8.9. PROBLEMAS PROPOSTOS

1 - A carcaça de um foguete será confeccionada a partir de um tubo de parede delgada (EPT) com tensão de escoamento de 1200 MPa e taxa de liberação de energia crítica de 24 kJ/m^2. Para um fator de segurança de 1,5, determine o tamanho mínimo de um defeito (trinca) para que se produza uma fratura frágil quando em serviço. E = 200 GPa.

Resposta:

2,39 mm.

2 - Se a tensão de fratura de uma chapa com grandes proporções, fabricada a partir de um aço especial e contendo uma trinca passante de 40 mm, é de 480 MPa, calcule a tensão de fratura para uma chapa similar, mas que apresente uma trinca passante de 100 mm.

Resposta:

303,58 MPa.

3 – A curva R de uma placa de alumínio 2094 T6, contendo uma trinca central de tamanho 2a = 10 mm, é indicada em figura:

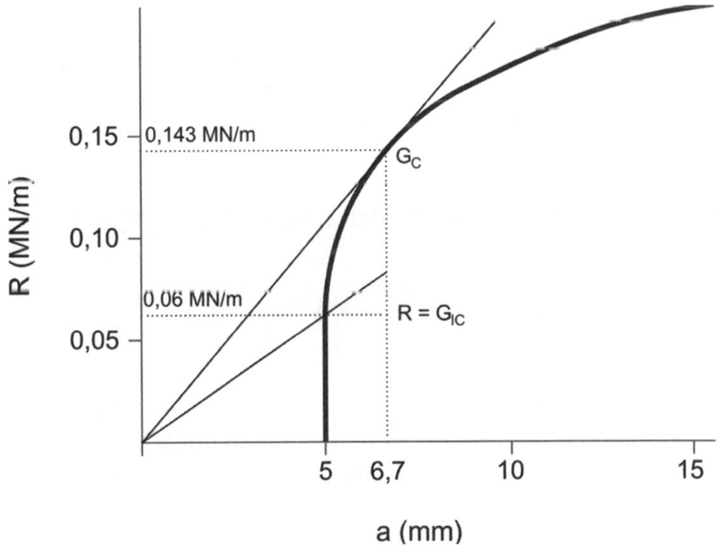

a) supondo EPD, determine o valor aproximado da tenacidade à fratura para esse material;

b) determine para que valor de K_I ocorreria condição de falha para uma placa idêntica, mas em EPT, carregada na direção normal à trinca.

c) para o valor definido no item (b), determine o valor da tensão nominal atuante na placa neste momento (supor f(a/W) = 1).

Dados: $E = 7{,}0.10^4$ MPa, $\nu = 0{,}33$.

Resposta:

a) 68,65 $MPa(m)^{0,5}$.

b) 100 $MPa(m)^{0,5}$.

c) 689,26 MPa.

4 – A curva de resistência ao crescimento de uma trinca em determinado material de espessura 2 mm é dada pela seguinte Equação:

$$R = \frac{K_{IC}^{\ 2}}{E} + \frac{1}{2}(\Delta a)^{0,5} \quad \left(\frac{MJ}{m^2}\right)$$

Considere um painel confeccionado a partir desse material, com grandes dimensões, espessura 2 mm, e que apresenta uma trinca passante de 4 cm de comprimento. Determine o comprimento de crescimento estável da trinca e a tensão crítica de instabilidade correspondente.

Dados: $K_{IC} = 95\ MPa(m)^{0,5}$, E = 210 GPa

Resposta:

$2a_c = 5{,}26$ cm, $\Delta a = 1{,}26$ cm, $\sigma = 458{,}3$ MPa.

5 – A curva R de um determinado material pode ser expressa por:

$$R = \frac{K_{IC}^{\ 2}}{E} + 3(a - a_o)^{0,1} \quad \left(\frac{MN}{m}\right)$$

Uma chapa desse material apresenta uma trinca central de comprimento $2a_o = 60$ mm e apresenta, antes da ruptura, um crescimento máximo e estável de 33,1 mm para cada lado da trinca original. Determine os valores de tensão e o fator de intensificação de tensões críticos.

Dados: $K_{IC} = 150\ MPa(m)^{0,5}$, E = 210 GPa, f(a/W) = 1.

Resposta:

$K_{IC} = 613{,}27\ MPa(m)^{0,5}$ e $\sigma_c = 1901{,}81$ MPa.

6 – Uma placa de alumínio 7075 tem 200 mm de largura e apresenta uma trinca passante na parte central com 80 mm de comprimento. Essa placa falha quando se aplica uma tensão de 100 MPa. Determine:

a) a tenacidade à fratura desse material (supor placa finita com trinca central passante);

b) que valor de tensão produziria a fratura para um mesmo comprimento de trinca, supondo, porém, a condição de uma placa infinita e de uma placa com 120 mm de largura.

Resposta:

a) $f(a/W) \cong 1{,}02$, $K_{IC} = 36{,}16$ MPa$(m)^{0{,}5}$.

b) $f(a/W) \cong 1{,}0$, $\sigma = 102$ MPa – placa infinita; $f(a/W) \cong 1{,}07$, $\sigma = 95{,}33$ MPa – placa com largura 120 mm.

7 - Uma placa de aço-carbono é utilizada como elemento estrutural de um vaso de pressão, do qual será solicitado por um estado tensional no modo de abertura do tipo I. O referido aço-carbono tem um limite de escoamento de 197,1 kgf/mm^2 e uma tenacidade à fratura de 32 MN$(m)^{3/2}$. A placa de 4 mm de espessura e 8 mm de largura tem na sua borda uma trinca passante, conforme Figura ilustrada na sequência.

a) determine se a placa trabalhará em condições de deformação plana;

b) caso a carga a ser suportada seja equivalente a 60,0% da sua tensão de escoamento, determine o comprimento crítico de trinca (considere as iterações necessárias para o ajuste do fator de forma);

c) durante uma inspeção preliminar à sua instalação, observa-se que o tamanho real do defeito é de 0,5 mm. Em função disso, a carga foi minorada em 600 MPa. Verifique as condições de segurança para essa situação.

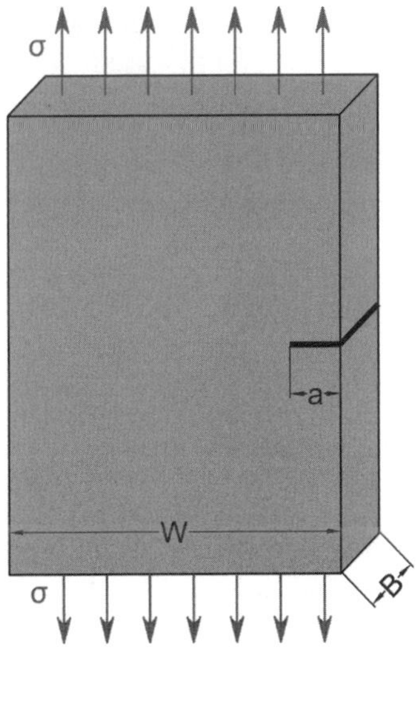

Resposta:

a) B > 0,68 mm – confirmada a condição de EPD.

b) primeira iteração: f(a/W) = 1,0 e a_c = 0,242 mm; segunda iteração: f(a/W) = 1,14 e a_c = 0,186 mm; terceira e última iteração: f(a/W) = 1,13 e a_c = 0,188 mm.

c) Condição segura com n ≅ 1,16.

8 – Calcule a tenacidade à fratura de um material após um ensaio de fratura numa chapa de 500 mm de largura e 20 mm de espessura, com uma trinca passante central de dimensão 2a = 50 mm, que rompe com uma carga de 1500 kN. O limite de escoamento do material vale 500 MPa. Supor f(a/W) = 1.

a) Trata-se de uma fratura em deformação plana?

b) Determine o tamanho da zona plástica no instante da fratura.

Resposta:

a) B > 17,67 mm – confirmada a condição de EPD.

b) r_p = 0,375 mm.

9 – Uma liga de alumínio com tensão de escoamento de 400 MPa é ensaiada mediante o uso de uma chapa de 40 mm de espessura. Para uma fissura central de comprimento 25,4 mm, a tensão de ruptura observada é de 200 MPa, enquanto, para uma fissura de 16,6 mm, a tensão de ruptura observada passa para 240 MPa. Determine a tenacidade à fratura do material, considerando: a) as premissas da MFEL; e b) as correções de plastificação da extremidade da trinca.

Para ambos os casos, considere um valor médio entre os calculados, como também, supor: f(a/W) = 1,0.

Resposta:

a) K_{IC} ≅ 39,35 MPa$(m)^{0,5}$.

b) r_p = 0,513 mm, K_{IC} ≅ 40,34 MPa$(m)^{0,5}$.

10 – Uma grande chapa de aço-carbono apresenta uma trinca central de comprimento 44 mm e rompe-se com uma tensão crítica de fratura na ordem de 400 MPa. Quanto se pode estimar para a tensão crítica de uma chapa de mesma proporção e material, mas com uma fenda central fosse de 78 mm? Supor EPD e f(a/W) = 1,0, além de um coeficiente de Poisson de 0,30.

Resposta:

300,42 MPa.

11 – Uma chapa de aço-carbono com dimensões: largura 120 mm, comprimento 220 mm e espessura 12,7 mm é carregada em tração na direção do seu comprimento. Supondo a existência de uma fenda lateral de comprimento (a) = 12,7 mm, determine a carga crítica de ruptura que ela poderá suportar na condição de um fator de segurança de 2,4. Suponha uma tensão de escoamento de 850 MPa, um coeficiente de Poisson de 0,30 e $K_{IC} = 48\ MPa(m)^{0,5}$

Resposta:

$F_{max} = 126{,}11$ kN.

NOMENCLATURA

ε	Deformação específica
δ	Deformação longitudinal
γ_p	Trabalho plástico por unidade de superfície
γ_s	Energia superficial por unidade de superfície
ρ	Raio da ponta da trinca (elipse)
θ	Posição angular próximo da ponta da trinca
σ	Tensão normal
σ_{esc}	Limite de escoamento do material
σ_{max}	Tensão normal máxima
σ_o	Tensão normal nominal
σ_{crit}	Tensão crítica de Griffith
$\sigma_x, \sigma_y, \sigma_z$	Tensões normais
$\tau_{xy}, \tau_{yz}, \tau_{zx}$	Tensões tangenciais
υ	Módulo (coeficiente) de Poisson
a	Semieixo maior da elipse ou tamanho da trinca
a_{crit}	Tamanho crítico da trinca
a_{efet}	Tamanho efetivo da trinca
b	Semieixo menor da elipse
B	Espessura da chapa

B_{max}	Espessura máxima de chapa para EPT
B_{min}	Espessura mínima de chapa para EPD
E	Módulo de elasticidade longitudinal do material
$f\left(\frac{a}{W}\right)$	Fator de forma
G	Taxa de liberação de energia
G_c	Taxa de liberação de energia crítica
K	Fator de intensificação (ou de intensidade) de tensões
K_C	Tenacidade à fratura do material para peças muito finas
K_I	Fator de intensificação de tensões do modo de abertura I
K_{II}	Fator de intensificação de tensões do modo de abertura II
K_{III}	Fator de intensificação de tensões do modo de abertura III
K_{IC}	Tenacidade à fratura do material
K_t	Fator teórico de concentração de tensões
L_o	Comprimento inicial da peça ou componente
n	Coeficiente de segurança em fratura frágil
P	Carga atuante no ensaio de tenacidade à fratura
r	Raio genérico próximo da ponta da trinca
r_p	Raio de plastificação
R	Resistência à fratura do material
S	Distância entre apoios para corpo de prova em flexão
U_a	Energia potencial fornecida pela deformação interna
U_o	Energia da placa sem trinca
U_t	Energia total
U_R	Energia consumida na propagação da trinca
U_S	Energia de superfície ou energia superficial do material
W	Largura de chapa

REFERÊNCIAS

ANDERSON, Ted. **Fracture Mechanics** - Fundamentals and Applications. 3ª ed. USA: Taylor & Francis, 2005.

ARANA, José Luiz.; GONZÁLEZ, Javier Jesus. **Mecánica de Fractura.** Servicio Editorial - Universidad del País Vasco, 2002.

BUDYNAS, Richard.; NISBETT, Keith. **Shigley's Mechanical Engineering Design.** 8ª ed. Inc: McGraw Hill Companies, 2006.

CASTRO, Jaime. MEGGIOLARO, Marco. Antonio. **Fadiga**. vol. 2. Propagação de Trincas, Efeitos Térmicos e Estocásticos. PUC-Rio, 2009.

FAIRES, Virgil. **Elementos Orgânicos de Máquinas.** Rio de Janeiro, LTC, 1979.

JUVINALL, Robert.; MARSHEK, Kurth. **Fundamentos do Projeto de Componentes de Máquinas.** 4ª ed. LTC, 2008.

ROSA, Edson da. **Análise de Resistência Mecânica** - Mecânica da Fratura e Fadiga. Florianópolis: Universidade Federal de Santa Catarina, 2002.

CAPÍTULO 9

Mecânica da fratura elasto-plástica

9.1. INTRODUÇÃO

Conforme apresentado, a MFEL é restrita à análise de materiais cuja deformação não linear é limitada a uma pequena região nas imediações da ponta da trinca. No caso dos demais materiais, como os aços-carbono e os polímeros termoplásticos, para os quais se admitem grandes deformações não lineares e localizadas nas proximidades da ponta da trinca antes da fratura, deve-se trabalhar mediante os conceitos da mecânica da fratura elasto-plástica – MFEP.

A MFEP combina as teorias da elasticidade e da plasticidade, levando em consideração as deformações elásticas e plásticas que ocorrem nas imediações da ponta da trinca, o que favorece uma interação entre a trinca e a zona plástica gerada. Essa interação afeta a distribuição de tensões e deformações na frente da trinca, caracterizando uma condição diferenciada de propagação desta. Esse modelo é baseado na hipótese de que a energia dissipada por deformações plásticas na frente da trinca é igual à energia necessária para propagar a trinca.

A MFEP é uma ativa área de pesquisa em engenharia e ciência dos materiais, tendo por objetivo principal melhorar a compreensão do comportamento dos materiais fraturados sob carregamentos elasto-plásticos, favorecendo, assim, a previsão de falhas em componentes submetidos a tais carregamentos.

A MFEP admite dois parâmetros elasto-plásticos normalmente utilizados e válidos como critérios de falha. São eles: a) a abertura da frente da trinca, abreviada por CTOD, que é abreviatura da expressão inglesa *crack tip opening displacement* e representa uma distância (δ) entre as duas superfícies da trinca; e b) a integral J, correspondente a uma integral de linha (ou de contorno), que descreve a situação geral da frente da trinca. Ambos são discutidos na sequência.

9.2. A ABERTURA DA FRENTE DA TRINCA – CTOD

Visando ampliar os conceitos da MFEL para uma maior gama de materiais, bem como para definir a tenacidade à fratura para os aços estruturais, Wells, no ano de 1961, tentou aplicar o fator de intensidade de tensões em aços de baixa e média resistência, mas sem sucesso, dado que eles desenvolvem grande plasticidade à frente da trinca antes da falha. Por outro lado, examinando corpos de prova fraturados, Wells observou que as superfícies das trincas haviam se afastado e que a trinca inicial havia adquirido um raio de curvatura mais significativo e na forma de um abaulamento ("*blunting*").

Wells propôs que esse arredondamento da ponta da trinca poderia ser utilizado como um parâmetro para se avaliar a tenacidade, surgindo, assim, um dos parâmetros mais utilizados na avaliação da tenacidade à fratura dos materiais - o CTOD.

A Figura 9.1 representa de forma esquemática a extremidade da ponta da trinca com seu respectivo abaulamento e a medida caracterizada por CTOD. Observe nessa mesma figura a presença da zona plastificada e o raio de plastificação correspondente.

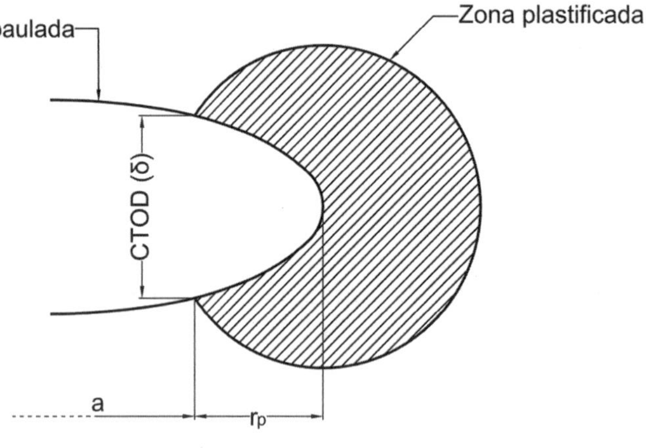

Figura 9.1 – Abaulamento da ponta da trinca e o correspondente CTOD.
Adaptada de Savioli, 2011.

A abertura da frente da trinca - CTOD - é, assim, uma medida da deformação elásto-plástica que ocorre na frente de uma trinca em um material fraturado. O CTOD é medido na direção perpendicular à superfície da trinca, sendo calculado como a diferença entre as aberturas na superfície do material imediatamente antes e imediatamente após a carga ser aplicada à trinca, sendo uma medida da tenacidade à fratura do material. Materiais com alta tenacidade à fratura tendem a apresentar maiores valores de CTOD antes de propagar a trinca, enquanto materiais com baixa tenacidade à fratura apresentam valores de CTOD relativamente menores.

A plasticidade na ponta da trinca faz com que ela se comporte como se fosse um pouco mais longa do que realmente é, motivo pelo qual se deve considerar a formulação da trinca efetiva proposta por Irwin, objetivando-se definir o valor do CTOD (para o caso de EPT) mediante a relação:

$$CTOD = \delta = \frac{4}{\pi}\frac{K_I^{\;2}}{E\sigma_{esc}} \tag{9.1}$$

Os valores numéricos para o CTOD variam entre 0,001 mm, para o caso de materiais frágeis, até cerca de 3 mm, para o caso de materiais dúcteis. A posição correta para a medição do CTOD corresponde ao ponto de encontro dos semieixos da trinca, os quais formam 90º em relação ao final da região abaulada da trinca, conforme esquematizado pela Figura 9.2.

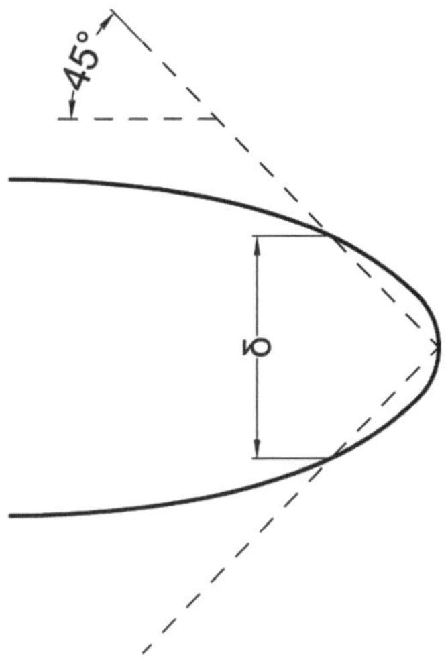

Figura 9.2 – Posição adequada para a medição do CTOD.

9.2.1. O MODELO DE DUGDALE

Dugdale, outro estudioso sobre o assunto, propôs alternativamente um modelo no qual as extremidades da trinca são submetidas a uma tensão de escoamento em forma de fechamento, conforme ilustra a Figura 9.3.

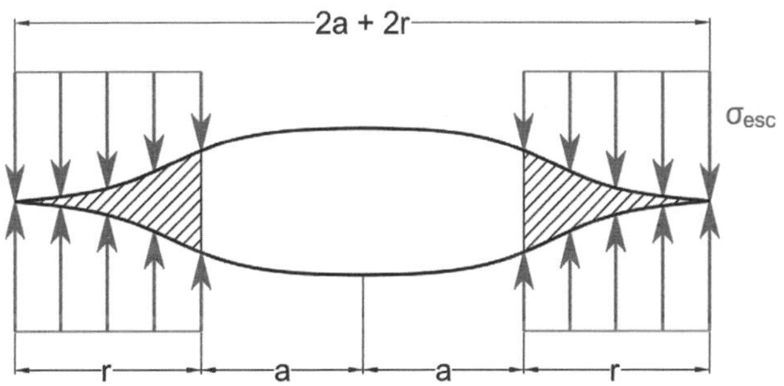

Figura 9.3 – Representação do modelo proposto por Dugdale (adaptada de Savioli, 2011).

O modelo de Dugdale assume que a superfície de deslizamento se estende em uma direção perpendicular à frente da trinca. A tensão tangencial na superfície de deslizamento é dada pela tensão de escoamento do material, sendo que a força necessária para propagar a trinca se torna proporcional à área da superfície de deslizamento.

Matematicamente, o modelo proposto por Dugdale (também para o caso de EPT) resulta num valor de CTOD, que pode ser explicitado na forma:

$$CTOD = \delta = \frac{8\sigma_{esc} a}{\pi E} lnsec\left(\frac{\pi}{2}\frac{\sigma}{\sigma_{esc}}\right), \tag{9.2}$$

cuja expansão em série do termo (ln sec) resulta, após uma razoável simplificação matemática, em:

$$CTOD = \delta = \frac{\pi\sigma^2 a}{E\sigma_{esc}} \tag{9.3}$$

Deve-se destacar que a comparação direta entre o método convencional (Equação 9.1) e o modelo de Dugdale (Equação 9.3), no contexto da determinação de CTOD, permite identificar uma diferença numérica da ordem de ($4/\pi \cong 1,27$) entre os dois modelos disponíveis.

9.2.2. A CURVA DE PROJETO

O parâmetro CTOD não podia, de início, ser utilizado diretamente como um critério de fratura do material, motivando uma extensão empírica da proposta inicial de Wells. Surgiu, assim, a proposta da curva de projeto, por meio da qual painéis com grandes dimensões, entalhados em duas faces, foram ensaiados, sendo a deformação na fratura e o tamanho da trinca medidos e comparados com o CTOD crítico, obtido a partir de um corpo de prova normalizado.

O resultado obtido pode ser observado a partir do gráfico da Figura 9.4, no qual se pode observar a clara separação entre as regiões designadas como segura e insegura de projeto. Observe que, no eixo vertical, faz-se uma relação direta entre o tamanho da trinca (a) e a abertura da frente da trinca crítico (σ_{crit}), como função da deformação em escoamento (ε_y) sofrida pelo material. Nessas circunstâncias, o eixo horizontal (ε_f) representa a deformação em fratura.

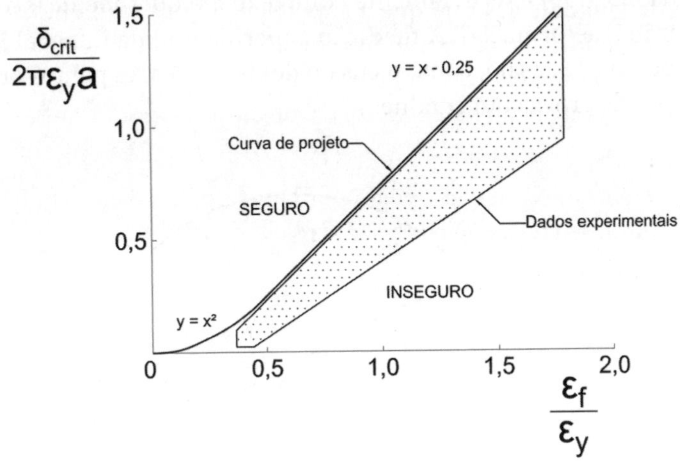

Figura 9.4 – Curva de projeto baseada no CTOD (adaptada de Arana & González, 2002).

As equações matemáticas correspondentes valem:

$$\frac{\delta_{crit}}{2\pi\varepsilon_y.a} = \left(\frac{\varepsilon_f}{\varepsilon_y}\right)^2 \Rightarrow para \left(\frac{\varepsilon_f}{\varepsilon_y}\right) \leq 0,5 \tag{9.4}$$

$$\frac{\delta_{crit}}{2\pi\varepsilon_y.a} = \left(\frac{\varepsilon_f}{\varepsilon_y}\right) - 0,25 \Rightarrow para \left(\frac{\varepsilon_f}{\varepsilon_y}\right) > 0,5 \tag{9.5}$$

9.3. A INTEGRAL J

A integral J é uma medida da tenacidade à fratura utilizada na disciplina da mecânica da fratura para descrever a capacidade de um material absorver energia antes da propagação de uma trinca ou fissura. Trata-se de uma integral de linha medida em torno da ponta da trinca (ver Figura 9.5), proposta por James Rice em 1968, invariante para qualquer percurso adotado, desde que ele se inicie na face inferior e termine na face superior da trinca. A letra J, utilizada para identificar a referida integral, é decorrente do primeiro nome de Rice.

A integral J é uma medida mais abrangente do conceito de tenacidade à fratura do que outras medidas, como a própria tenacidade à fratura, que considera apenas a energia necessária para propagar uma trinca. Isso ocorre porque a integral J considera a energia necessária para criar e propagar a trinca, levando em conta a zona plástica ao redor dela. Trata-se de uma medida útil para avaliar a capacidade de materiais em absorver energia em condições de carregamentos dinâmicos, como na condição de impactos e vibrações.

O cálculo da integral J é relativamente complexo e requer técnicas avançadas de análise de tensão e deformação. A medição experimental da integral J exige o uso de técnicas especiais de ensaio, como o ensaio de flexão de três pontos ou o ensaio de tração em corpos de prova com entalhe.

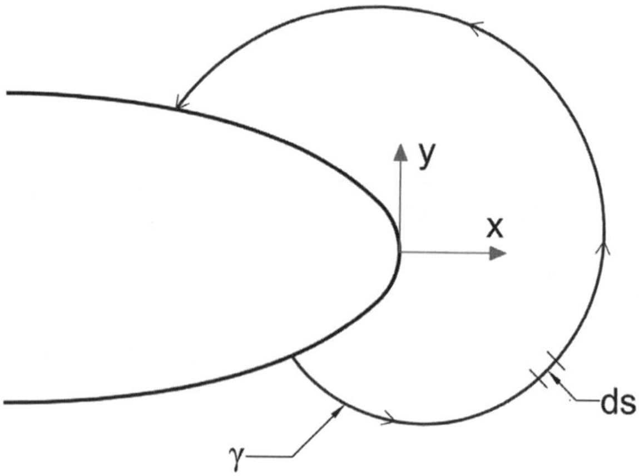

Figura 9.5 – Contorno arbitrário em torno da ponta de uma trinca.

Matematicamente, pode-se demonstrar que a referida integral equivale a:

$$J = -\frac{dU}{da} \tag{9.6}$$

Ou seja, a integral J corresponde à intensidade da energia aplicada para propagação da trinca na região considerada.

Para o caso especial de materiais elásticos lineares, a integral J é equivalente à taxa de liberação de energia de Griffith (J = G), permitindo reescrever de forma adaptada as seguintes relações:

$$J = \frac{{K_I}^2}{E} \Rightarrow EPT \tag{9.7}$$

$$J = \frac{{K_I}^2}{E}\left(1 - \upsilon^2\right) \Rightarrow EPD \tag{9.8}$$

9.3.1. CAMPOS DE SINGULARIDADE HRR

As soluções HRR (acrônimo para "Hutchinson-Rice-Rosengren") correspondem a um conjunto de soluções analíticas da mecânica da fratura que demonstram a integral J como um parâmetro que permite descrever o comportamento da tensão e da deformação em torno de uma ponta de trinca em um material fraturado.

Tais soluções, baseadas nas leis da elasticidade linear e plasticidade de Von Mises, contemplando, dessa forma, duas parcelas principais: uma solução de elasticidade linear que descreve o comportamento da trinca em um material elástico e uma solução de plasticidade, a qual descreve o comportamento da trinca em um material elasto-plástico.

As soluções HRR permitem prever a forma e o tamanho da zona plástica em torno da ponta de trinca, bem como as tensões críticas necessárias para propagar a trinca, sendo especialmente úteis para analisar a fratura em materiais que exibem comportamento elasto-plástico, como metais e ligas.

Matematicamente:

$$\sigma_{ij} = k_1 \left(\frac{J}{r} \right)^{\frac{1}{n+1}} \tag{9.9}$$

$$\varepsilon_{ij} = k_2 \left(\frac{J}{r} \right)^{\frac{n}{n+1}} \tag{9.10}$$

Em que k_1 e k_2 são constantes de proporcionalidade, σ_{ij} e ε_{ij} representam os tensores tensão e deformação, respectivamente, e o expoente "n" assume valores compreendidos entre 3 e 13 para os metais (com n = 1 para a condição de comportamento elástico linear).

As Equações (9.9) e (9.10) permitem observar que o campo HRR apresenta uma aparente anomalia quando $r \to 0$, similar ao que ocorre nas proximidades da trinca pela MFEL, nas quais as tensões calculadas estariam tendendo para o infinito. Na prática, porém, essa situação estaria sendo compensada pela própria condição de abaulamento da frente da trinca, fato esse que gera "grandes alterações geométricas" localizadas.

9.4. CORRELAÇÃO ENTRE A INTEGRAL J E O CTOD

Situações nas quais a MFEL seja a responsável pela descrição dos fenômenos que governam o modo de falha nas proximidades da trinca fazem com que a relação entre J e CTOD ocorra de maneira direta, dado que, conforme anteriormente discutido, J = G.

Havendo, entretanto, aumento da região plastificada, com a consequente perda de validade da MFEL, uma solução alternativa deve ser considerada, destacando-se, nessas circunstâncias, a solução definida pela ASTM, a partir da qual se tem:

$$J = m\sigma_{esc} CTOD, \tag{9.11}$$

sendo "m" o chamado fator de restrição plástica, fornecido de forma empírica por:

$$m = -0{,}111 + 0{,}817\left(\frac{a}{W}\right) + 1{,}36\frac{\sigma_{rup}}{\sigma_{esc}} \tag{9.12}$$

9.5. DETERMINAÇÃO EXPERIMENTAL DO CTOD E DA INTEGRAL J

A eventual medição direta na ponta da trinca é um procedimento extremamente complicado e impreciso, pois, além de exigir dispositivos de medição específicos, considera regiões, normalmente, de difícil acesso.

A determinação experimental de valores críticos de tenacidade à fratura, como a integral J crítica (J_C) e a abertura da frente da trinca crítica ($CTOD_C$), obedece a normas de ensaios específicas da mecânica da fratura, as quais consideram, via de regra, medições experimentais de carga e deslocamento em corpos de prova com geometrias normalizadas. Destacam-se, nesse contexto, as normas BS 7448 (Fracture Mechanics Toughness Tests - Method for Determination of KIc, Critical CTOD and Critical J Values of Metallic Materials) e ASTM E1290 (Standard Test Method for Crack-Tip Opening Displacement (CTOD) Fracture Toughness Measurement).

9.5.1. O MÉTODO DA RÓTULA PLÁSTICA

O método da rótula plástica para cálculo do CTOD, utilizando corpos de prova de flexão apoiados em três pontos, conforme Figura 9.4, é descrito na norma ASTM E1290. O teste prevê a preparação de um corpo de prova contemplando uma trinca previamente inserida. O corpo de prova é, então, colocado numa máquina de ensaio, a qual aplica uma carga crescente nas proximidades da ponta da trinca. À medida que o carregamento é aplicado, a ponta da trinca se abre, resultando em um deslocamento correspondente, cujo valor é medido a partir de um extensômetro devidamente acoplado à superfície do corpo de prova.

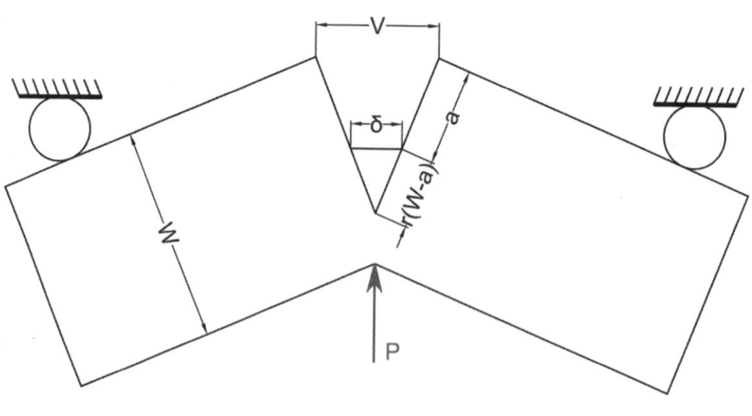

Figura 9.6 – Corpo de prova de flexão para determinação de CTOD (adaptado a partir de Anderson, 2005).

O CTOD é, então, calculado a partir da medida do deslocamento da ponta da trinca, utilizando-se uma formulação matemática específica. Nota-se, pela simples semelhança de triângulos da Figura 9.6, a seguinte relação:

$$\frac{\delta}{r(W-a)} = \frac{V}{r(W-a)+a} \Rightarrow \delta = \frac{r(W-a).V}{r(W-a)+a},$$

em que "r" é o fator de rotação, o qual assume o valor de 0,44 para corpos de prova de flexão similares ao apresentado na figura de referência.

Como, ainda, a relação matemática utilizada para a obtenção do valor de CTOD contempla uma parcela elástica e outra parcela plástica em termo de deformação, tem-se:

$$CTOD = \delta_{el} + \delta_{pl} = \frac{K_I^{\,2}}{m_C.\sigma_{esc}E} + \frac{0,44(W-a)V_p}{0,44(W-a)+a}, \tag{9.13}$$

sendo que a constante "m_C" assume os valores: $m_C = 1$ para casos de EPT e $m_C = 2$ para casos contemplando EPD.

V_p representa a deformação obtida pelo corpo de prova ao final do ensaio, conforme pode ser observado pela Figura 9.7.

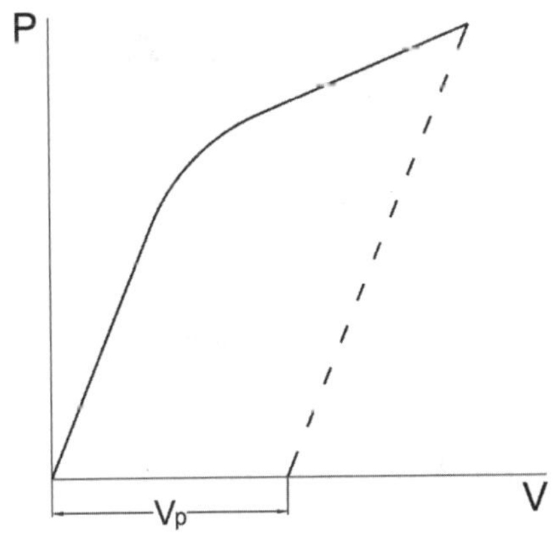

Figura 9.7 – Resultado experimental da parcela plástica do ensaio para obtenção de CTOD (adaptado a partir de Anderson, 2005).

9.5.2. O MÉTODO η

O método η correlaciona a energia de deformação, dada pela integral J, com o valor da área da curva carga x deslocamento obtida a partir de um ensaio realizado num corpo de prova pré-fissurado. Similarmente ao método da rótula plástica, duas componentes, agora da integral J, devem ser consideradas: uma elástica e outra plástica.

A parcela elástica da integral J é dada diretamente pelas Equações (9.7) ou (9.8), dependendo do estado de tensão ou deformação considerado, enquanto a parcela plástica é fornecida pela seguinte relação:

$$J_{pl} = \frac{\eta_J A_{pl}}{Bb}, \tag{9.14}$$

Em que η_J é um fator adimensional que relaciona a contribuição plástica com a energia de deformação do corpo de prova ($\eta_J = 2$ para corpos de prova de flexão); A_{pl} corresponde à área plástica do diagrama carga x deformação; e "b" representa o ligamento remanescente (W – a).

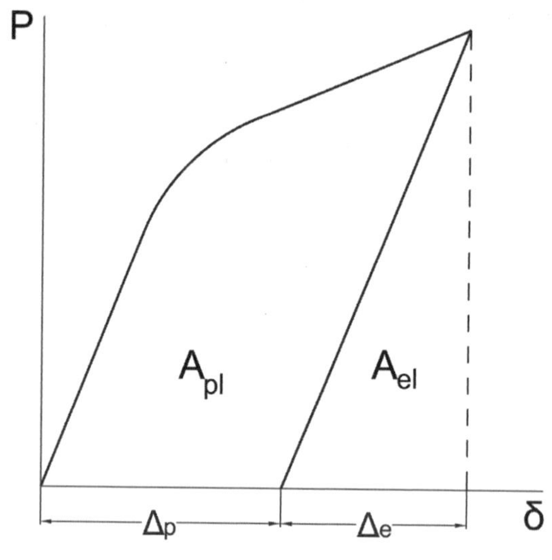

Figura 9.8 – Áreas elástica e plástica no diagrama carga x deformação resultante.

9.6. A TENSÃO CRÍTICA DE FALHA

Tanto o modelo convencional quanto o modelo de Dugdale permitem definir um valor para a abertura de trinca (CTOD) a partir de uma tensão nominal atuante no componente em análise. No modelo convencional, essa tensão é fornecida indiretamente a partir do fator de intensidade de tensões (K_I), enquanto, no modelo de Dugdale, a referida tensão é fornecida diretamente pela própria formulação matemática do modelo (Equação 9.3).

O desafio do projetista, nesse contexto, está na definição da máxima tensão (ou tensão crítica – σ_c) que poderá ser aplicada sobre o componente em análise, na condição de um regime elasto-plástico correspondente. Considerando, assim, o efeito da trinca equivalente e a condição limite $K_I = K_{IC}$ (ou K_C), torna-se possível demonstrar as seguintes relações:

$$\sigma_C = \frac{K_C}{f\left(\frac{a}{W}\right)}\left(\pi\, a_{equiv} + \frac{1}{2}\left(\frac{K_C}{\sigma_{esc}}\right)^2\right)^{-0,5} \tag{9.15}$$

$$\sigma_C = \frac{2\sigma_{esc}}{180} arccos\left[exp\left(-\frac{\pi}{8\, a_{equiv}}\left(\frac{K_C}{f\left(\frac{a}{W}\right)\sigma_{esc}}\right)^2\right)\right], \tag{9.16}$$

sendo que a Equação (9.15) corresponde ao modelo convencional, enquanto a Equação (9.16) corresponde ao modelo de Dugdale. Caso o componente em análise contemple espessuras maiores, deve-se considerar, evidentemente, a substituição do parâmetro "K_C" por "K_{IC}".

Para verificar a dedução completa dessas equações, sugere-se uma consulta aos trabalhos de Rosa (2002).

9.7. PROBLEMAS RESOLVIDOS

1 - Um aço-carbono estrutural apresenta as seguintes propriedades: K_{IC} = 250 MPa(m)$^{1/2}$, E = 210 GPa e σ_{esc} = 450 MPa. Determine o valor da abertura da trinca (CTOD) na condição limite de $K_I = K_{IC}$ (adaptado de Rosa, 2002).

Solução:

$$CTOD = \delta = \frac{4}{\pi}\frac{K_I^{\,2}}{E\sigma_{esc}}$$

$$\delta = \frac{4}{\pi}\frac{(250.10^6)^2}{210.10^9.450.10^6} = 0,842\ mm$$

2 - Um modelo de trinca utilizado para validar a solução de Dugdale é representado em figura. Para uma abertura de frente de trinca (δ) de 0,022 mm, determine a tensão nominal atuante sobre o corpo de prova avaliado. Dados: E = 200 GPa e σ_{esc} = 320 MPa.

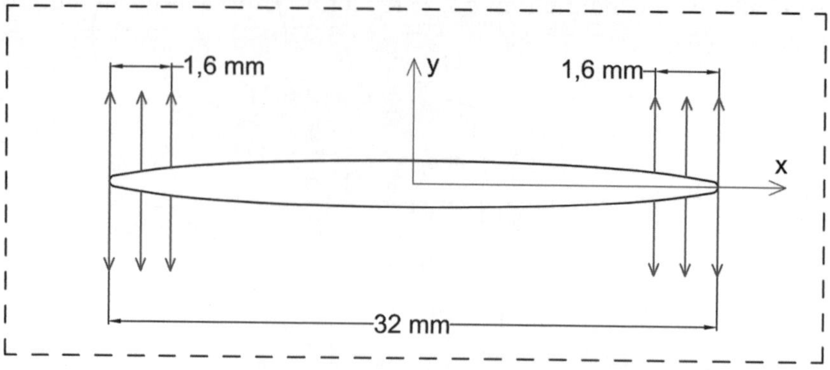

Figura 9.9 – Problema resolvido 2.

Solução:

$$2a + 2r = 32 \Rightarrow a = 14,4\ mm$$

$$CTOD = \delta = \frac{\pi\sigma^2 a}{E\sigma_{esc}}$$

$$0,022.10^{-3} = \frac{\pi\sigma^2 14,4.10^{-3}}{200.10^9\left(320.10^6\right)} \Rightarrow \sigma = 176,42\ MPa$$

3 – Um corpo de prova de flexão confeccionado em aço-carbono é utilizado num teste experimental para determinação da integral J. As dimensões do corpo de prova são: B = 10 mm, W = 20 mm, S (distância entre apoios) = 80 mm e "a" = 10 mm. O teste resultou num diagrama força-deslocamento com área interna equivalente a 5 Nm e numa carga máxima de 15 kN. Determine o valor da integral J para esse material, supondo EPD. Dados: E = 205 GPa e υ = 0,25.

Solução: da Tabela 8.1, para um corpo de prova compacto de flexão:

$$f\left(\frac{a}{W}\right) = 3\left(\frac{a}{W}\right)^{1/2}\left(\frac{1,99 - \frac{a}{W}\left(1 - \frac{a}{W}\right)\left(2,15 - 3,93\frac{a}{W} + 2,7\left(\frac{a}{W}\right)^2\right)}{2\left(1 + 2\frac{a}{W}\right)\left(1 - \frac{a}{W}\right)^{3/2}}\right)$$

$$\frac{a}{W} = \frac{10}{20} = 0,5$$

$$f\left(\frac{a}{W}\right)=3(0,5)^{1/2}\left(\frac{1,99-0,5(1-0,5)\left(2,15-3,93(0,5)+2,7(0,5)^2\right)}{2(1+2(0,5))(1-0,5)^{3/2}}\right)=2,66$$

$$K_I=\left(\frac{PS}{BW^{3/2}}\right)f\left(\frac{a}{W}\right)=\left(\frac{15.10^3.80.10^{-3}}{10.10^{-3}(0,02)^{\frac{3}{2}}}\right)(2,66)=112,85\ MPa\sqrt{m}$$

Para EPD:

$$J_{el}=\frac{K_I^{\,2}}{E}\left(1-\upsilon^2\right)=\frac{\left(112,85.10^6\right)^2}{205.10^9}\left(1-0,25^2\right)=58,24\ kN/m$$

$$b=W-a=10mm$$

$$J_{pl}=\frac{\eta_J A_{pl}}{Bb}=\frac{2(5)}{0,01(0,01)}=100\ kN/m,$$

resultando em:

$$J=J_{el}+J_{pl}=158,24\ kN/m$$

4 – Uma viga de secção retangular (40 x 150 mm) e comprimento 600 mm é simplesmente engastada e submetida a um carregamento de flexão mediante uma carga "P" na sua extremidade livre. Sabendo-se da presença de uma trinca superficial preexistente de dimensão 5 mm e numa distância de 400 mm a partir da extremidade livre, determine o máximo carregamento (carga crítica) ao qual ela poderá ser submetida, considerando as premissas da MFEP e os métodos convencional e de Dugdale (adaptado de Rosa, 2002).

Dados: K_{IC} = 60 MPa(m)^{0,5}, f(a/W) ≅ 1,0 e σ_{esc} = 1370 MPa.

Solução:

Primeiramente, deve-se definir o estado de tensão ao qual a peça estará submetida:

$$B_{min}=2,5\left(\frac{K_I}{\sigma_{esc}}\right)^2=2,5\left(\frac{60}{1370}\right)^2=4,80\ mm\Rightarrow EPD$$

$$B_{max}=0,3\left(\frac{K_I}{\sigma_{esc}}\right)^2=0,3\left(\frac{60}{1370}\right)^2=0,58\ mm\Rightarrow EPT$$

Por envolver uma secção com 40 mm de espessura, tem-se EPD. Logo:

$$r_p = \frac{1}{6\pi}\left(\frac{K_{IC}}{\sigma_{esc}}\right)^2 = \frac{1}{6\pi}\left(\frac{60}{1370}\right)^2 = 0{,}102\,mm,$$

resultando numa tensão crítica equivalente:

a) pelo método convencional, a

$$\sigma_C = \frac{K_C}{f\left(\frac{a}{W}\right)}\left(\pi\, a_{equiv} + \frac{1}{2}\left(\frac{K_C}{\sigma_{esc}}\right)^2\right)^{-0,5}$$

$$\sigma_C = 60\left(\pi\left(5{,}102.10^{-3}\right) + \frac{1}{2}\left(\frac{60}{1370}\right)^2\right)^{-0,5} = 460{,}35\,MPa$$

b) pelo método de Dugdale, a

$$\sigma_C = \frac{2\sigma_{esc}}{180} arccos\left[exp\left(-\frac{\pi}{8\,a_{equiv}}\left(\frac{K_C}{f\left(\frac{a}{W}\right)\sigma_{esc}}\right)^2\right)\right]$$

$$\sigma_C = \frac{2(1370)}{180} arccos\left[exp\left(-\frac{\pi}{8\left(5{,}102.10^{-3}\right)}\left(\frac{60}{1370}\right)^2\right)\right] = 462{,}45\,MPa$$

Para uma secção retangular submetida à flexão, tem-se, a partir dos conceitos da mecânica dos sólidos:

$$\sigma = \frac{M.y}{I} = \frac{F(0{,}4).0{,}075}{\frac{(0{,}04).0{,}15^3}{12}} = 2666{,}67F,$$

resultando numa carga crítica:

a) pelo método convencional, de

$$\sigma = \sigma_C = 2666{,}67F = 460{,}35.10^6 \Rightarrow F = 172{,}63\,kN$$

b) pelo método de Dugdale, de

$$\sigma = \sigma_C = 2666{,}67F = 462{,}45.10^6 \Rightarrow F = 173{,}42\,kN$$

5 - Um corpo de prova em flexão é utilizado num teste para determinação da abertura da frente da trinca pelo método da rótula plástica, no qual se registra uma carga máxima de 2315 N. Durante o teste, a carga é registrada em função do deslocamento, possibilitando um ajuste polinomial da curva correspondente a:

$$V = 10^{-5} P + 10^{-14} P^4,$$

com o deslocamento sendo expresso em (mm), e a carga, em N.

Determine, supondo EPD, o valor da abertura da frente da trinca correspondente.

Dados: W = 50 mm, a = 12 mm, B = 28 mm, K_I = 95 MPa(m)^{0,5}, E = 200 GPa e σ_{esc} = 770 MPa

Solução:

Para a carga máxima obtida, tem-se um deslocamento de:

$$V = 10^{-5} P + 10^{-14} P^4$$

$$V_p = 10^{-5}(2315) + 10^{-14}(2315)^4 = 0,310\ mm$$

Para o caso de EPD, m_C = 2. Logo:

$$CTOD = \frac{K_I^2}{m_C \sigma_{esc} E} + \frac{0,44(W-a)V_p}{0,44(W-a)+a}$$

$$CTOD = \frac{(95.10^6)^2}{2(770.10^6)200.10^9} + \frac{0,44(0,05-0,012)0,310.10^{-3}}{0,44(0,05-0,012)+0,012}$$

$$CTOD = 2,93.10^{-5} + 1,80.10^{-4} = 2,1.10^{-4}\ m = 0,21\ mm$$

6 - Uma grande placa contém uma trinca central de comprimento $2a_o$ = 15 mm, ao ser carregada por uma força centrada P. Quando a carga P atinge o valor de 300 kN, a placa é fraturada, tendo sido feita a medição da abertura da frente da trinca em 0,1 mm. Mediante o modelo de Dugdale, determine o comprimento da fissura no momento correspondente à condição de fratura.

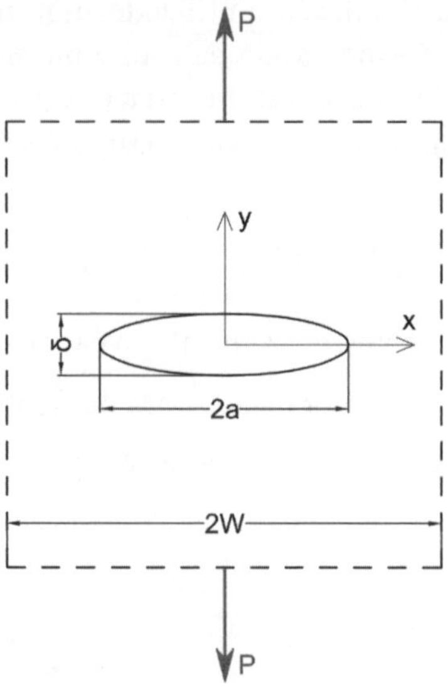

Figura 9.10 – Problema resolvido 6.

Dados: E = 210 GPa, σ_{esc} = 480 MPa, 2W = 0,4 m, B = 0,002 m, EPT.

Solução:

Para a carga de 300 kN, obtém-se uma tensão de:

$$\sigma = \frac{P}{A} = \frac{300.10^3}{0,4.(0,002)} = 375\ MPa$$

Por Dugdale:

$$CTOD = \delta = \frac{\pi\sigma^2 a}{E\sigma_{esc}}$$

$$0,1.10^{-3} = \frac{\pi(375.10^6)^2 a_{crit}}{210.10^9\left(480.10^6\right)} \Rightarrow a_{crit} = 0,0228\ m$$

$$a_{crit} = 22,28\ mm$$

7 – Um recipiente de pressão cilíndrico com 25 m de diâmetro externo e 250 mm de espessura de parede é fabricado a partir de uma chapa de aço-carbono cuja tensão de escoamento vale 500 MPa. A pressão de trabalho é de 5,5 MPa. Aberturas circulares são realizadas ao longo desta tubulação para soldagem de tubos de inspeção, nos quais os mínimos defeitos detectáveis são de 10 mm. Determine o mínimo valor do CTOD que deve ter a solda para se prevenir à condição de fratura frágil. A região da solda é submetida a uma tensão residual de tração da ordem de 50% da tensão de escoamento do material. Suponha $K_t = 3$.

Solução:

Para um vaso de pressão cilíndrico de paredes finas, tem-se como tensão nominal máxima:

$$\sigma = \frac{PD}{2t} = \frac{5,5(25)}{2.(0,25)} = 275\ MPa$$

Na sequência, para o ponto supostamente crítico, junto ao cordão de solda e mediante um fator de concentração de tensões de 3, pode-se considerar a presença de uma plastificação localizada, resultando numa relação de deformações dada por:

$$\frac{\sigma}{\sigma_{esc}} = \frac{\varepsilon}{\varepsilon_y} = \frac{275(3)}{500} = 1,65$$

Adicionando-se a parcela da tensão residual indicada no enunciado, chega-se a:

$$\frac{\varepsilon}{\varepsilon_y} = 1,65 + 0,5 - 2,15$$

Pela lei de Hooke:

$$\sigma_{esc} = E\varepsilon_y \Rightarrow \varepsilon_y = \frac{500.10^6}{200.10^9} = 2,5.10^{-3}$$

Sendo possível, a partir da curva de projeto do CTOD, chegar a:

$$\left(\frac{\varepsilon_f}{\varepsilon_y}\right) > 0,5 \Rightarrow \frac{\delta_{crit}}{2\pi\varepsilon_y.a} = \left(\frac{\varepsilon_f}{\varepsilon_y}\right) - 0,25$$

$$\frac{\delta_{crit}}{2\pi\left(2,5.10^{-3}\right).(10)} = (2,15) - 0,25 \Rightarrow \delta_{crit} \geq 0,3\ mm$$

8 – Num ensaio para determinação da integral J, realizado com um corpo de prova de flexão, obtém-se uma curva do tipo:

$$\delta = 10^{-8} P + 10^{-15} P^4,$$

com o deslocamento sendo expresso em (m) e a carga em N.

A iniciação da trinca ocorre a partir de uma carga de 1.500 N. Estime o valor da parcela plástica da integral J.

Dados: W = 50 mm, a = 27 mm, B = 30 mm.

Solução:

$$\delta = 10^{-8} P + 10^{-15} P^4 == 10^{-8}\left(1500\right) + 10^{-15} P(1500)^4 = 5{,}0625 mm$$

A relação entre força e deslocamento pode ser equacionada na forma:

$$\delta = 10^{-15} P^4 \Rightarrow P = \left(10^{15}\delta\right)^{1/4}$$

Enquanto a área do gráfico resultante:

$$A_{pl} = \int_0^{\delta} P d\delta = \int_0^{5{,}0625.10^{-3}} (10^{15}.\delta)^{1/4} d\delta = 6{,}075 J$$

Resultando numa parcela da integral plástica no valor de:

$$J_{pl} = \frac{\eta_J A_{pl}}{Bb}$$

$$J_{pl} = \frac{2\left(6{,}075\right)}{30.10^{-3}.23.10^{-3}} = 17{,}6\ kJ / m^2$$

9.8. PROBLEMAS PROPOSTOS

1 - Num ensaio para determinação de CTOD, realizado em determinado aço estrutural, utiliza-se um corpo de prova de flexão com dimensões: B = 25 mm, W = 50 mm e a = 26 mm. A carga de ensaio atinge 15 kN, alcançando um deslocamento total de 0,33 mm. Qual o valor obtido para o CTOD?

Dados: tensão de escoamento = 430 MPa, coeficiente de Poisson = 0,30 e E = 200 GPa, distância entre os apoios do corpo de prova de flexão = 200 mm.

Resposta:

$f(a/W) = 10{,}29$, $K_I = 110{,}44$ MPa(m)^{0,5}, CTOD = 0,235 mm.

2 - Um grande recipiente soldado e submetido a pressão apresenta os seguintes dados: tensão de serviço = 200 MPa, tensão de escoamento do material da solda = 450 MPa, E = 205 GPa. Como consequência do processo de soldagem, desenvolvem-se tensões residuais ao longo dos cordões de solda, cujos valores atingem 50% do limite de escoamento do material. É necessário que o referido recipiente possa operar supondo uma trinca de comprimento (2a) = 120 mm, com um valor de CTOD de 0,5 mm. A partir da curva de projeto, determine a que nível deve ser reduzido às tensões residuais, mediante um tratamento de eliminação de tensões, para que seja cumprida a especificação prevista.

Resposta:

$\varepsilon_f/\varepsilon_y = 0{,}85$; $\sigma_c = 382{,}5$ MPa, caracterizando a necessidade de uma redução de 182,5 MPa.

3 – Um corpo de prova em flexão, confeccionado em aço NiCrMo, tem dimensões: W = 20 mm e B = 10 mm e apresenta a curva força-deslocamento, conforme a figura. Para um comprimento de trinca 9,83 mm, calcule o valor da integral J desse material. Supor EPD.

Dados: coeficiente de Poisson = 0,30, E = 206 GPa, área plástica do gráfico sob a curva = 4820 Nmm, $K_I = 99{,}0$ MPa(m)^{0,5}.

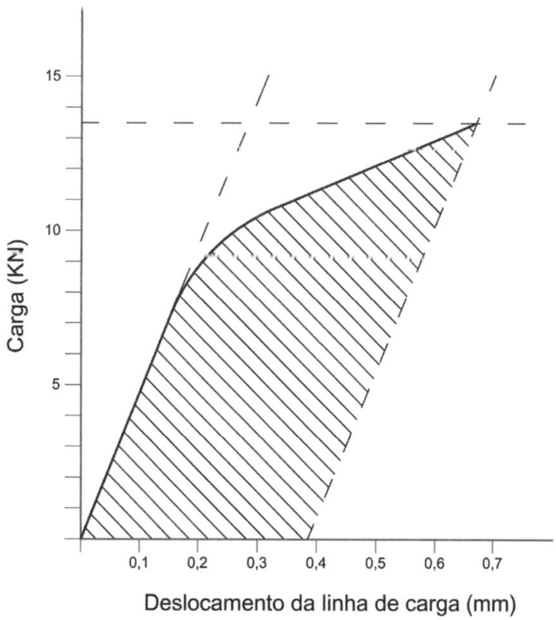

Figura 9.11 – Problema proposto 3.

Resposta:

J_{el} = 43,3 kJ/m^2; J_{pl} = 94,79 kJ/m^2, J = 138,1 kJ/m^2.

4 – Para a peça solicitada em flexão ilustrada, detectou-se uma trinca superficial de comprimento a = 5 mm a uma distância de 400 mm do carregamento externo. Considerando os conceitos da MFEL e da MFEP (segundo Dugdale), determine a carga de falha correspondente (adaptado de Rosa, 2002).

Dados: tensão de escoamento = 1370 MPa, tensão de ruptura = 1470 MPa, K_{IC} = 60 MPa(m)^{0,5}, espessura da peça = 40 mm, f(a/W) ≅ 1, supor EPT.

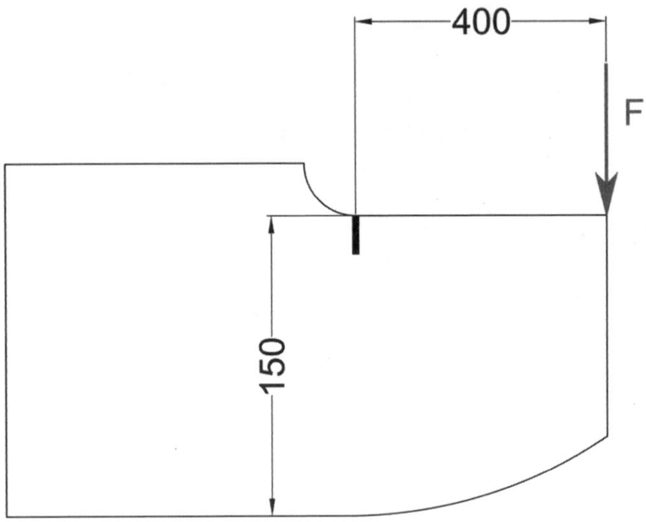

Figura 9.12 – Problema proposto 4.

Resposta:

MFEL – σ_c = 478,73 MPa, M_{max} = 71809,5 Nm, F_{max} = 179,52 kN

MFEP – a_{equiv} = 5,305 mm, σ_c = 453,85 MPa, M_{max} = 68077,44 Nm, F_{max} = 170,19 kN (resposta do problema).

5 – Durante o reabastecimento de um reservatório de gás, ocorreu a ruptura deste para uma pressão de 17,25 MPa. Avalie se a ruptura ocorreu em decorrência de problemas de projeto ou a partir da propagação de uma trinca longitudinal preexistente de comprimento (2a) = 76 mm (adaptado de Rosa, 2002). Por se tratar de um vaso de parede delgada, tem-se a condição de EPT.

Dados: tensão de escoamento = 517 MPa, tensão de ruptura = 687 MPa, K_{IC} = 209 MPa(m)^{0,5}, diâmetro externo do reservatório 217 mm, espessura de parede

(t) = 6,5 mm. Suponha ainda que o fator de forma para esse tipo de geometria é dado por (R = raio externo do cilindro):

$$f\left(\frac{a}{W}\right) = (1 + 1{,}255\frac{a^2}{Rt} - 0{,}0135\frac{a^4}{R^2t^2})^{1/2}$$

Figura 9.13 – Problema proposto 5.

Resposta:

MFEP – f(a/W) = 1,874; r_p = 7,4 mm, σ_c = 275,95 MPa

Mecânica dos sólidos – $\sigma_1 \cong$ 288,00 MPa.

Como a tensão circunferencial resultou inferior à tensão crítica, pode-se afirmar que a falha foi decorrente da trinca preexistente.

6 – Determine G_{IC}, J_{IC} e $CTOD_c$ para uma chapa de aço-carbono com 4,5 mm de espessura e que contempla as seguintes propriedades: tensão de escoamento = 700 MPa, E = 207 GPa, K_{IC} = 92 MPa(m)^{0,5} e υ = 0,3.

Resposta:

B_{min} = 43,18 mm; B_{max} = 5,18 mm; EPD

$K_I = K_{IC}$ – $CTOD_C$ = 0,074 mm; $J_{IC} = G_C$ = 37,2 kJ/m^2.

7 – Determine: a) $CTOD_c$, b) o raio de plastificação e c) a tensão crítica de fratura, supondo uma larga placa de alumínio contendo uma trinca central de 5 mm de comprimento. Supondo EPD, tensão de escoamento = 500 MPa, E = 70 GPa, K_{IC} = 25 MPa(m)^{0,5} e υ = 0,3.

Resposta:

$K_I = K_{IC}$ – $CTOD_C$ = 0,023 mm; r_p = 0,133 mm; a_{eq} = 2,633 mm; σ = 274,9 MPa.

8 – Um corpo de prova compacto de flexão com B = 20 mm e W = 40 mm é utilizado para determinar $CTOD_c$ e J_{IC}. Assumindo EPD e considerando tensão de escoamento = 800 MPa, tensão de ruptura = 1250 MPa, E = 207 GPa, K_{IC} = 60 MPa(m)^{0,5}, P_{max} = 38 kN, V_p = 1,0 mm, S = 150 mm e a = 12 mm, determine os valores encontrados no ensaio.

Para um corpo de prova compacto em flexão, tem-se:

$$f\left(\frac{a}{W}\right)=3\left(\frac{a}{W}\right)^{1/2}\left(\frac{1,99-\frac{a}{W}\left(1-\frac{a}{W}\right)\left(2,15-3,93\frac{a}{W}+2,7\left(\frac{a}{W}\right)^{2}\right)}{2\left(1+2\frac{a}{W}\right)\left(1-\frac{a}{W}\right)^{3/2}}\right)$$

$$K_I=\left(\frac{PS}{BW^{3/2}}\right)f\left(\frac{a}{W}\right)$$

Resposta:

f(a/W) = 1,521; K_I = 54,18 MPa(m)^{0,5}; CTOD = 8,87.10^{-3} + 0,506 = 0,515 mm, m = 2,26; J_{IC} = 0,931 MN/m^2.

9 – Considere um corpo de prova (CP) confeccionado em aço-carbono com 25 mm de espessura e que contempla uma trinca na sua borda. Um ensaio é realizado de tal forma que o CP é carregado com uma carga de tração de 10000 N na direção I. À medida que ocorre o aumento do tamanho da trinca, ocorre a medição do deslocamento da sua borda, para o qual se obtém a seguinte relação:

$$\delta=8.10^{-7}\cdot a^3$$

Qual será o tamanho máximo da trinca imediatamente antes da ruptura?

Considere: tensão de escoamento = 650 MPa, E = 210 GPa, K_{IC} = 56,45 MPa(m)$^{1/2}$, υ = 0,28.

A taxa de liberação de energia de um material pode ainda ser considerada a partir da seguinte relação:

$$G=\frac{P^2}{2B}\frac{dC}{dA},$$

em que: C = δ/P.

Resposta:

B_{min} = 18,85 mm; EPD.

G = 13,98 kJ/m^2; dC/da = 24.10^{-7}a^2/P; a ≅ 170,66 mm.

10 – Uma chapa solicitada em tração de largura 120 mm apresenta uma trinca central de comprimento 2a = 12 mm. Considerando os conceitos da MFEP (segundo Dugdale), determine a carga de falha correspondente.

Dados: tensão de escoamento = 1370 MPa, tensão de ruptura = 1470 MPa, K_{IC} = 55 $MPa(m)^{0,5}$, espessura da peça = 16 mm, f(a/W) ≅ 1,12.

Resposta:

B_{min} = 4,03 mm; EPD.

r_p = 0,086 mm; σ_c = 350,26 MPa; F_{max} = 672,5 kN.

11 – Uma placa submetida à tração apresenta uma trinca central de comprimento $2a_o$ = 11 mm. Supondo, segundo Dugdale, uma abertura da frente da trinca de no máximo 0,08 mm, determine o máximo carregamento que a referida chapa poderá suportar.

Dados: E = 210 GPa, σ_{esc} = 620 MPa, 2W = 420 mm, B = 12,7 mm, supor EPT.

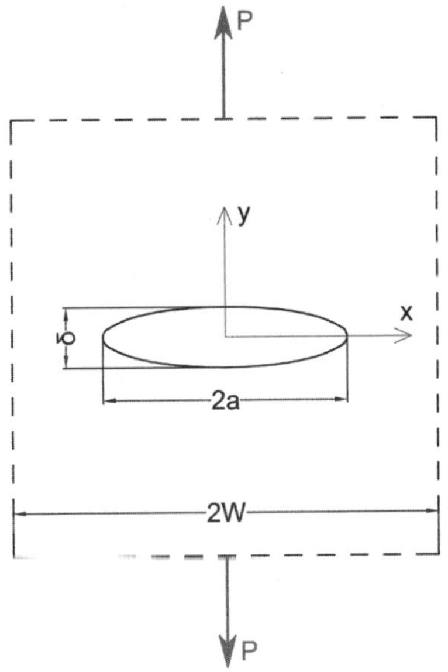

Figura 9.14 – Problema proposto 11.

Resposta:

$\sigma_{Dugdale}$ = 776,41 MPa.

Como a tensão de Dugdale resultou superior à tensão de escoamento do material, prevalece essa segunda para os cálculos da carga máxima. Assim: F_{max} = 3307,1 kN.

12 – Para o problema proposto 11, caso a força externa aplicada fosse de 15000 kN, qual seria o valor da abertura da frente da trinca, segundo Dugdale (manter todos os demais dados do problema)?

Resposta:

σ = 281,21 MPa; δ = 0,001 mm.

NOMENCLATURA

ε_f	Deformação em fratura
ε_{ij}	Tensor deformação
ε_y	Deformação em escoamento
δ	Abertura da frente da trinca (CTOD)
δ_{crit}	Abertura da frente da trinca crítico
δ_{el}	Parcela elástica da abertura da frente da trinca
δ_{pl}	Parcela plástica da abertura da frente da trinca
η_J	Fator adimensional da integral J
σ	Tensão normal nominal
σ_{esc}	Limite de escoamento do material
σ_{ij}	Tensor tensão
σ_{rup}	Limite de ruptura do material
υ	Módulo (coeficiente) de Poisson
a	Tamanho da trinca
A_{pl}	Área plástica do diagrama carga x deformação
b	Ligamento remanescente (W-a) do corpo de prova
B	Espessura da chapa ou do corpo de prova
da	Variação do tamanho da trinca
dU	Variação de energia
E	Módulo de elasticidade longitudinal do material
J	Integral J
J_{el}	Parcela elástica da integral J
J_{pl}	Parcela plástica da integral J
k_1, k_2	Constantes de proporcionalidade da solução HRR

K_I	Fator de intensificação de tensões do modo de abertura I
K_{IC}	Tenacidade à fratura do material
K_t	Fator teórico de concentração de tensões
m	Fator de restrição plástica
m_c	Constante ($m_C = 1$ para EPT e $m_C = 2$ para EPD)
n	Expoente da solução HRR
r	Raio genérico próximo da ponta da trinca
r_p	Raio de plastificação
V_p	Deformação máxima do corpo de prova
W	Largura de chapa ou do corpo de prova

REFERÊNCIAS

ANDERSON, Ted.. **Fracture Mechanics** - Fundamentals and Applications. 3ª ed. USA: Taylor & Francis, 2005.

ARANA, José Luiz; GONZÁLEZ, Javier. Jesus. **Mecánica de Fractura.** Servicio Editorial - Universidad del País Vasco, 2002.

CASTRO, Jaime.; MEGGIOLARO, Marco Antonio. **Fadiga**. vol. 2. Propagação de Trincas, Efeitos Térmicos e Estocásticos. PUC-Rio, 2009.

ROSA, Edson da. **Análise de Resistência Mecânica** - Mecânica da Fratura e Fadiga. Florianópolis: Universidade Federal de Santa Catarina, 2002.

SAVIOLI, Rafael Guimarães. **Avaliação dos Parâmetros CTOD e Integral J em Juntas Soldadas Utilizando Corpos de Prova Compactos C(T).** Dissertação de Mestrado da Escola Politécnica da Universidade de São Paulo. São Paulo, 2011.

CAPÍTULO 10

Propagação de trincas em fadiga

10.1. INTRODUÇÃO

Nos capítulos correspondentes à mecânica da fratura, definiu-se que a falha de um componente ocorre a partir do momento que o fator de intensificação de tensões se torna equivalente ao fator de intensidade de tensão crítico (K_C) ou à tenacidade à fratura do material (K_{IC}). Na prática, entretanto, isso não ocorre de forma instantânea, mas sim em decorrência do crescimento da trinca a partir do processo de fadiga por cargas alternadas. A trinca evolui a partir de um comprimento inicial (a_i) até um comprimento crítico (a_{crit}) em função do número de ciclos ao qual ela é submetida. A Figura 10.1 ilustra, de forma esquemática, a variação do comprimento da trinca em função do número de ciclos para um intervalo de tensões ($\Delta\sigma$) supostamente constante.

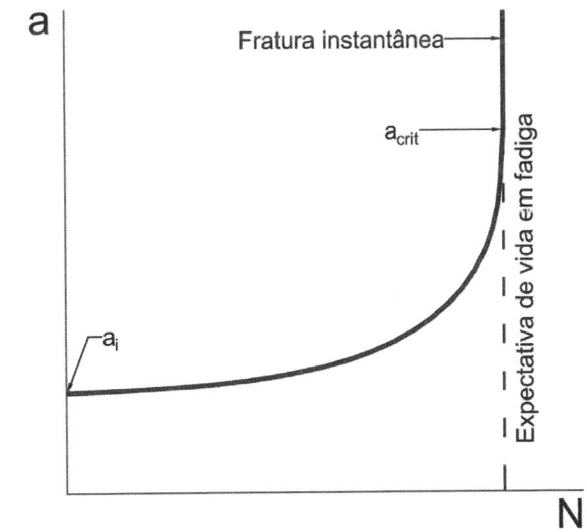

Figura 10.1 – comprimento da trinca x número de ciclos. Adaptado de Juvinall & Marshek, 2008.

Diversos estudos são realizados objetivando definir relações empíricas que possam descrever a taxa de propagação de trincas (taxa de aumento do comprimento da trinca) em função do número de ciclos de carga aplicados ao material. Esses estudos se justificam pela necessidade de propostas a partir das quais os defeitos são permitidos em componentes ou estruturas (projeto tolerante a trincas) mediante a condição de que o tamanho desses defeitos (trincas) não atinja um valor crítico antes de uma eventual inspeção ou uma simples troca do componente. É evidente que, nessas circunstâncias, torna-se imprescindível a identificação prévia da trinca, bem como o reconhecimento da dimensão (tamanho da trinca) considerada como crítica.

10.2. PROPAGAÇÃO DE TRINCAS EM REGIME ELÁSTICO – LEI DE PARIS

Um dos principais objetivos do projeto em fadiga consistiu no desenvolvimento de um método que permitisse caracterizar a propagação de trincas como função de parâmetros que fossem associados às propriedades do próprio material. Trincas por fadiga nucleiam-se quando as tensões atuantes variam e existe alguma tensão de tração em cada ciclo de tensão.

Dentro dessa premissa, em 1961, Paris e seus colaboradores propuseram que, para que uma variação cíclica de tensões ocorresse, uma variação correspondente do fator de intensificação de tensões deveria também ocorrer na forma:

$$\Delta K = K_{max} - K_{min}, \tag{10.1}$$

de onde:

$$K_{max} = f\left(\frac{a}{W}\right)\sigma_{max}\sqrt{\pi.a} \tag{10.2a}$$

$$K_{min} = f\left(\frac{a}{W}\right)\sigma_{min}\sqrt{\pi.a} \tag{10.2b}$$

Observação: caso o ciclo de cargas entre na região de compressão, considera-se, por convenção, $K_{min} = 0$, dado que tensões cíclicas de compressão são favoráveis ao fechamento da trinca, enquanto tensões cíclicas de tração têm influência direta no crescimento (propagação) da trinca, a cada ciclo de carga.

Mediante essa premissa, Paris descreveu uma lei empírica que permitiu relacionar dados experimentais da taxa de crescimento da trinca com conceitos da MFEL, resultando na seguinte expressão:

$$\frac{da}{dN} = C(\Delta K)^m, \tag{10.3}$$

sendo que "C" e "m" são constantes características do material e (da/dN) representa a taxa de crescimento do comprimento da trinca para cada ciclo de fadiga. Graficamente, em coordenadas duplamente logarítmicas, tem-se:

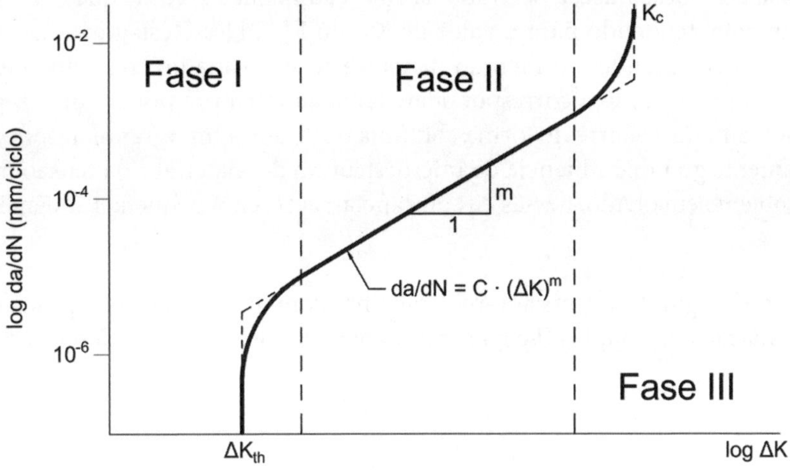

Figura 10.2 – Taxa de crescimento de trincas.

A partir da Figura 10.2, torna-se possível identificar três estágios ou fases distintas no período de crescimento da trinca, das quais podem-se destacar os seguintes aspectos:

- **Fase I** – região na qual as trincas preexistentes não se propagam sob carregamentos cíclicos. Isso ocorre até um limiar de propagação (ΔK_{th}), dado que a derivada da curva decresce à medida que (ΔK) aumenta. Trata-se de uma região dominada e com grande influência da microestrutura do material, dos valores da tensão média e do ambiente envolvido. Nessa região, a propagação da trinca ocorre de maneira muito lenta. O limiar de propagação (ΔK_{th}) para o caso dos aços-carbono, por exemplo, assume os seguintes valores:

$$\Delta K_{th} = 7(1 - 0,85R)\left[MPa\sqrt{m}\right] \Rightarrow para\ R \geq 0,1 \tag{10.4a}$$

$$\Delta K_{th} = 6,0\left[\ MPa\sqrt{m}\ \right] \Rightarrow para\ R < 0,1, \tag{10.4b}$$

Em que a relação: $R = \sigma_{min}/\sigma_{max}$ corresponde à razão de carga, conforme apresentado nos capítulos anteriores.

- **Fase II** – descrita a partir da relação de Paris, a qual tem validade para condição de ciclos de carga idênticos entre si. Nesse estágio se dá a linearidade da curva (em escala log-log), em decorrência de a derivada ser aproximadamente constante. A progressão da fissura ocorre de forma contínua e por fratura transgranular dúctil. Diferentemente do estágio I, o crescimento da fissura nessa etapa é contínuo, não sofrendo influências da microestrutura do material, da tensão média e do ambiente envolvido.

- **Fase III** – nesta fase, a derivada da curva aumenta à medida que (ΔK) também aumenta, tendendo para o valor de K_C (ou K_{IC}). Nesse estágio, a instabilidade tem início quando a dimensão da trinca se aproxima do comprimento crítico desta, provocando a correspondente falha da estrutura por fratura. A progressão da fissura ocorre de forma contínua por fratura intergranular, sofrendo novamente grande influência da microestrutura do material e da tensão média. O ambiente envolvido, nessas circunstâncias, apresenta pequena influência.

É possível, segundo alguns autores, trabalhar com uma equação empírica que permite a avaliação dos estágios II e III conjuntamente, a qual pode ser descrita na forma:

$$\frac{da}{dN} = \frac{C(\Delta K)^m}{\left[1 - \left(\frac{K_{max}}{K_C}\right)^m\right]} \tag{10.5}$$

Nessa equação, prevalecem as seguintes considerações:

a) para $K_{max} \to K_C$, o denominador tende para a unidade, e, consequentemente, a Equação (10.5) representa o estágio II;

b) para $K_{max} \to K_C$, o termo (da/dN) tende para o infinito, e, consequentemente, a Equação (10.5) representa o estágio III.

Além do modelo proposto por Paris para descrever a taxa de propagação da trinca, existem outros modelos semiempíricos, os quais são baseados em resultados experimentais e consideram coeficientes adicionais correspondentes, dentre os quais se podem destacar: Broek (1963), Forman (1967), Elber (1970), Walker (1970), Donahue (1972), Priddle (1976) e McEvily (1977), os quais podem ser mais bem avaliados a partir das bibliografias de referência. A Tabela 10.1 fornece os valores dos parâmetros "C" e "m" para alguns materiais de engenharia.

Tabela 10.1 – Valores típicos dos parâmetros "C" e "m" para alguns materiais de engenharia

Material	m	C (ver nota)
Aço-carbono	3,3	$0{,}24.10^{-11}$
Aços estruturais	3,85 – 4,20	$0{,}07.10^{-11}$ a $0{,}11.10^{-11}$
Ligas de alumínio	2,60 – 3,90	3.10^{-11} a 19.10^{-11}
Cobre	3,90	$0{,}34.10^{-11}$
Titânio	4,40	$68{,}8.10^{-11}$

Nota: a unidade da constante "C" é dada em $((mm/(MPa(m)^{0,5})^m)$.

10.2.1. O EFEITO DA RAZÃO DE CARGA (R)

A curva representativa da equação de Paris, apresentada na Figura 10.2, não é única, visto que ela sofrerá influência direta da razão de carga (R) considerada no ensaio. No geral, valores de "R" acima de (−1) ocasionam um deslocamento da curva na direção de maiores taxas de propagação, conforme pode ser observado na Figura 10.3. Os valores do limiar de propagação (ΔK_{th}) sofrem, nessas circunstâncias, uma redução de valor correspondente.

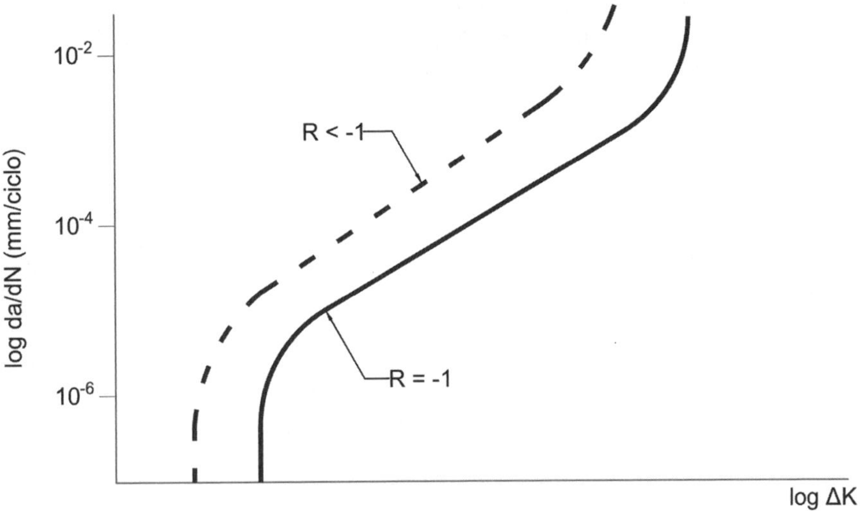

Figura 10.3 – Efeito de "R" sobre a propagação da trinca em fadiga.

10.3. LEIS DE PARIS PARA CARGAS NA CONDIÇÃO DE AMPLITUDES VARIÁVEIS

Conforme discutido em situações anteriores, os carregamentos dinâmicos nem sempre apresentam uma condição de amplitude constante ao longo da expectativa de vida do elemento ou componente mecânico considerado. Nessas circunstâncias, ajustes devem ser realizados visando viabilizar a aplicação da lei de Paris.

Dentre alguns modelos disponíveis, destaca-se a conceituação correspondente ao valor médio quadrático, ou, simplesmente, RMS, a partir da qual o intervalo de tensões deve ser corrigido mediante essa prática. Assim:

$$\Delta\sigma_{RMS} = \sqrt{\frac{\sum_{i=1}^{n} \Delta\sigma_i^2}{n}}, \tag{10.6}$$

e, consequentemente:

$$\frac{da}{dN} = C\left(f\left(\frac{a}{W}\right)\Delta\sigma_{RMS}\sqrt{\pi a}\right)^m \tag{10.7}$$

10.4. CÁLCULO DA VIDA EM FADIGA

A equação de Paris permite, mediante a sua integração direta, obter uma proposta para a estimativa da vida em fadiga do componente e para situações de projeto. Nesse contexto, efetivando-se preliminarmente alguns ajustes na referida equação, pode-se escrever:

$$\frac{da}{dN} = C\left(f\left(\frac{a}{W}\right)\Delta\sigma\sqrt{\pi a}\right)^m \tag{10.8}$$

Na condição de cargas de fadiga com amplitude constante, o fator de forma f(a/W) também permanece constante, permitindo a integração da Equação (10.8) na forma:

$$\int_{a_i}^{a_f} \frac{da}{a^{m/2}} = C\left[f\left(\frac{a}{W}\right)\right]^m (\Delta\sigma)^m \pi^{m/2} \int_0^N dN, \tag{10.9}$$

resultando num número de ciclos em fadiga de:

$$N = \frac{2}{(m-2)C\left[f\left(\frac{a}{W}\right)\right]^m (\Delta\sigma)^m \pi^{m/2}} \left[\frac{1}{a_i^{\frac{(m-2)}{2}}} - \frac{1}{a_f^{\frac{(m-2)}{2}}} \right], \tag{10.10}$$

expressão válida para m ≠ 2.

Particularizando para a condição do expoente m = 2, permite-se, ainda, a simplificação da Equação (10.10) a partir de:

$$N = \frac{2}{C\left[f\left(\frac{a}{W}\right)\right]^2 (\Delta\sigma)^2 \pi} \ln\left[\frac{a_f}{a_i}\right] \tag{10.11}$$

Observação: nas Equações (10.10) e (10.11), o termo correspondente ao comprimento final da trinca (a_f) pode ser comparado diretamente com o comprimento crítico da trinca ($a_f = a_{crit}$), como também com qualquer outro valor de comprimento eventualmente definido em projeto, desde que, evidentemente, esse valor seja inferior ao próprio comprimento crítico.

10.5. PROBLEMAS RESOLVIDOS

1 – Um tipo de amostra de teste para determinar a tenacidade à fratura de um determinado material é dado em figura. A altura (2h) vale 30 mm, enquanto a espessura permite caracterizar uma condição de EPD. Considere um fator de intensificação de tensões equivalente a:

$$K_I = \left(\frac{2\sqrt{3}}{1-\upsilon^2} \right) \frac{p.a}{h^{3/2}},$$

Em que "p" é o carregamento por unidade de largura da amostra.

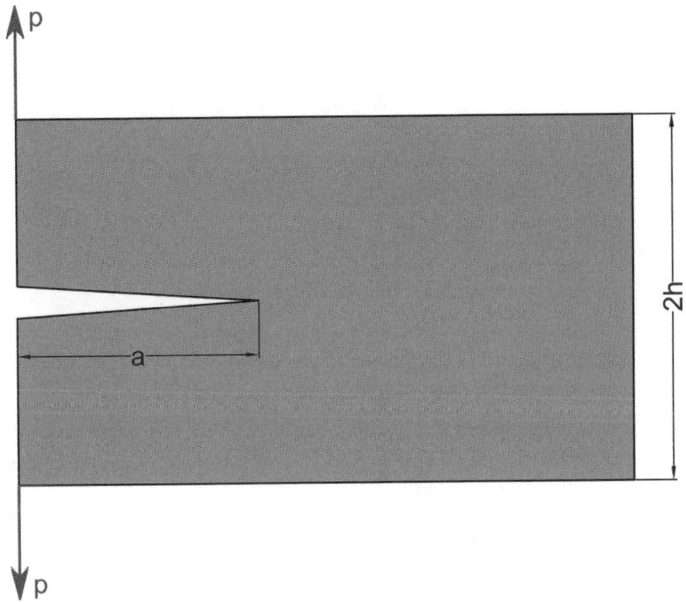

Figura 10.4 – Problema resolvido 1.

O teste, neste exemplo, é determinado da seguinte maneira: primeiro, uma fenda de comprimento a_i = 20 mm é criada por usinagem. Então, para se obter uma fenda com extremidade compatível, a amostra de teste é submetida a uma carga "p" que oscila entre 0 e 0,9 MN/m a cada ciclo, durante 15000 ciclos. Em seguida, o carregamento cíclico é interrompido.

(a) Calcule o comprimento da trinca obtido pelo referido carregamento cíclico.

Depois disso, a amostra de teste é carregada por uma carga estática, monotonicamente crescente, até ocorrer a fratura, num valor de "p" = 1,8 MN/m.

(b) Determine a tenacidade à fratura do material.

Dados: Poisson = 0,3 e Lei de Paris equivalente a:

$$\frac{da}{dN} = 5{,}1.10^{-12}\left(\Delta K\right)^3 \quad m/ciclo$$

Solução:

a)

$$K_I = \left(\frac{2\sqrt{3}}{1-\upsilon^2}\right)\frac{p.a}{h^{3/2}}$$

$$K_{max} = \left(\frac{2\sqrt{3}}{1-0{,}3^2}\right)\frac{0{,}9.a}{0{,}015^{3/2}} = 1864{,}9a$$

$$K_{min} = 0$$

$$\Delta K = K_{max} - K_{min} = 1864{,}9a$$

$$\frac{da}{dN} = 5{,}1.10^{-12}\left(\Delta K\right)^3 \quad m/ciclo$$

$$\frac{da}{dN} = 5{,}1.10^{-12}\left(1864{,}9.10^6 a\right)^3$$

$$\frac{da}{a^3} = 0{,}033dN,$$

cuja integração resulta em:

$$\frac{1}{-2}\left(\frac{1}{a_f^{\;2}} - \frac{1}{a_i^{\;2}}\right) = 0{,}033\left(15000\right)$$

- Para uma trinca inicial de 20 mm:

$$\frac{1}{-2}\left(\frac{1}{a_f^{\;2}} - \frac{1}{0{,}020^2}\right) = 0{,}033\left(15000\right) \Rightarrow a_f = 25{,}73 \ mm$$

b) No limite:

$$K_I = K_{IC} = \left(\frac{2\sqrt{3}}{1-\upsilon^2}\right)\frac{p.a}{h^{3/2}}$$

$$K_{IC} = \left(\frac{2\sqrt{3}}{1-0,3^2} \right) \frac{1,8(0,02573)}{0,015h^{3/2}} = 95,97\,MPa\sqrt{m}$$

2 – Um levantamento experimental da formulação da lei de Paris resulta, para um determinado material, no gráfico (em escala log-log) representado em figura. Determine matematicamente a equação de Paris correspondente.

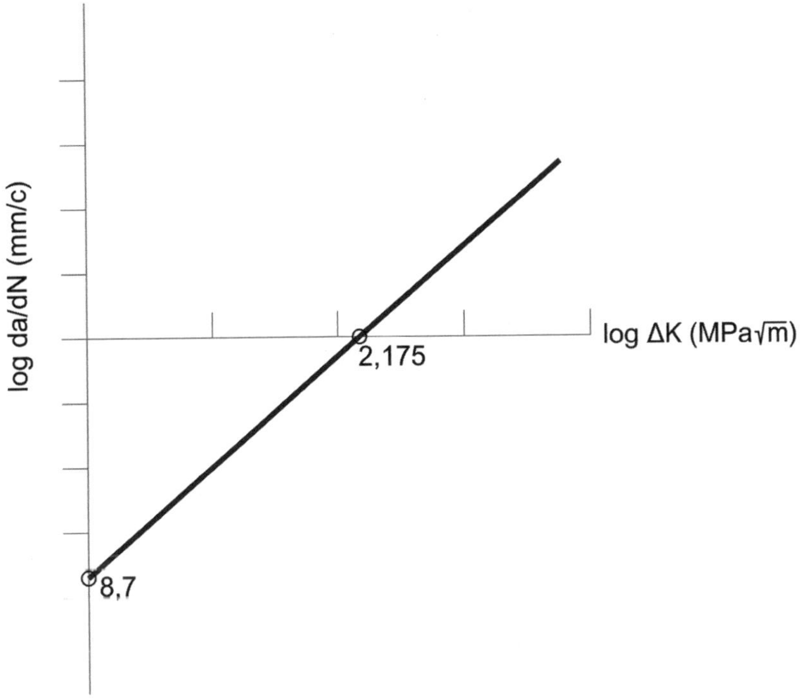

Figura 10.5 – Problema resolvido 2.

Solução:

$$\frac{da}{dN} = C(\Delta K)^m$$

$$\log\left(\frac{da}{dN}\right) = \log C + m\log(\Delta K)$$

- Do gráfico:

$$\log(\Delta K) = 0 \Rightarrow \log\left(\frac{da}{dN}\right) = -8,7$$

Logo:

$$-8,7 = \log C + m(0) \Rightarrow C = 2.10^{-9} \frac{mm}{\left[MPa\sqrt{m}\right]^m}$$

Novamente, a partir do gráfico:

$$\log\left(\frac{da}{dN}\right) = 0 \Rightarrow \log(\Delta K) = 2,175$$

Logo:

$$0 = \log(2.10^{-9}) + m(2,175) \Rightarrow m = 4$$

Resultando, ao final, em:

$$\frac{da}{dN} = 2.10^{-9}(\Delta K)^4$$

3 – Para uma razão de carga R = 0,2, determine o comprimento da trinca-limite, abaixo do qual a mesma não crescerá quando submetida a uma tensão de tração máxima de 70 MPa. Supor f(a/W) = 1.

Solução:

$$\Delta K_{th} = 7(1 - 0,85R)\left[MPa\sqrt{m}\right] \Rightarrow para\ R \geq 0,1$$

$$\Delta K_{th} = 7(1 - 0,85(0,2)) = 5,81\ MPa\sqrt{m}$$

$$\Delta K = f\left(\frac{a}{W}\right)\Delta\sigma\sqrt{\pi a} = \Delta K_{th}$$

$$\Delta\sigma = \sigma_{max} - \sigma_{min} = \sigma_{max} - R\sigma_{max},$$

resultando num intervalo de tensão de:

$$\Delta\sigma = 70 - 0,2(70) = 56\ MPa$$

Logo:

$$5,81 = (1)(56)\sqrt{\pi a} \Rightarrow a_{th} = 3,43\ mm$$

4 – Uma chapa de aço-carbono relativamente extensa será exposta a tensões cíclicas num intervalo de tensões entre 0 e 100 MPa. O comprimento de trinca inicial é de 2 mm. Estime a vida em fadiga correspondente.

Dados: $K_{IC} = 25$ MPa(m)$^{1/2}$, f(a/W) = 1,0, m = 3 e C = 10^{-12}

Solução:

Inicialmente, como tamanho crítico de trinca, tem-se:

$$a_{crit} = \frac{1}{\pi}\left(\frac{K_{IC}}{f\left(\frac{a}{W}\right)\sigma_{max}}\right)^2$$

$$a_{crit} = \frac{1}{\pi}\left(\frac{25}{100}\right)^2 \cong 0{,}02\ m$$

Resultando num número de ciclos correspondente a:

$$N = \frac{2}{(m-2)C\left[f\left(\frac{a}{W}\right)\right]^m (\Delta\sigma)^m \pi^{m/2}}\left[\frac{1}{a_i^{\frac{(m-2)}{2}}} - \frac{1}{a_f^{\frac{(m-2)}{2}}}\right]$$

$$\Delta\sigma = \sigma_{max} - \sigma_{min} = 100\ MPa$$

$$N = \frac{2}{(3-2)10^{-12}(100)^3\pi^{1,5}}\left[\frac{1}{0{,}002^{0,5}} - \frac{1}{0{,}02^{0,5}}\right] \cong 5{,}5.10^6\ ciclos$$

5 – Uma trinca de extremidade é detectada numa chapa carregada mediante uma carga de amplitude constante que varia entre 310 MPa e 172 MPa. Considerando um comprimento inicial para a trinca de 3,1 mm, determine:

a) a vida de propagação até a condição de falha;

b) a vida de propagação se o comprimento da trinca não puder exceder 25 mm. A equação de Paris é dada por:

$$\frac{da}{dN} = 6{,}8.10^{-12}\left[\Delta K\right]^3$$

Dados: $K_{IC} = 165$ MPa(m)$^{1/2}$, f(a/W) = 1,12.

Solução:

a)

$$a_{crit} = a_f = \frac{1}{\pi}\left(\frac{K_{IC}}{f\left(\frac{a}{W}\right)\sigma_{max}}\right)^2$$

$$a_{crit} = a_f = \frac{1}{\pi}\left(\frac{165}{1,12(310)}\right)^2 = 0,0719\,m$$

$$N = \frac{2}{(m-2)C\left[f\left(\frac{a}{W}\right)\right]^m (\Delta\sigma)^m \pi^{m/2}}\left[\frac{1}{a_i^{\frac{(m-2)}{2}}} - \frac{1}{a_f^{\frac{(m-2)}{2}}}\right]$$

$$\Delta\sigma = \sigma_{max} - \sigma_{min} = 138\ MPa$$

$$N = \frac{2}{(3-2)(1,12)^3 6,8.10^{-12}(138)^3 \pi^{1,5}}\left[\frac{1}{0,0031^{0,5}} - \frac{1}{0,0719^{0,5}}\right] \cong 204.10^3\,ciclos$$

b)

$$N = \frac{2}{(m-2)C\left[f\left(\frac{a}{W}\right)\right]^m (\Delta\sigma)^m \pi^{m/2}}\left[\frac{1}{a_i^{\frac{(m-2)}{2}}} - \frac{1}{a_f^{\frac{(m-2)}{2}}}\right]$$

$$\Delta\sigma = \sigma_{max} - \sigma_{min} = 138\ MPa$$

$$N = \frac{2}{(3-2)(1,12)^3 6,8.10^{-12}(138)^3 \pi^{1,5}}\left[\frac{1}{0,0031^{0,5}} - \frac{1}{0,025^{0,5}}\right] \cong 166,4.10^3\,ciclos$$

6 – Cargas flutuantes que atuam em determinada estrutura são dadas pelo histograma ilustrado em figura. Uma trinca de comprimento inicial 1,5 mm é detectada durante uma inspeção de rotina realizada. Caso o comprimento da trinca não possa ultrapassar 25 mm, determine a vida remanescente dessa estrutura.

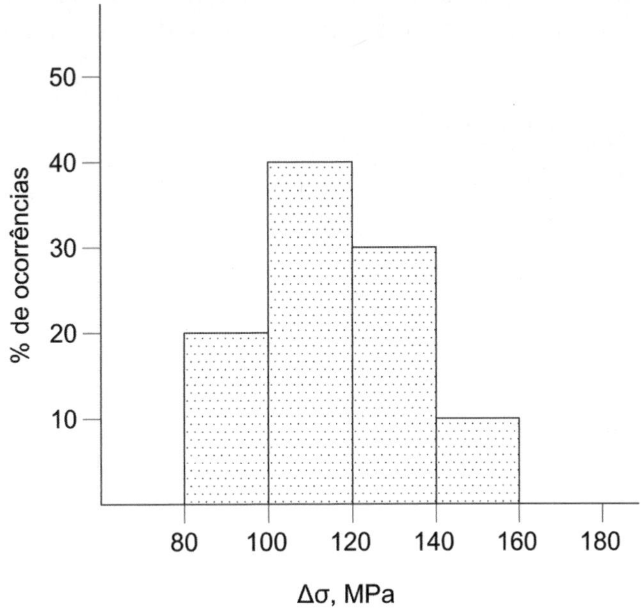

Figura 10.6 – Problema resolvido 6.

Dados: f(a/W) = 1,12, m = 3,2 e C = $6{,}0.10^{-12}$.

Solução:

Como a variação é dada em função do intervalo de tensões, tem-se:

$$\Delta\sigma_{RMS} = \sqrt{0,2(90)^2 + 0,4(110)^2 + 0,3(130)^2 + 0,1(150)^2} = 117,4\ MPa$$

$$\frac{da}{dN} = C\left(\Delta K_{RMS}\right)^m$$

$$N = \frac{2}{(m-2)C\left[f\left(\frac{a}{W}\right)\right]^m \left(\Delta\sigma_{RMS}\right)^m \pi^{m/2}}\left[\frac{1}{a_i^{\frac{(m-2)}{2}}} - \frac{1}{a_f^{\frac{(m-2)}{2}}}\right]$$

$$N = \frac{2}{(3,2-2)(1,12)^{3,2} 6,0.10^{-12}\left(117,4\right)^{3,2} \pi^{1,6}}\left[\frac{1}{0,0015^{0,6}} - \frac{1}{0,025^{0,6}}\right] \cong 297,4.10^3\,ciclos$$

7 – Uma larga chapa em uma estrutura de aeronave carregada por uma tensão uniforme σ(t) pode desenvolver fissuras na borda de acordo com a figura da sequência.

A tensão varia de acordo com o histórico ilustrado, sendo que a referida sequência é, então, repetida. Quantas sequências podem ser permitidas entre as inspeções?

Dados: fissura inicial = 2 mm

$K_{IC} = 30$ MPa(m)$^{1/2}$

$\sigma_{esc} = 600$ MPa

$da/dN = 10^{-11}(\Delta K)^4$ (m/ciclo)

$f(a/W) = 1{,}13$

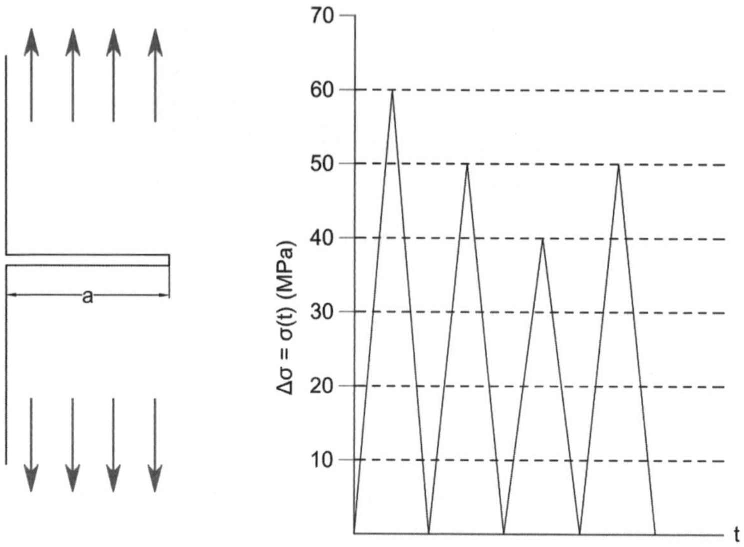

Figura 10.7 – Problema resolvido 7.

Solução:

O tamanho crítico da trinca vale:

$$K_I = K_{IC} = f\left(\frac{a}{W}\right)\sigma_{max}\sqrt{\pi a}$$

$$30 = 1{,}13(60)\sqrt{\pi a} \Rightarrow a_{crit} = a_f = 62{,}32\ mm$$

Como, novamente, a variação é dada em função do intervalo de tensões, tem-se:

$$\Delta\sigma_{RMS} = \sqrt{\frac{(60)^2 + (50)^2 + (40)^2 + (50)^2}{4}} = 50{,}50\ MPa$$

$$N = \frac{2}{(m-2)C\left[f\left(\frac{a}{W}\right)\right]^m (\Delta\sigma_{RMS})^m \pi^{m/2}} \left[\frac{1}{a_i^{\frac{(m-2)}{2}}} - \frac{1}{a_f^{\frac{(m-2)}{2}}} \right]$$

$$N = \frac{2}{(4-2)10^{-11}(1,13)^4 (50,50)^4 \pi^2} \left[\frac{1}{0,002^1} - \frac{1}{0,06232^1} \right] \cong 462405 \ ciclos$$

$$\bar{N} = \frac{462405 \ ciclos}{4} \cong 115601 \quad sequências$$

10.6. PROBLEMAS PROPOSTOS

1 - Um recipiente de pressão de parede fina é submetido a ciclos de pressão, fazendo com que a pressão interna varie de 2 a 10 MPa. O diâmetro externo e a espessura do vaso valem 150 cm e 5 cm, respectivamente. O vaso de pressão é fabricado a partir de uma liga de alumínio com σ_{esc} = 350 MPa e K_{IC} = 25 MPa(m)^{0,5}. Deseja-se considerar a condição de falha do vaso devido ao crescimento de fissuras de fadiga, orientadas de forma normal às solicitações, para o qual o fator de forma pode ser aproximado por: f(a/W) = (π/2,24).

Dados: m = 2,0 e C = 3,75.10^{-8} MPa(m)^{0,5}.

a) É desejável que o vaso de pressão sobreviva durante pelo menos 4.000 ciclos de pressão. Para essa condição, determine o tamanho inicial máximo admissível para uma fissura.

b) Um método para assegurar que o vaso sobreviverá para o número desejado de ciclos é realizar algum tipo de técnica de inspeção não destrutiva (raios X, ultrassom etc.) e verificar se não existem fissuras acima do tamanho calculado no item anterior. Outro método é pressionar o recipiente (sob condições controladas e seguras) para uma pressão de teste na qual o vaso falharia por fratura se houvesse uma trinca desse tamanho. Calcule essa pressão de teste necessária.

Resposta:

a) σ_{max} = 150 MPa, a_{crit} = 17,39 mm, a_o = 3,09 mm.

b) p = 23,72 MPa.

2 - Uma chapa apresenta uma trinca inicial de comprimento (2a) = 10 mm e é submetida a uma tensão normal cíclica que oscila entre 100 e 200 MPa. Assumindo que o crescimento da trinca é governado pela Equação:

$$\frac{da}{dN} = 0,42.10^{-11}(\Delta K)^3 ,$$

Determine:

a) o tamanho crítico da trinca (K_{IC} = 60 MPa(m)^{0,5});

b) o número de ciclos até a condição de falha.

Supor f(a/W) = 1,12.

Resposta:

a) a_{crit} = 22,84 mm.

b) N = 4,58.10^{5} ciclos.

7.3 – Um eixo rotativo apresenta uma trinca superficial semicircular com 6 mm de profundidade. A região da trinca é submetida a uma oscilação de tensões conforme a figura. Para um fator de segurança de 2,5, com respeito ao tamanho crítico da trinca, determine por quanto tempo o eixo poderá ser utilizado com segurança. Cargas adicionais de 300 MPa podem ocorrer.

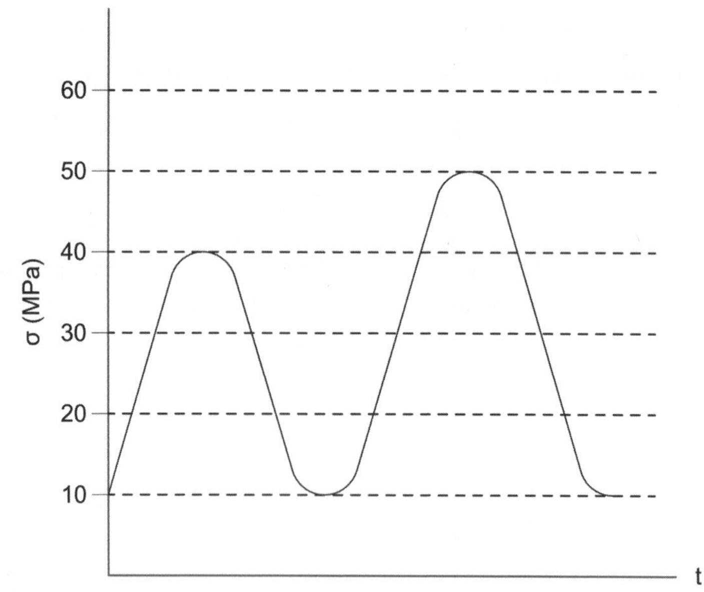

Figura 10.8 – Problema proposto 3.

Dados: fator de forma = 0,66, K_{IC} = 85 MPa(m)^{0,5}, $\frac{da}{dN} = 8,5.10^{-12}(\Delta K)^{2,8}\ m/ciclo$

Resposta:

$a_f = 58{,}66$ mm, $a_{crit} = 23{,}46$ mm.

$\Delta\sigma_{RMS} = 35{,}36$ MPa, N = 28,46.10^6 ciclos.

4 - Um recipiente utilizado para o armazenamento de ar comprimido é confeccionado com uma liga de alumínio com tensão de escoamento de 325 MPa e $K_{IC} = 36$ MPa$(m)^{0,5}$. O fator de segurança contra escoamento é 1,6, e a maior fissura (2a) que se admite pelo material é de 6 mm. a) Determine o fator de segurança contra uma fratura frágil. b) Na sequência, considerando uma trinca (2a) preexistente de 1,6 mm, determine a expectativa de vida do recipiente até a propagação da trinca ao seu limite admissível.

As solicitações atuantes sobre o recipiente variam entre: $\sigma_{max} = 100$ MPa e $\sigma_{min} =$ 80 MPa. Supor f(a/W) = 1.

$$\frac{da}{dN} = 6{,}9.10^{-12}(\Delta K)^3 \; m/ciclo$$

Resposta:

a) $K_I = 19{,}72$ MPa$(m)^{0,5}$, $n_f = 1{,}83$.

b) N = 1,11.10^8 ciclos.

5 - Uma chapa de aço-carbono é submetida a uma carga de fadiga uniaxial de amplitude constante que produz tensões variantes entre 180 MPa e −40 MPa. As propriedades estáticas do material são E = 207 GPa, tensão de escoamento = 500 MPa e $K_{IC} = 100$ MPa$(m)^{0,5}$. Sabendo-se que a chapa contém uma trinca preexistente (a) = 0,5 mm, quantos ciclos são requeridos para a condição de falha?

Dados: f(a/W) = 1,12; m = 3,0 e C = 6,9.10^{-12} MPa$(m)^{0,5}$.

Resposta:

$a_f = 78{,}32$ mm, N = 261416 ciclos (supondo apenas a tensão de tração na solução do problema).

6 - Determine o número de ciclos até a condição de falha de um componente que apresente as seguintes características: da/dN = 6,6.$10^{-9}(\Delta K)^{2,25}$ (in/ciclo), ΔK dado em ksi$(in)^{0,5}$, $\sigma_{max} = 40$ kpsi, $\sigma_{min} = 10$ kpsi, $K_{IC} = 60$ kpsi$(in)^{0,5}$, $2a_o = 0{,}25$ in. Na sequência, determine qual o aumento percentual em termos de expectativa de vida do componente, caso: a) a trinca inicial ($2a_o$) seja reduzida para 0,10 in; b) o valor da tenacidade à fratura do material seja aumentado para 100 ksi$(in)^{0,5}$; c) a tensão máxima seja reduzida para 30 kpsi. Supor f(a/W) = 1,0.

Resposta:

N = 40355 ciclos.

a) N = 65339 ciclos, 61,91%.

b) N = 60200 ciclos, 49,18%.

c) N = 129099 ciclos, 219,91%.

7 – Para a chapa e o carregamento ilustrado, caso $\Delta\sigma$ seja de 50 MPa, determine o comprimento da trinca-limite, abaixo do qual a mesma não cresce. Supor R = 0,2.

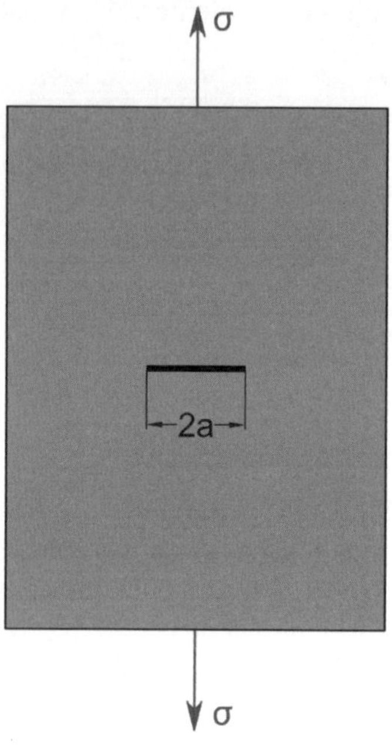

Figura 10.9 – Problema proposto 7.

Resposta:

4,297 mm.

8 – Para o problema proposto 7.7, caso 2a = 10 mm, determine a variação de tensão limite ($\Delta\sigma_{th}$), abaixo da qual não ocorrerá o crescimento da trinca.

Resposta:

46,36 MPa.

9 – Um levantamento experimental da formulação da Lei de Paris resulta, para um determinado material, no gráfico (em escala log-log) representado em figura. Determine as constantes da equação de Paris correspondente.

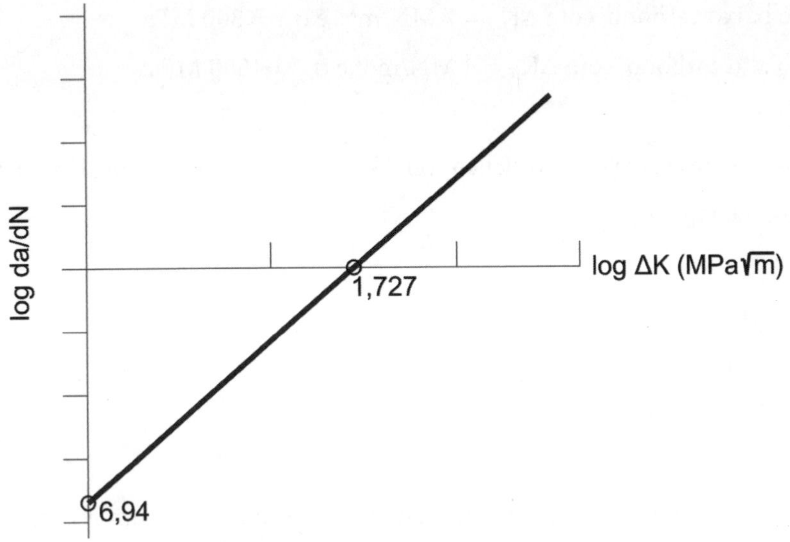

Figura 10.10 – Problema proposto 9.

Resposta:

$C = 1,148.10^{-7}$ $(mm/(MPa(m)^{0,5})^m)$.

$m = 4,018$.

10 – Uma trinca central é detectada numa chapa submetida a cargas axiais cíclicas que variam entre 320 MPa e 94 MPa. Para um comprimento inicial de trinca de 2,12 mm, determine:

a) a expectativa de vida do componente se o comprimento da trinca não puder exceder 22 mm;

b) o número de ciclos remanescente (até a_{crit}) após a trinca atingir os 22 mm do item anterior.

Dados: $f(a/W) = 1,21$; $K_{IC} = 140$ $MPa(m)^{0,5}$, $m = 2,8$ e $C = 5,8.10^{-12}$ $MPa(m)^{0,5}$.

Resposta:

a) N = 92980 ciclos.

b) $a_{crit} = 41,61$ mm, $N \cong 13500$ ciclos.

11 – Falhas podem surgir em peças que apresentam fissuras preexistentes quando essas peças são submetidas a cargas que variam com o tempo. Determine a maior trinca inicial permitida, de tal forma que não ocorra a propagação desta, supondo os seguintes materiais:

a) aço baixo carbono, com $\Delta K_{th} = 7$ MN/m$^{3/2}$ e $\sigma_{esc} = 300$ MPa;

b) aço alto carbono, com $\Delta K_{th} = 4$ MN/m$^{3/2}$ e $\sigma_{esc} = 1500$ MPa.

Considere um carregamento cíclico com um range de tensões equivalente a (0,5 σ_{esc}).

Dados: f(a/W) = 0,637.

Resposta:

a) $a_o = 1{,}71$ mm.

b) $a_o = 0{,}0223$ mm.

12 – Um elemento metálico de uma estrutura é submetido a um estado tensional que varia ciclicamente entre 300 e 400 MPa com a estrutura em carga, durante um período de tempo de 0,2 s. Supondo que o referido elemento possa ser considerado com uma chapa plana com fissura lateral, determine, para um coeficiente de segurança de 1,1, o tamanho da fissura inicial máxima que se pode considerar, visando garantir uma expectativa de vida de 20 anos, supondo, ainda, que, em 25% do tempo total,

Dados: $K_{IC} = 88$ MPa(m)^{0,5}, f(a/W) = 1,12; m = 2,8 e C = 8,0.10^{-14} MPa(m)^{0,5}.

Resposta:

$a_f = 10{,}15$ mm, N = 9,47.10^{7} ciclos (supondo o período de 20 anos e na condição de carga), $a_o = 1{,}243$ mm.

NOMENCLATURA

σ	Tensão normal nominal
σ_{max}	Tensão normal máxima
σ_{min}	Tensão normal mínima
$\Delta\sigma$	Intervalo de tensão
$\Delta\sigma_i$	"Enésimo" intervalo de tensão
$\Delta\sigma_{RMS}$	Intervalo de tensão baseado no valor médio quadrático
a	Comprimento da trinca

a_{crit}	Comprimento crítico da trinca
a_i	Comprimento inicial da trinca
a_f	Comprimento final da trinca
C	Constante da lei de Paris
$f\left(\frac{a}{W}\right)$	Fator de forma
K_C	Tenacidade à fratura para peças muito finas
K_{max}	Fator de intensidade de tensões máximo
K_{min}	Fator de intensidade de tensões mínimo
K_{IC}	Tenacidade à fratura do material
ΔK	Intervalo do fator de intensidade de tensões
ΔK_{th}	Limiar de propagação
N	Número de ciclos
m	Expoente da lei de Paris
R	Razão de carga ($= \sigma_{min}/\sigma_{max}$)

REFERÊNCIAS

ANDERSON, Ted. **Fracture Mechanics** - Fundamentals and Applications. 3ª ed. USA: Taylor & Francis, 2005.

ARANA, José Luiz; GONZÁLEZ, Javier Jesus. **Mecánica de Fractura**. Servicio Editorial - Universidad del País Vasco, 2002.

JUVINALL, Robert.; MARSHEK, Kurth. **Fundamentos do Projeto de Componentes de Máquinas.** 4ª ed. LTC, 2008.

KUMAR, Pranshant. **Elements of Fracture Mechanics.** Inc: McGraw Hill Companies, 2014.

ROSA, Edson da. **Análise de Resistência Mecânica** - Mecânica da Fratura e Fadiga. Florianópolis: Universidade Federal de Santa Catarina, 2002.

CAPÍTULO 11

Tenacidade à fratura experimental e fadiga multiaxial

11.1. INTRODUÇÃO

O presente capítulo faz referência e análise dos conceitos e procedimentos decorrentes da norma ASTM E399 – Linear-Elastic Plane-Strain Fracture Toughness of Mettalic Materials. A ASTM E399 é uma norma técnica que estabelece procedimentos para a determinação da tenacidade à fratura elástica em materiais metálicos, tendo por objetivo principal fornecer uma metodologia padronizada para a avaliação da resistência à fratura de materiais submetidos a carregamentos externos. A referida norma especifica os requisitos para a realização do ensaio de tenacidade à fratura elástica, desde a preparação dos corpos de prova até a análise dos resultados obtidos.

Dentre os principais objetivos da norma ASTM E399, podem-se destacar:

a) fornecer uma metodologia confiável e reprodutível para a determinação da tenacidade à fratura elástica em materiais metálicos;

b) permitir a comparação dos resultados obtidos em ensaios realizados em laboratórios específicos;

c) proporcionar informações sobre a resistência à fratura dos materiais, os quais são fundamentais para a avaliação do desempenho e segurança de componentes e estruturas; e

d) permitir a melhoria do desempenho de materiais existentes por meio da identificação de suas propriedades de resistência à fratura.

11.2. O ENSAIO DE TENACIDADE À FRATURA

O ensaio de tenacidade à fratura, segundo a norma ASTM E399, é um teste mecânico utilizado para avaliar a capacidade de um material resistir à propagação de trincas. Esse ensaio é especialmente útil para a caracterização de materiais que apresentam comportamento frágil sob carregamentos de tração.

O ensaio consiste no carregamento monoatômico de uma amostra pré-trincada (corpo de prova) até a sua condição de falha, efetivando os correspondentes registros da carga aplicada e do deslocamento sofrido pela extremidade da trinca, objetivando caracterizar a resistência do material à fratura (tenacidade à fratura) num ambiente neutro. O carregamento imposto ao corpo de prova gera tensões de tração, e as proporções dimensionais do corpo de prova devem favorecer uma condição de EPD na ponta da trinca, bem como a formação de uma zona plástica localizada e de pequenas dimensões.

O ensaio é realizado em uma máquina de ensaio universal, que aplica uma carga axial crescente no corpo de prova, provocando a propagação da trinca preexistente no entalhe. Durante o ensaio, são registradas as forças aplicadas e as deformações no corpo de prova, permitindo-se, assim, a determinação da curva de carga *versus* deslocamento. O ensaio exige, ainda, um corpo de prova que contemple uma pré-trinca, obtida, inicialmente, por usinagem e, posteriormente, por meio de carregamentos cíclicos, com um pequeno raio de curvatura na sua extremidade. Essas condições devem ser atendidas para que a trinca seja semelhante a uma trinca natural, fato esse que caracteriza uma razoável dificuldade quanto à realização de todo esse procedimento. O comprimento da trinca deve, assim, restringir-se a um intervalo de dimensões diretamente relacionado com a própria largura (W) do corpo de prova em análise.

A partir dos dados obtidos no ensaio, é possível determinar diversas propriedades do material, como a tenacidade à fratura elástica, a tenacidade à fratura plástica, a tenacidade à fratura (K_{IC}), entre outras.

Os dois principais tipos de corpos de prova previstos na norma ASTM E399 correspondem: a) ao corpo de prova compacto de tração (CT); e, b) ao corpo de prova compacto de flexão (SEB), cujas principais relações dimensionais podem ser observadas a partir da Figura 11.1.

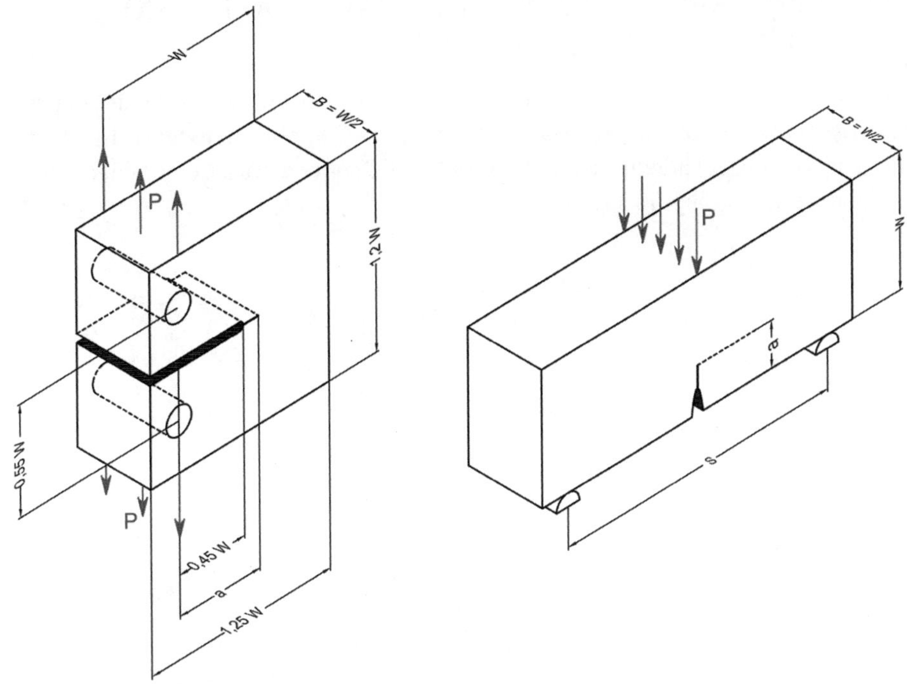

Figura 11.1 – Relações geométricas dos corpos de prova – tipo: a) CT e b) SEB.
Adaptado a partir de Kumar, 2009.

Para os corpos de prova do tipo (CT) e (SEB), as seguintes relações geométricas devem ser atendidas:

$$0,450 \leq \frac{a}{W} \leq 0,550 \tag{11.1a}$$

$$8,34 \leq f\left(\frac{a}{W}\right) \leq 11,36 \Rightarrow (CT) \tag{11.1b}$$

$$2,29 \leq f\left(\frac{a}{W}\right) \leq 3,14 \Rightarrow (SEB), \tag{11.1c}$$

sendo que as equações válidas para o fator de forma f(a/W), bem como, para o cálculo do K_{IC} de cada tipo desses corpos de prova encontram-se destacadas na Tabela 8.1, pertencente ao Capítulo 8 deste livro.

Destaca-se, ainda, que os erros máximos obtidos nas medidas experimentais de K_{IC}, tomando-se por base os níveis de precisão especificados na norma ASTM E 399, são de, aproximadamente, 2% para o corpo de prova do tipo CT e de 2,5% para o corpo de prova do tipo SEB.

11.2.1. INTERPRETAÇÃO DOS RESULTADOS DO ENSAIO DE TENACIDADE À FRATURA

O ensaio de tenacidade à fratura é realizado visando à obtenção de uma curva do tipo carga *versus* deslocamento relativo, o qual é medido por um extensômetro (designado como *clip-gage*) adequadamente posicionado sobre a boca do entalhe, conforme esquematizado pela Figura 11.2.

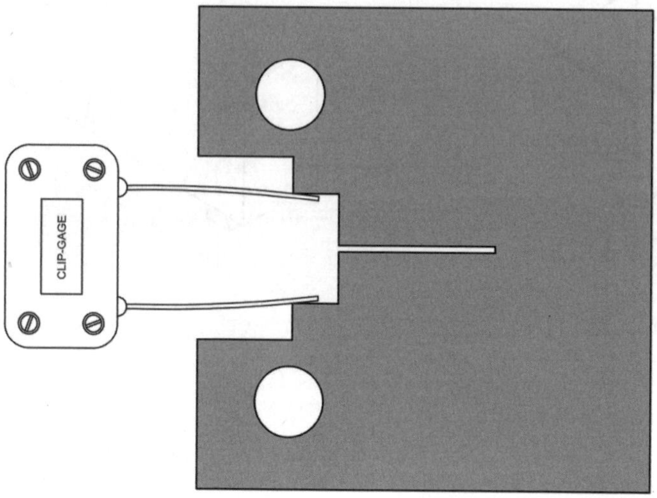

Figura 11.2 – *Clip-gage* utilizado no ensaio.

Para a curva obtida, deve-se traçar, a partir da origem do sistema de referência, uma reta com inclinação 5% menor que a inclinação original da curva, objetivando-se identificar a carga crítica correspondente do ensaio (PQ). A norma prevê três situações distintas para análise dessas curvas, as quais são exemplificadas pela Figura 11.3. Dessa figura, pode-se afirmar que:

a) caso a carga em cada ponto do registro do ensaio que precede o valor de P_5 seja menor que o próprio P_5 (caso I), se assume-se a condição: $P_5 = P_Q$.

b) se, porém, houver um valor de carga máxima que exceda o valor de P_5 antes da curva correspondente (casos II e III), então, assume-se a condição de que a carga máxima é o próprio valor de P_Q.

A curva correspondente ao caso I é consequência de um material dúctil e tenaz que admite apreciável propagação estável antes de atingir-se a condição crítica. Para a curva correspondente ao caso II, ocorre um início de propagação metaestável que caracteriza um crescimento estável antes da fratura final. Por fim, para a curva correspondente ao caso III, tem-se uma propagação instável e frágil de um material real.

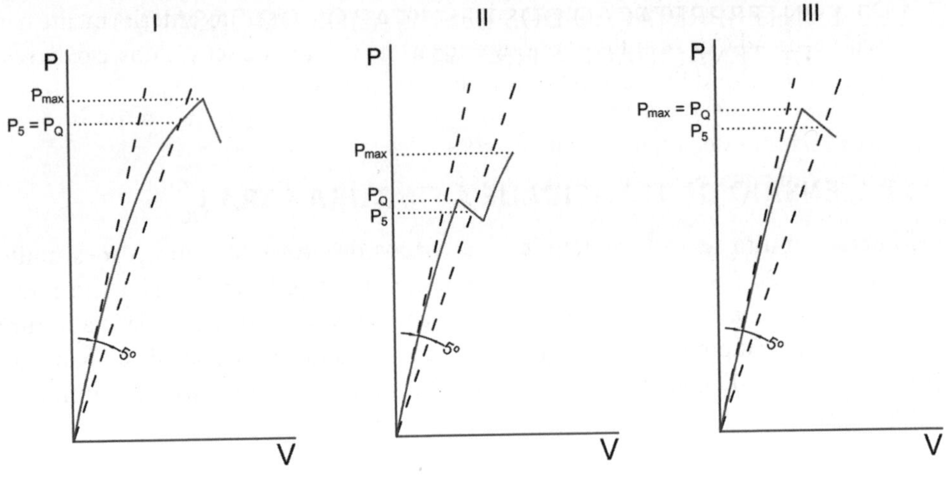

Figura 11.3 – Carga x deslocamento em ensaios de tenacidade à fratura.

Ao finalizar-se um determinado ensaio torna-se possível calcular, mediante o uso de equações específicas para cada tipo de corpo de prova, o valor de K_{IC} desejado. Nesse momento, porém, algumas avaliações complementares devem ser realizadas, objetivando-se identificar a validação (ou não) do ensaio realizado. Nesse contexto, as duas principais premissas a serem validadas correspondem a:

a) verificação da compatibilidade das dimensões do corpo de prova, mediante as seguintes relações:

$$(W-a), a, B \geq 2,5\left(\frac{K_{IC}}{\sigma_{esc}}\right)^2 \tag{11.2a}$$

$$W \geq 5,0\left(\frac{K_{IC}}{\sigma_{esc}}\right)^2, \tag{11.2b}$$

sendo: W = largura do corpo de prova;

(W-a) = distância medida entre a extremidade da trinca e o extremo do corpo de prova (comumente designado como "ligamento");

a = comprimento da trinca;

B = espessura do corpo de prova;

K_{IC} = tenacidade à fratura obtida no ensaio realizado.

b) Verificação da relação entre as cargas finais obtidas no ensaio, na forma:

$$\frac{P_{MAX}}{P_Q} < 1,10 \tag{11.3}$$

Note que, caso ao menos uma das duas proposições descritas anteriormente não seja verificada, os resultados obtidos no ensaio deixam de ser válidos, e o correspondente valor de K_{IC} obtido deverá ser, assim, descartado.

11.3. ENSAIO DE TENACIDADE À FRATURA PARA J_{IC}

Materiais muito tenazes podem levar a corpos de prova com dimensões muito elevadas, situação essa que poderá vir até mesmo a inviabilizar o ensaio segundo a norma ASTM E399. Tal condição se deve aos elevados valores da tenacidade a fratura desses materiais. Supondo, por exemplo, um aço-carbono com tensão de escoamento de 500 MPa, E = 200 GPa e K_{IC} = 150 MPa(m)^{0,5}, obtém-se como largura mínima do corpo de prova:

$$B \geq 2{,}5\left(\frac{K_{IC}}{\sigma_{esc}}\right)^2 \geq 2{,}5\left(\frac{150}{500}\right)^2 \geq 225\ mm,$$

ou seja, o corpo de prova em questão necessitaria ter uma espessura superior a 225 mm para validação do referido ensaio. Algo, evidentemente, impraticável para a condição de determinado ensaio.

Em decorrência do exposto, desenvolveram-se demais alternativas válidas para a medida da tenacidade à fratura desses materiais, priorizando-se com isso os estudos no comportamento elasto-plástico existente nas proximidades da ponta da trinca.

A norma ASTM E813/E1820 – Standard Test Method for Measurement of Fracture Toughness – J_{IC} possibilita, assim, corpos de prova com dimensões reduzidas a partir da determinação de um parâmetro-limite relacionado com o conceito da integral J. Trata-se da integral J crítico – J_{IC} –, cuja relação com a tenacidade à fratura do material pode ser expressa por:

$$J_{IC} = \frac{K_{IC}^{\ 2}}{E} \tag{11.4}$$

Observação: a Equação (11.4) é válida para a condição de EPT. Caso o problema contemple a condição de EPD, considere alternativamente a relação:

$$J_{IC} = \frac{K_{IC}^{\ 2}}{E\left(1-\upsilon^2\right)} \tag{11.5}$$

A espessura mínima do corpo de prova, segundo o conceito da integral J crítico, é dada por:

$$B_J = \frac{25 J_{IC}}{\sigma_{esc}} \tag{11.6}$$

A partir da Equação (11.4), pode-se, ainda, concluir que:

$$K_{IC}^{2} = EJ_{IC},$$

cuja substituição na Equação (11.2a) resulta, na condição limite, em:

$$B = 2,5\left(\frac{K_{IC}}{\sigma_{esc}}\right)^{2} = 2,5\frac{E.J_{IC}}{\sigma_{esc}^{2}} \tag{11.7}$$

Por fim, a divisão da Equação (11.7) pela Equação (11.6) permite obter:

$$\frac{B}{B_J} = \frac{2,5\dfrac{EJ_{IC}}{\sigma_{esc}^{2}}}{25\dfrac{J_{IC}}{\sigma_{esc}}} = 0,1\frac{E}{\sigma_{esc}}, \tag{11.8}$$

ou seja, a Equação (11.8) fornece uma relação direta entre as espessuras mínimas necessárias para o corpo de prova, considerando os conceitos da tenacidade à fratura e da integral J crítico, respectivamente.

Para o exemplo numérico anteriormente apresentado, obter-se-ia uma espessura mínima necessária para validação do referido ensaio na ordem de:

$$\frac{B}{B_J} = 0,1\frac{E}{\sigma_{esc}} \Rightarrow \frac{225}{B_J} = 0,1\frac{200\cdot 10^{9}}{500\cdot 10^{6}} \Rightarrow B_J \cong 5,625\ mm,$$

caracterizando uma espessura cerca de 40 vezes menor do que o valor anteriormente definido para o corpo de prova, segundo a conceituação de K_{IC}.

11.4. FADIGA MULTIAXIAL – CONCEITUAÇÃO PRELIMINAR

A fadiga, conforme discutido e avaliado ao longo dos capítulos anteriores, corresponde a um dos principais problemas enfrentados pela indústria mecânica em geral. Situações reais de serviços fazem com que componentes mecânicos sejam frequentemente submetidos a carregamentos complexos que podem atuar, inclusive, de forma assíncrona ou fora de fase, caracterizando a eventual ineficiência das metodologias tradicionais (as quais validadas a partir de condições predominantemente uniaxiais) sobre o assunto. Nesse contexto, surge a necessidade de estudos avançados, objetivando trabalhar com modelos multiaxiais para a condição de fadiga.

Os estados de tensão multiaxiais são bastante comuns em condições reais de carregamento, dado que, além dos carregamentos cíclicos suportados por estruturas reais, o estado de tensão em entalhes de peças ou componentes, por exemplo, pode também ser caracterizado como uma condição multiaxial de solicitação.

Deve-se destacar, ainda, que a utilização dos critérios convencionais de falha por fadiga na estimativa da vida em componentes submetidos à fadiga multiaxial pode levar a resultados consideravelmente falhos (para o lado não conservador) na grande maioria dos casos.

Existem, na teoria, critérios de fadiga multiaxial baseados em tensão (válidos para situações em que não corre plastificação significativa do componente), bem como critérios baseados na deformação.

11.4.1. CARREGAMENTOS CÍCLICOS MULTIAXIAIS PROPORCIONAL E NÃO PROPORCIONAL

Em fadiga multiaxial, é extremamente importante determinar se os carregamentos combinados atuantes sobre o componente em análise são proporcionais ou não proporcionais. Essa definição se baseia em função da direção dos planos principais (planos em que ocorrem as máximas tensões principais) para uma determinada condição de carregamento.

Dessa forma, quando a razão e direção das tensões principais permanecem constantes durante um ciclo, o carregamento é dito proporcional. Caso, entretanto, esses parâmetros variem durante esse mesmo ciclo, o carregamento é dito não proporcional.

Ainda nesse contexto, pode-se considerar que carregamentos que ocorrem em fase são proporcionais (apesar do contrário não ser verdadeiro), enquanto carregamentos que ocorrem fora de fase são não proporcionais. Tal condição pode ser mais bem avaliada pela Figura 11.4, na qual as tensões normal e tangencial atuantes no sistema variam com o passar do tempo.

Na parte (a) da referida figura, o carregamento está em fase (IP), dado que ambas as parcelas de tensão atingem o valor máximo ao mesmo tempo, caracterizando uma condição na qual a direção das tensões principais não rotaciona com o passar do tempo. Na parte (b) da mesma figura, o componente é solicitado por esforços cíclicos com a mesma forma de onda (frequência), mas com uma defasagem de 90° entre as duas ondas, caracterizando, assim, um carregamento fora de fase (OP), uma vez que os extremos dos esforços não ocorrem ao mesmo tempo.

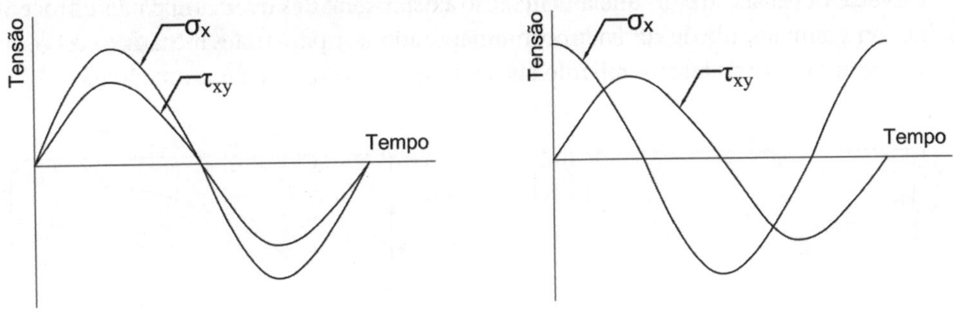

Figura 11.4 – Solicitações cíclicas combinadas, normal e tangencial: a) em fase (IP), b) fora de fase (OP). Adaptado a partir de Takahashi, 2014.

11.4.2. A REPRESENTAÇÃO DE CARREGAMENTOS PROPORCIONAIS

Partindo-se do gráfico representativo das tensões atuantes *versus* o tempo de um dado carregamento combinado, torna-se possível gerar um segundo gráfico que representa a variação ocorrida entre as tensões normal e tangencial. Para o caso de um carregamento proporcional, essa resposta se dará mediante uma relação linear entre as tensões envolvidas, caracterizando a condição de que, quando uma dessas tensões aumenta, a outra diminui na mesma proporção. Isso pode ser claramente identificado mediante a Figura 11.5.

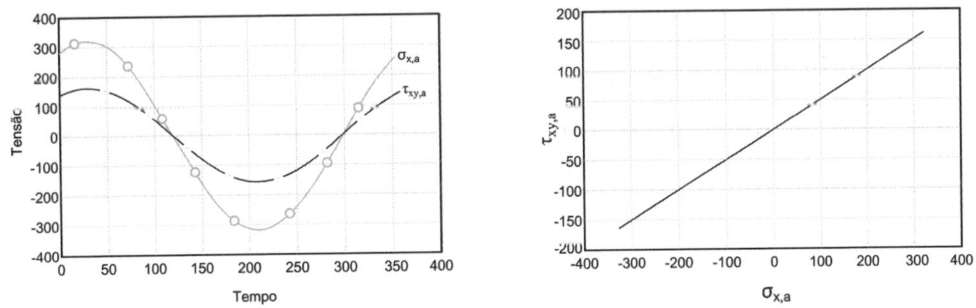

Figura 11.5 – Amplitudes de tensão e correlação entre tensões (normal/tangencial) para um carregamento em fase.
Adaptado de MALCHER, 2006.

11.4.3. A REPRESENTAÇÃO DE CARREGAMENTOS NÃO PROPORCIONAIS

Repetindo-se a proposta do item anterior, mas, agora, na condição de um carregamento não proporcional, obtém-se uma trajetória na forma de um elipsoide, caracterizando a condição de que, quando uma das tensões aumenta, a outra poderá aumentar ou diminuir, mas em proporções diferenciadas. Novamente, faz-se a representação desses resultados mediante a Figura 11.6.

Destaca-se, nessas circunstâncias, que, caso a defasagem das tensões normais e tangenciais ocorra num ângulo de 90° (valor comumente adotado para testes mecânicos contemplando esforços fora de fase), o referido elipsoide será correspondente a um círculo.

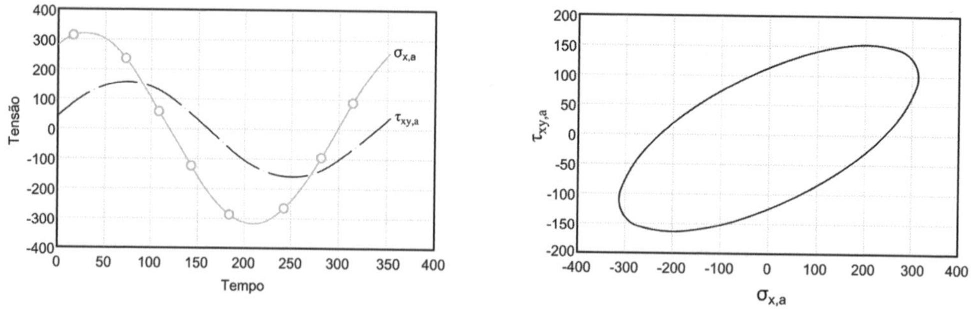

Figura 11.6 – Amplitudes de tensão e correlação entre tensões (normal/tangencial) para um carregamento fora de fase (ϕ = 45º).

Adaptado a partir de Malcher, 2006.

11.5. MODELOS DE FADIGA MULTIAXIAL

Diversos pesquisadores vêm, ao longo dos anos, desenvolvendo estudos na área da fadiga multiaxial segundo diferentes abordagens, a fim de estimar a vida de componentes mecânicos. Atualmente, a abordagem dos critérios para análise de fadiga multiaxial pode ser classificada em quatro diferentes modelos, baseados em: tensão, deformação, energia e na mecânica da fratura.

Os primeiros modelos do comportamento da fadiga multiaxial foram baseados em análises elásticas das tensões combinadas, principalmente para os casos de torção e flexão. Tais modelos são aplicados com sucesso para fadiga de alto ciclo e para regimes de vida finita quando as deformações plásticas são pequenas. Existem diversos modelos baseados em tensão, podendo se destacar os modelos ou critérios de Sines e de Findley.

Os modelos baseados no estado de deformação são, via de regra, parecidos com os modelos de tensão, tendo, porém, sua utilização aplicável para problemas de fadiga de baixo ciclo. Tais modelos consideram que a deformação cisalhante é a principal responsável pelo fenômeno de fadiga na região de vida finita. Tal deformação responde quase que exclusivamente pela nucleação de microtrincas. Os modelos de Brown e Miller, Fatemi-Socie são alguns exemplos que utilizam as deformações como critério de falha para fadiga de baixo ciclo.

11.5.1. O MODELO DE SINES

Sines propôs um critério de falha sob tensões multiaxiais proporcionais, supondo que o dano por fadiga é causado pela tensão de cisalhamento octaédrica de Von Mises e pela componente hidrostática das tensões médias. O referido critério prevê ainda que a tensão média, devido à torção, não afeta o limite de fadiga em flexão, até que o limite de escoamento torcional seja excedido em, pelo menos, 50%; enquanto a tensão média hidrostática afeta o limite de fadiga.

O critério de falha resultante, contemplando todas as suas considerações, é representado pela seguinte relação:

$$\frac{1}{6}\sqrt{\left(\Delta\sigma_x-\Delta\sigma_y\right)^2+\left(\Delta\sigma_x-\Delta\sigma_z\right)^2+\left(\Delta\sigma_y-\Delta\sigma_z\right)^2+6\left(\Delta\tau_{xy}{}^2+\Delta\tau_{xz}{}^2+\Delta\tau_{yz}{}^2\right)}+\alpha_S\left(\sigma_x{}^m+\sigma_y{}^m+\sigma_z{}^m\right)=\beta_S \tag{11.9}$$

A formulação de Sines tem a vantagem de ser facilmente aplicada para estados complexos de tensão. Além disso, a partir de simples testes de fadiga, as constantes α e β podem ser facilmente calculadas a partir das seguintes relações:

$$\alpha_S=\frac{\sqrt{2}}{3}\left(\frac{S_e}{S_{eP}}-1\right) \tag{11.10}$$

$$\beta_S=\frac{\sqrt{2}}{3}\left(S_L\right) \tag{11.11}$$

S_e corresponde ao limite de fadiga do material sob tensões totalmente alternadas. Seu valor pode ser obtido, de forma aproximada pela equação de Basquin, escrita na forma (σ_f' e b são constantes do material):

$$S_e=\sigma_f{}'\left(2N_f\right)^b, \tag{11.12}$$

enquanto S_{eP} é o limite de fadiga do material sob tensões pulsativas, a qual pode ser também aproximada pela relação:

$$S_{eP}=\frac{1}{\left(\dfrac{1}{S_e}+\dfrac{1}{\sigma_{rup}}\right)} \tag{11.13}$$

11.6. PROBLEMAS RESOLVIDOS

1 – Um carregamento multiaxial atua em determinado componente mecânico na forma:

$$\sigma_x=3\sigma+3\sigma\,sen(t)$$

$$\sigma_y=-\sigma+\sigma\,sen(t)$$

$$\sigma_z=-2\sigma-2\sigma\,sen(t)$$

Determine, segundo o critério de Sines, o máximo valor da tensão "σ", considerando a condição de vida infinita e um fator de segurança de 2,0 (adaptado de Castro & Meggiolaro, 2009).

Dados: Se = 650 MPa, S_{eP} = 495 MPa e σ_{rup} = 1600 MPa.

Solução:

Cálculo dos parâmetros α_S e β_S:

$$\alpha_S = \frac{\sqrt{2}}{3}\left(\frac{S_e}{S_{eP}} - 1\right) = \frac{\sqrt{2}}{3}\left(\frac{650}{495} - 1\right) = 0,148$$

$$\beta_S = \frac{\sqrt{2}}{3}\left(S_e\right) = 306,41\ MPa$$

Amplitudes de tensão (como a função seno assume valores compreendidos no intervalo –1 < sen(t) < 1), existem parcelas máxima e mínima de tensão, ou seja:

$$\sigma_{xmin}$$

$$\sigma_{xmax}$$

Logo: $\Delta\sigma_x = \Delta\sigma_1 = 6\sigma$

$$\sigma_{ymin}$$

$$\sigma_{ymax}$$

Logo: $\Delta\sigma_y = \Delta\sigma_2 = 2\sigma$

$$\sigma_{zmin}$$

$$\sigma_{zmax}$$

Logo: $\Delta\sigma_z = \Delta\sigma_3 = -4\sigma$

A partir da equação de Sines:

$$\frac{1}{6}\sqrt{\left(\Delta\sigma_x - \Delta\sigma_y\right)^2 + \left(\Delta\sigma_x - \Delta\sigma_z\right)^2 + \left(\Delta\sigma_y - \Delta\sigma_z\right)^2 + 6\left(\Delta\tau_{xy}{}^2 + \Delta\tau_{xz}{}^2 + \Delta\tau_{yz}{}^2\right)}$$
$$+\alpha_S\left(\sigma_x{}^m + \sigma_y{}^m + \sigma_z{}^m\right) = \beta_S$$

$$\frac{1}{6}\sqrt{\left(6\sigma - 2\sigma\right)^2 + \left(6\sigma + 4\sigma\right)^2 + \left(2\sigma + 4\sigma\right)^2 + 6\left(0\right)} + 0,148\left(3\sigma - \sigma - 2\sigma\right) = 306,41$$

$$\sigma = 149,10\,MPa$$

Considerando o coeficiente de segurança proposto no problema:

$$\bar{\sigma} = \frac{149{,}10}{2} = 74{,}55\ MPa$$

2 - Uma chapa de largura 2W = 480 mm e espessura 27,5 mm é projetada para suportar um carregamento axial de tração mediante uma carga de 3300 kN. Sabendo-se, porém, que ela apresenta uma trinca central de dimensão 2a = 92 mm, decidiu-se efetivar uma análise no contexto da mecânica da fratura. Para tanto, construiu-se um corpo de prova do mesmo material do tipo (CT) com dimensões a = B = 27,5 mm e W = 57,5 mm, para o qual se obteve uma carga máxima de ensaio no valor de 46,7 kN. Verifique a validade do ensaio e o correspondente valor obtido para a tenacidade à fratura do material.

Dados: σ_{esc} = 630 MPa.

Solução:

Para um corpo de prova do tipo (CT):

$$0{,}450 \leq \frac{a}{W} \leq 0{,}550$$

$$8{,}34 \leq f\left(\frac{a}{W}\right) \leq 11{,}36 \Rightarrow (CT)$$

$$\frac{a}{W} = \frac{27{,}5}{57{,}5} = 0{,}478 \Rightarrow ok!$$

Da Tabela 8.1, para um corpo de prova do tipo (CT):

$$f\left(\frac{a}{W}\right) - \left(2 + \frac{a}{W}\right)\left(\frac{0{,}886 + 4{,}64\frac{a}{W} - 13{,}32\left(\frac{a}{W}\right)^2 + 14{,}72\left(\frac{a}{W}\right)^3 - 5{,}6\left(\frac{a}{W}\right)^4}{\left(1 - \frac{a}{W}\right)^{3/2}}\right)$$

$$K_I = \left(\frac{P}{BW^{1/2}}\right) f\left(\frac{a}{W}\right)$$

$$f\left(\frac{a}{W}\right)=\left(2+0,478\right)\left(\frac{\begin{array}{c}0,886+4,64\left(0,478\right)-13,32\left(0,478\right)^2+\\+14,72\left(0,478\right)^3-5,6\left(0,478\right)^4\end{array}}{\left(1-0,478\right)^{3/2}}\right)$$

$$f\left(\frac{a}{W}\right)=9,04\Rightarrow ok!$$

Cálculo da tenacidade à fratura do material:

$$K_I=\left(\frac{46700}{0,0275(0,0575)^{\frac{1}{2}}}\right)(9,04)=64,02\ MPa\sqrt{m}$$

Verificação final das dimensões mínimas para o corpo de prova:

$$\left(W-a\right),a,B\geq 2,5\left(\frac{K_{IC}}{\sigma_{esc}}\right)^2$$

$$\left(W-a\right),a,B\geq 2,5\left(\frac{64,02}{630}\right)^2\geq 25,82\ mm\Rightarrow ok!$$

$$W\geq 5,0\left(\frac{K_{IC}}{\sigma_{esc}}\right)^2$$

$$W\geq 5,0\left(\frac{64,02}{630}\right)^2=51,64\ mm\Rightarrow ok!$$

Como todas as restrições geométricas previstas para o corpo de prova foram atendidas, pode-se caracterizar a condição de um ensaio válido com uma tenacidade à fratura da ordem de 64,02 $MPa(m)^{0,5}$ para o referido material.

3 – Um ensaio de tenacidade à fratura, utilizando um corpo de prova do tipo SEB, resultou no diagrama carga x deslocamento ilustrado.

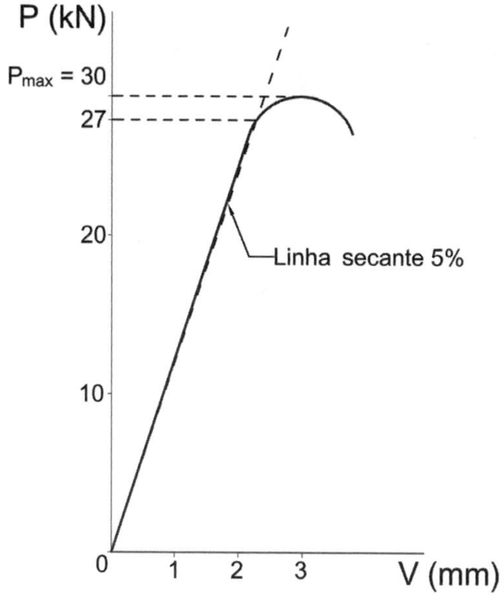

Figura 11.7 – Problema resolvido 3.

Considerando as dimensões definidas para o corpo de prova, verifique a validade do ensaio e o correspondente valor obtido para a tenacidade à fratura do material.

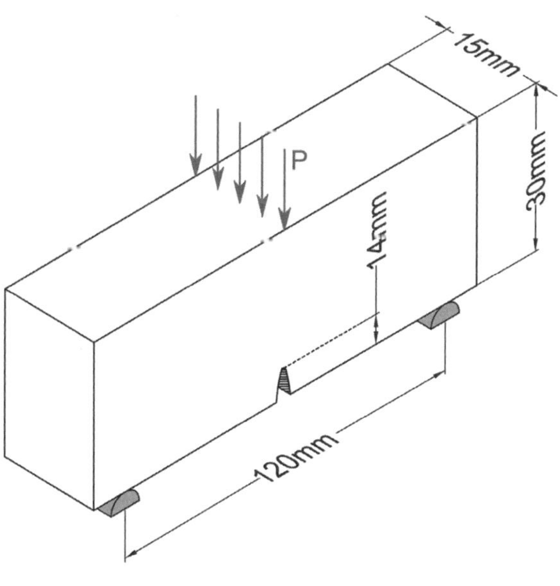

Figura 11.8 – Problema resolvido 3.

Dados: $\sigma_{esc} = 930$ MPa.

Solução:

Para um corpo de prova do tipo (SEB):

$$0,450 \leq \frac{a}{W} \leq 0,550$$

$$2,29 \leq f\left(\frac{a}{W}\right) \leq 3,14 \Rightarrow (SEB)$$

$$\frac{a}{W} = \frac{14}{30} = 0,466 \Rightarrow ok!$$

Da Tabela 8.1, para um corpo de prova do tipo (SEB):

$$f\left(\frac{a}{W}\right) = 3\left(\frac{a}{W}\right)^{1/2}\left(\frac{1,99 - \frac{a}{W}\left(1-\frac{a}{W}\right)\left(2,15 - 3,93\frac{a}{W} + 2,7\left(\frac{a}{W}\right)^2\right)}{2\left(1+2\frac{a}{W}\right)\left(1-\frac{a}{W}\right)^{3/2}}\right)$$

$$K_I = \left(\frac{PS}{BW^{3/2}}\right) f\left(\frac{a}{W}\right)$$

$$f\left(\frac{a}{W}\right) = 3(0,466)^{1/2}\left(\frac{1,99 - 0,466(1-0,466)\left(2,15 - 3,93(0,466) + 2,7(0,466)^2\right)}{2(1+2(0,466))(1-0,466)^{3/2}}\right)$$

$$f\left(\frac{a}{W}\right) = 2,397 \Rightarrow ok!$$

Cálculo da tenacidade à fratura:

$$K_I = \left(\frac{27000(0,12)}{0,015(0,030)^{3/2}}\right)(2,397) = 99,64\, MPa\sqrt{m}$$

Verificação final das dimensões mínimas para o corpo de prova:

$$(W-a),\, a,\, B \geq 2,5\left(\frac{K_{IC}}{\sigma_{esc}}\right)^2$$

$$(W-a),\, a,\, B \geq 2{,}5\left(\frac{99{,}64}{930}\right)^2 \geq 28{,}70\,mm \Rightarrow \textit{não atende!}$$

$$W \geq 5{,}0\left(\frac{K_{IC}}{\sigma_{esc}}\right)^2$$

$$W \geq 5{,}0\left(\frac{99{,}64}{930}\right)^2 = 57{,}40\ mm \Rightarrow \textit{não atende!}$$

Como as restrições geométricas previstas para o corpo de prova não são atendidas, pode-se caracterizar a condição de um ensaio não válido para a tenacidade à fratura do referido material.

4 – Um carregamento multiaxial gera os seguintes intervalos de tensão: $(\Delta\sigma_x - \Delta\sigma_y) = 240$ MPa e $(\Delta\sigma_x - \Delta\sigma_z) = 120$ MPa. Caso a tensão hidrostática média seja de 260 MPa, determine o limite de fadiga do material sob carga pulsante correspondente ao limite do critério de Sines.

Dados: Se = 220 MPa e $\sigma_{rup} = 1150$ MPa.

Solução:

Cálculo do intervalo de tensão normal desconhecido:

$$(\Delta\sigma_y - \Delta\sigma_z) - \Delta\sigma_x - 240 - \Delta\sigma_x + 120 = -120\,MPa$$

Equação de Sines:

$$\frac{1}{6}\sqrt{(\Delta\sigma_x - \Delta\sigma_y)^2 + (\Delta\sigma_x - \Delta\sigma_z)^2 + (\Delta\sigma_y - \Delta\sigma_z)^2 + 6\left(\Delta\tau_{xy}^{\ 2} + \Delta\tau_{xz}^{\ 2} + \Delta\tau_{yz}^{\ 2}\right)}$$
$$+\alpha_S\left(\sigma_x^{\ m} + \sigma_y^{\ m} + \sigma_z^{\ m}\right) = \beta_S$$

$$\frac{1}{6}\sqrt{(240)^2 + (120)^2 + (-120)^2 + 6(0)} + \alpha_S(240) = \beta_S$$

$$48{,}98 + 240\alpha_S = \beta_S$$

Cálculo do parâmetro β_S:

$$\beta_S = \frac{\sqrt{2}}{3}S_e = \frac{\sqrt{2}}{3}(220) = 103{,}71\,MPa$$

Logo:

$$48,98 + 240\alpha_S = 103,71$$

$$\alpha_S = 0,228$$

Resultando, ao final, em:

$$\alpha_S = \frac{\sqrt{2}}{3}\left(\frac{S_e}{S_{eP}} - 1\right) = \frac{\sqrt{2}}{3}\left(\frac{220}{S_{eP}} - 1\right) = 0,228$$

$$\Rightarrow S_{eP} = 148,28\ MPa$$

11.7. PROBLEMAS PROPOSTOS

1 - Um corpo de prova do tipo CT, com dimensões: a = 26,3 mm, W = 50 mm e B = 25 mm, é utilizado num ensaio padrão para determinação da tenacidade à fratura do material (tensão de escoamento de 750 MPa). A força máxima atingida no ensaio foi de 38,3 kN. Verifique a validade do ensaio e o correspondente valor obtido para K_{IC}.

Resposta:

f (a/W) = 10,49; K_{IC} = 71,87 MPa(m)^{0,5}. O ensaio é válido em decorrência do atendimento a todas as restrições geométricas previstas.

2 – Um material com tensão de escoamento de 345 MPa, E = 200 GPa e K_{IC} = 110 MPa(m)^{0,5} deve ser utilizado num ensaio de tenacidade à fratura. Determine as dimensões (B, a, W) mínimas requeridas para validar o ensaio com esse material. Havendo problemas com esse corpo de prova, determine a espessura mínima necessária para um corpo de prova segundo os critérios da integral J crítico.

Resposta:

a, B ≥ 254,14 mm, W ≥ 508,30 mm – dimensões inviáveis.

$B_{J(min)}$ = 4,38 mm.

3 – A figura ilustra a curva carga x deslocamento obtida a partir do ensaio de um corpo de prova do tipo CT, executado com um material forjado com limite de escoamento de 1050 MPa. Determine se o teste fornece um resultado válido para K_{IC}. Dados: a = 52,10 mm, W = 100 mm e B = 49,98 mm.

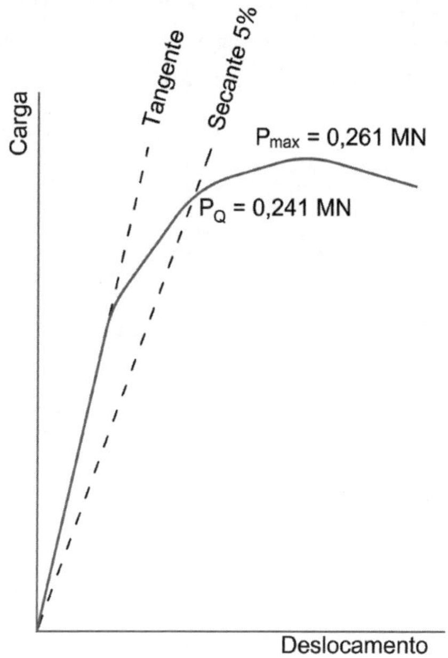

Figura 11.9 – Problema proposto 3.

Resposta:

$f(a/W) = 10{,}32$, $K_{IC} = 158$ MPa$(m)^{0,5}$, B, a $\geq$ 56 mm (ensaio não válido!).

4 – São estudados três casos de carga:

(I) $\sigma_x(t) = 120 + 120\text{sen}(\omega t)$;

(II) $\sigma_x(t) = 200\text{sen}(\omega t)$;

(III) $\sigma_x(t) = 80 + 150\text{sen}(\omega t)$.

(Todas em MPa). Ordenar os três casos (do mais crítico para o menos crítico) no contexto do risco de falha por fadiga, considerando o critério de Sines.

Resposta:

(I) $\Delta\sigma = 240$ MPa, $\sigma_x = 120$ MPa;

(II) $\Delta\sigma = 400$ MPa, $\sigma_x = 0$ MPa;

(III) $\Delta\sigma = 300$ MPa, $\sigma_x = 150$ MPa.

Na ordem, da condição mais crítica para a menos crítica, tem-se: caso II, caso III e caso I.

5 – Um eixo rotativo de diâmetro 20 mm é carregado por uma força vertical F em uma das suas extremidades. Determine, segundo Sines, se o projeto contra fadiga está compatível, supondo um coeficiente de segurança = 1,5.

Dados: F = 800 N, L = 280 mm, $\sigma = 32F.L.sen(\omega t)/(\pi d^3)$, $S_e = 220$ MPa e $S_{eP} = 165$ MPa.

Resposta:

$\Delta\sigma = 285{,}2$ MPa, $\sigma_h = 0$ MPa, $\Delta\sigma_{(LIM)} = 138{,}28$ MPa (atende).

6 – Um reservatório cilíndrico é submetido a uma pressão interna variável com o tempo na forma:

$$\sigma_Z = 0$$

$$\sigma_x = \frac{p_o R}{t}(2 + sen\omega t) \qquad \sigma_y = \frac{p_o R}{2t}(2 + sen\omega t)$$

O reservatório é projetado em fadiga de acordo com o critério de Sines. Determine, em função da pressão e do raio externo do reservatório, a espessura de parede necessária para garantir à referida pressão. Considerar $\alpha_s = 0{,}2$ e $\beta_s = 180$ MPa.

Resposta:

$\Delta\sigma = 0{,}816 p_o R/t$, $\sigma_h = 2p_o R/3t$, $t = 4488{,}9 p_o R$.

NOMENCLATURA

α_s	Parâmetro da equação de Sines
β_s	Parâmetro da equação de Sines
ϕ	Ângulo de fase entre tensões
σ_a	Tensão alternada
σ_{esc}	Limite de escoamento do material
σ_x	Tensão normal em x
σ_y	Tensão normal em y
σ_z	Tensão normal em z
τ_{xy}	Tensão tangencial no plano xy
τ_{xz}	Tensão tangencial no plano xz

τ_{yz} Tensão tangencial no plano yz

υ Coeficiente de Poisson

a Comprimento da trinca

B Espessura do corpo de prova

B_I Espessura do corpo de prova segundo J_{IC}

E Módulo de elasticidade do material

$f\left(\frac{a}{W}\right)$ Fator de forma

K_{IC} Tenacidade à fratura do material

J_{IC} Integral J crítico

P_5 Carga resultante do ensaio de tenacidade à fratura correspondente à linha de 5%

P_{max} Carga correspondente do ensaio de tenacidade à fratura

t Tempo

S Distância entre apoios para corpo de prova em flexão

S_e Limite de fadiga do material em flexão rotativa

S_{eP} Limite de fadiga do material sob carga pulsante

V Deslocamento flexão

W Largura do corpo de prova

REFERÊNCIAS

ARANA, José Luiz.; GONZÁLEZ, Javier Jesus. **Mecánica de Fractura**. Servicio Editorial – Universidad del País Vasco, 2002.

CASTRO, Jaime.; MEGGIOLARO, Marco Antornio. **Fadiga**. vol. 2. Propagação de Trincas. Efeitos Térmicos e Estocásticos. PUC-Rio, 2009.

KUMAR, Pranshant. **Elements of Fracture Mechanics**. índia: McGraw Hill, 2009.

MALCHER, Lucival. **Um Modelo para Determinação da Resistência à Fadiga Multiaxial para Carregamentos de Flexão e Torção Combinados, Fora de Fase e com Amplitude Constante.** Universidade de Brasília, 2006.

ROSA, Edson da. **Análise de Resistência Mecânica** – Mecânica da Fratura e Fadiga. Florianópolis: Universidade Federal de Santa Catarina, 2002.

TAKAHASHI, Bruno Ximenes. **Metodologia Moderna para Análise de Fadiga Baseada em Elementos Finitos de Componentes Sujeitos à Fadiga Uni e Multiaxial.** Universidade de São Paulo, 2014.